普通高等教育“十三五”规划教材

金属液态成形工艺设计

辛啟斌　编著

北　京
冶 金 工 业 出 版 社
2023

内容提要

本书主要介绍金属液态成形工艺设计的基本原理及相关的新技术、新方法，包含了金属液态成形工艺设计的主要内容：铸型工艺方案的确定，浇注系统设计，冒口、冷铁设计，铸造过程的数值模拟和工艺优化，铸造工艺设计实例。

本书可供普通高等院校材料、冶金、金属加工专业学生使用，也可供相关领域科研及工程技术人员参考。

图书在版编目(CIP)数据

金属液态成形工艺设计／辛啟斌编著. —北京：冶金工业出版社，2018.10（2023.2 重印）

普通高等教育“十三五”规划教材

ISBN 978-7-5024-7901-5

Ⅰ.①金…　Ⅱ.①辛…　Ⅲ.①液态金属充型—高等学校—教材　Ⅳ.①TG21

中国版本图书馆 CIP 数据核字（2018）第 227873 号

金属液态成形工艺设计

出版发行　冶金工业出版社　**电　话**　(010)64027926

地　址　北京市东城区嵩祝院北巷 39 号　**邮　编**　100009

网　址　www.mip1953.com　**电子信箱**　service@mip1953.com

责任编辑　卢　敏　美术编辑　彭子赫　版式设计　禹　蕊

责任校对　卿文春　责任印制　禹　蕊

北京富资园科技发展有限公司印刷

2018 年 10 月第 1 版，2023 年 2 月第 2 次印刷

787mm×1092mm　1/16；13.5 印张；324 千字；206 页

定价 36.00 元

投稿电话　**(010)64027932**　**投稿信箱**　**tougao@cnmip.com.cn**

营销中心电话　**(010)64044283**

冶金工业出版社天猫旗舰店　**yjgycbs.tmall.com**

(本书如有印装质量问题，本社营销中心负责退换)

前　言

《金属液态成形工艺设计》是材料成型及控制工程专业铸造方向的主要专业课，讲授金属液态成形过程的工艺设计理论和设计方法。本书根据普通高等院校材料成型及控制工程专业的课程教学大纲要求，系统地介绍金属液态成形工艺设计的内容和设计原则，产品结构的技术条件审查和工艺分析、浇注位置和分型面的确定原则、砂芯设计方法、工艺设计参数的正确选择，铸件浇注系统的分类和设计方法，冒口和冷铁的分类和设计方法，运用计算机数值模拟技术优化铸造工艺设计的方法。书中注重介绍金属液态成形工艺设计的新理论和新方法，配有大量相关主题的设计实例和数据图表，侧重学生分析工程问题和实际应用能力的培养。

本书在编写过程中参考了大量文献资料并引用了部分内容，在此向同行专家和文献作者表示衷心的感谢！感谢东北大学刘越教授，谷佳伦、杜鹏举、刘伟同学为第5章内容提供的素材和数值模拟计算结果，感谢东北大学教务处对本书编写的支持和出版的资助。

由于编者的水平有限，本书在内容选择、编排及学术观点方面，难免有偏颇失当之处，恳请读者批评指正。

作　者

2018年9月10日于东北大学

目　　录

金属液态成形工艺设计概论

现代科学技术的发展，要求铸件具有高的力学性能、尺寸精度和低的表面粗糙度；要求具有某些特殊性能，如耐热、耐蚀、耐磨等，同时还要求生产周期短，成本低。因此，铸件在生产之前，首先应进行金属液态成形工艺设计，使铸件的整个工艺过程都能实现科学操作，这样才能有效地控制铸件的形成过程，达到优质高产的效果。

金属液态成形工艺设计（也称铸造工艺设计）就是根据铸造零件的结构特点、技术要求、生产批量和生产条件等，确定铸造方案和工艺参数，绘制铸造工艺图，编制工艺卡等技术文件的过程。

1.1 金属液态成形工艺设计的意义

为了保证铸件质量，对于铸造过程中各个主要工序：如配砂、熔炼、造型制芯、合箱浇注、清砂精整等，都要订出工艺守则，它规定了各个工序中共同遵守和执行的一般的工艺操作方法。但是仅仅有了工艺守则还不够，由于铸件的结构、技术要求等各不相同，它们的铸造工艺还有其本身的特殊要求，所以必须根据铸件的具体要求来编制各自的铸造工艺。工艺守则和金属液态成形工艺设计是保证铸件质量的两项重要的技术管理措施。金属液态成形工艺设计的有关文件，是生产准备、管理和铸件验收的依据，并用于直接指导生产操作。因此，金属液态成形工艺设计的好坏，对铸件品质、生产效率和成本起着重要作用。

金属液态成形工艺设计的意义在于：

（1）有利于采用先进的工艺获得高质量、低成本的铸件；

（2）根据工艺进行工序检查，产生铸造缺陷时便于寻找原因、采取纠正措施；

（3）根据工艺设计进行技术准备，如准备砂箱、芯骨、必要的工艺装备和工具，有利于保证正常的生产秩序，方便生产计划调度；

（4）可以不断的积累和总结经验，提高铸造生产技术水平。

1.2 金属液态成形工艺设计的依据

在进行金属液态成形工艺设计前，设计者应掌握生产任务和要求，熟悉工厂和车间的生产条件，这些是金属液态成形工艺设计的基本依据。此外，要求设计者有一定的生产经验和设计经验，并应对铸造先进技术有所了解，具有经济观点和发展观点，才能很好地完成设计任务。

1.2.1 生产任务

金属液态成形工艺设计的首要依据就是客户要求的生产任务，要仔细考虑和明确下列

3 项内容：

（1）铸造零件图纸。提供的图纸必须清晰无误，有完整的尺寸和各种标记。设计者应仔细审查图纸，注意零件的结构是否符合铸造工艺性，若认为有必要修改图纸时，须与原设计单位或订货单位共同研究，取得一致意见后以修改后的图纸作为设计依据。

（2）零件的技术要求。金属材质牌号、金相组织、力学性能要求、铸件尺寸及重量公差及其他特殊性能要求，如是否经水压、气压试验，零件在机器上的工作条件等。在金属液态成形工艺设计时应注意满足这些要求。

（3）产品数量及生产期限。产品数量是指批量大小，生产期限是指交货日期的长短。对于批量大的产品，应尽可能采用先进技术。对于应急的单件产品，则应考虑使工艺装备尽可能简单，以便缩短生产周期，并获得较大的经济效益。

1.2.2 生产条件

金属液态成形工艺设计人员，要清楚本企业的生产能力和技术水平：

（1）设备能力：包括起重运输机的吨位和最大起重高度、熔炼设备的形式、吨位和生产率、造型机和制芯机种类、机械化程度、热处理炉的能力、地坑尺寸、厂房高度和大门尺寸等。

（2）车间原材料的应用和供应情况。

（3）工人技术水平和生产经验。

（4）模具等工艺装备制造车间的加工能力和生产经验。

1.2.3 经济分析

对各种原材料、炉料等的价格、每吨金属液的成本、各级工种工时费用、设备每小时费用等，都应有所了解，以便考核该项工艺的经济性，获得最大的经济效益。

1.2.4 节能和环保

金属液态成形工艺设计中要注意节约能源。例如，采用湿型铸造法比干型铸造法要节省燃料消耗。使用自硬砂型取代普通干砂型，采用冷芯盒法制芯，而不选用普通烘干法制芯或热芯盒法，都可以节约燃料或电力消耗。

为了保护环境和维护工人身体健康，在金属液态成形工艺设计中要避免选用有毒害和高粉尘的工艺方法，或者应采用相应对策，以确保安全和不污染环境。例如，当采用冷芯盒制芯工艺时，对于硬化气体中的二甲基乙胺、三乙胺、SO_2等应进行严格的控制，经过有效地吸收、净化后，才可以排放入大气。对于浇注、落砂等造成的烟气和高粉尘空气，也应净化后排放。

在进行金属液态成形工艺设计时，要掌握下列原则：

（1）保证铸件具有所要求的质量水平。

（2）所设计的工艺应保证尽可能低的成本。

（3）充分利用车间现有的设备，减轻操作者的劳动强度，达到高的劳动生产率。

（4）应尽量采用价格较便宜，容易采购到的原材料；尽量采用标准的或通用的工装；必须设计专用工装时，在保证质量和劳动生产率高的前提下，尽可能设计简单、制造方便和成本较低的专用工装。

(5) 使铸件生产的上、下工序（模样车间和机械加工车间等）成本最低。

(6) 必须符合技术安全和环保卫生的规定，保证操作者在较好的劳动环境下工作。

(7) 同一铸件可能有多种铸造工艺方案，在保证铸件质量和高的劳动生产率的前提下，应选择最容易、最方便的方案，使操作者的技术要求较低，降低劳动力成本；而且减少因操作复杂而发生的铸造缺陷。

1.3 金属液态成形工艺设计的内容

金属液态成形工艺设计内容的繁简程度，主要决定于铸件生产批量的大小、生产要求和生产条件。一般包括下列内容：铸造工艺图、铸件（毛坯）图、铸型装配图（合箱图）、铸造工艺卡及操作工艺规程。广义地讲，铸造工艺装备的设计也属于金属液态成形工艺设计的内容，例如模样图、模板装配图、芯盒装配图、砂箱图、压铁图、专用量具图和样板图、组合下芯夹具图等。

对于大量生产的定型产品、特殊重要的单件生产的铸件等其金属液态成形工艺设计一般订得细致，内容涉及较多。单件、小批生产的一般性产品，设计内容可以简化。在最简单的情况下，只需绘出一张铸造工艺图。

金属液态成形工艺设计文件包括：铸造工艺图，铸件图、铸型装配图（合箱图）和铸造工艺卡。金属液态成形工艺设计所涉及的内容和一般设计程序见表1-1。

表1-1 金属液态成形工艺设计的内容和程序

项目	内　容	用途及应用范围	设 计 程 序
铸造工艺图	在零件图上，用标准（JB/T 2435—2013）规定的红、蓝色符号表示出：浇注位置和分型面，加工余量，铸造收缩率，起模斜度，模样的反变形量，分型负数，工艺补正量，浇注系统和冒口，内外冷铁，铸肋，砂芯形状，数量和芯头大小等	用于制造模样、模板、芯盒等工艺装备，也是设计这些金属模具的依据，还是生产准备和铸件验收的根据。适用于各种批量的生产	(1) 零件的技术条件和结构工艺性分析； (2) 选择造型制芯方法和铸型种类； (3) 确定浇注位置和分型面； (4) 选用铸造工艺参数； (5) 砂芯设计； (6) 设计浇冒口，冷铁和铸肋
铸件图	反映铸件实际形状、尺寸和技术要求。用标准规定符号和文字标注，反映内容：加工余量，工艺余量，不铸出的孔槽，铸件尺寸公差，加工基准，铸件金属牌号，热处理规范，铸件验收技术条件等	是铸件检验和验收、机械加工夹具设计的依据。适用于成批、大量生产或重要的铸件	(7) 在完成铸造工艺图的基础上，画出铸件图
铸型装配图	表示出浇注位置，分型面，砂芯数目，固定和下芯顺序，浇注系统、冒口和冷铁布置，砂箱结构和尺寸等	是生产准备、合箱、检验、工艺调整的依据。适用于成批、大量生产的重要件，单件生产的重型件	(8) 通常在完成砂箱设计或选定砂箱后画出
铸造工艺卡	说明造型、造芯、浇注、开箱、清理等工艺操作过程及要求	用于生产管理和经济核算。依据批量大小，填写必要内容	(9) 综合整个设计内容

1.4 金属液态成形工艺设计简例

1.4.1 简例1：变速箱体

如图1-1a所示的变速箱体，铸件材质HT 200，铸件重量39.5kg。

工艺设计：造型方法为黏土砂湿型高压造型，采用热芯盒法制芯，整体砂芯浸涂水基石墨涂料后入炉烘干。铸件采取中注式浇注系统，浇注系统组元截面比为$F_{内}:F_{横}:F_{直}=1.0:2.34:2.5$。在上箱法兰处设置两处小冒口，工艺出品率72.3%。图1-1b为该铸件的工艺简图。

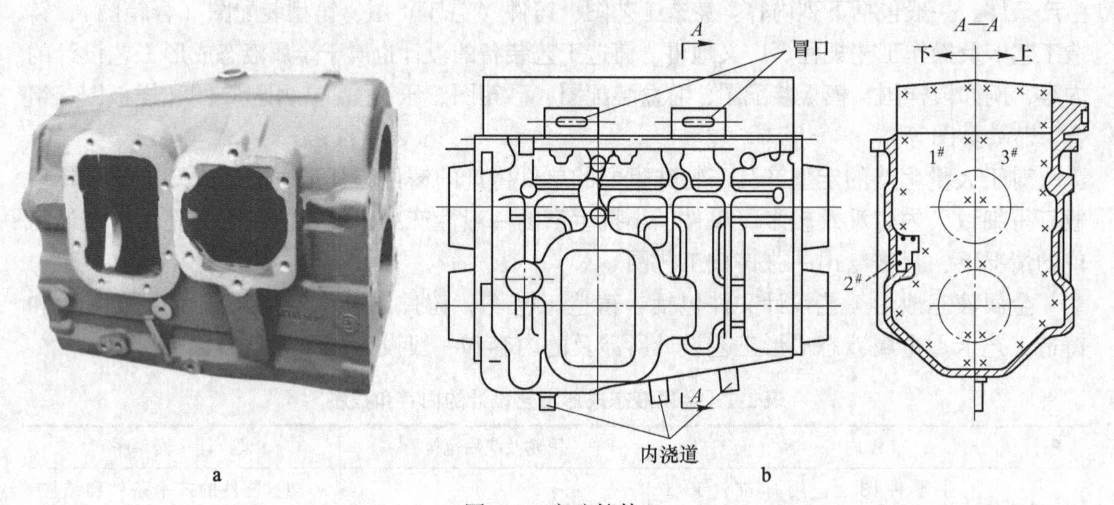

图1-1 变速箱体

a—实物图；b—铸造工艺简图

1.4.2 简例2：汽车后桥外壳

汽车后桥外壳，铸件材质QT 450-10，铸件重量105.5kg。

工艺设计：造型方法为黏土砂湿型高压造型，采用热芯盒法制芯，整体砂芯浸涂水基石墨涂料后入炉烘干。采取中注式浇注系统，浇注系统组元截面比为$F_{内}:F_{横}:F_{直}=1.0:2.3:1.92$。在铸件两端设置两个侧暗冒口，工艺出品率75%。图1-2为该铸件的工艺简图，图1-3为该铸件的上模板装配图。

1.4.3 简例3：机座

图1-4所示的机座，材质为球墨铸铁QT450-10，轮廓尺寸为1100mm × 860mm × 450mm。该零件主要壁厚为200mm，属于大平板类型厚大铸件，铸件毛坯质量为1355kg。

工艺设计：由于该铸件较大，故采用酸固化呋喃树脂自硬砂造型制芯，三箱造型，无冒口铸造，浇注系统为底注开放式，利用铸造数值模拟软件对浇注系统进行充型模拟，优化浇注系统设计，采用六个内浇道保证充型平稳。图1-5为该铸件的铸造工艺图，表1-2为该铸件的铸造工艺卡。

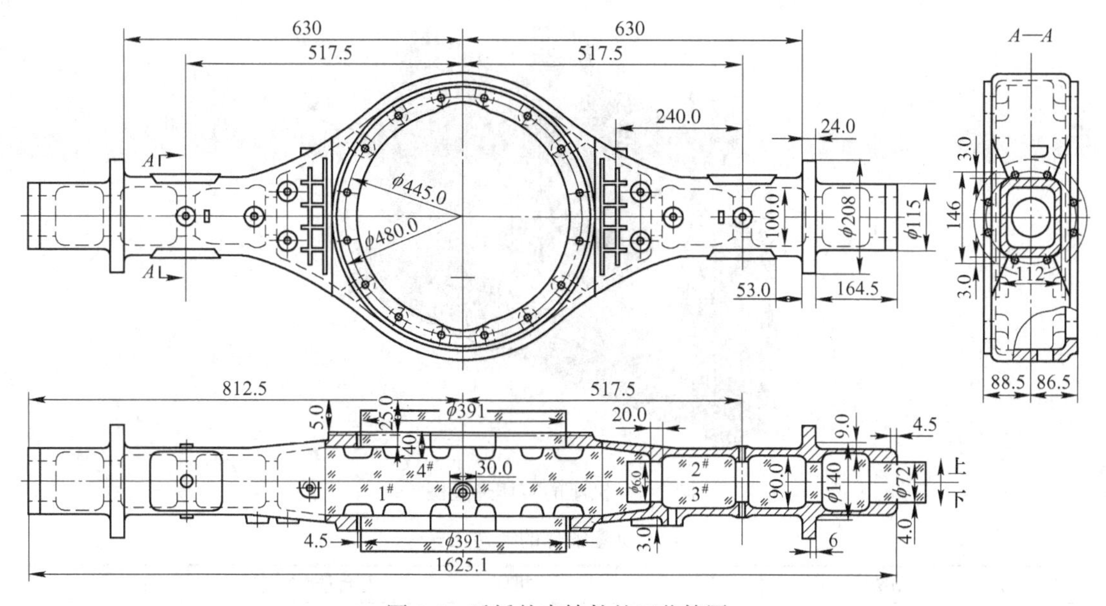

图 1-2　后桥外壳铸件的工艺简图

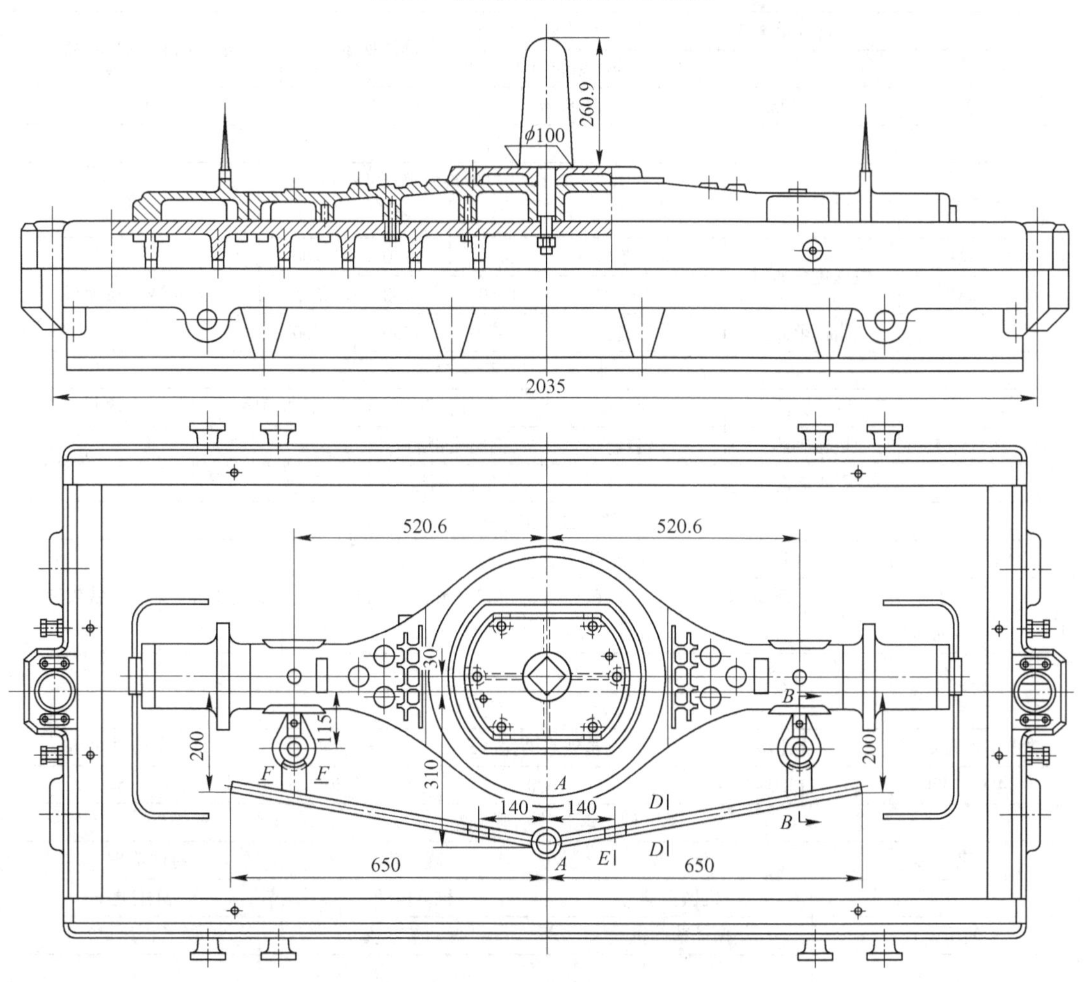

图 1-3　汽车后桥外壳铸件的上模板装配图

图 1-4　机座的实体造型图

表 1-2　机座铸件的铸造工艺卡

零件号	AB2014AA	零件名称	机座	每台件数	1

材　料

铸件重量/kg			铸件材质	每个毛坯可切零件数
净　重	毛　重	浇注系统重		
1331	1355	238	QT450-10	1

造　型

造型名称	造型类别	造型方法	砂箱内部尺寸/mm			涂料
			长	宽	高	
上　箱	酸催化呋喃树脂自硬砂	手工造型	1450	1200	200	醇基锆英粉涂料
中　箱		手工造型	1450	1200	375	
下　箱		手工造型	1450	1200	200	

制　芯

砂　芯	制芯方法	芯盒类型	芯骨材料	下芯顺序	涂料
$1^{\#}$、$2^{\#}$、$3^{\#}$、$5^{\#}$	机械制芯	热芯盒	钢丝或钢筋	$1^{\#}$至$5^{\#}$	醇基锆英粉涂料
$4^{\#}$	手工制芯	木质芯盒	型钢焊接		

浇　注　系　统

内浇口		横浇口		直浇口		浇口杯形状	过滤网	出气孔数量	冷铁数量
数量	截面积/cm^2	数量	截面积/cm^2	数量	截面积/cm^2				
6	16.0	2	32.0	1	33.2	池型	有	5	6

浇　注

铁水出炉温度/℃	浇注温度/℃	每箱铁水消耗/kg	浇注时间/s	冷却时间/h
1450~1470	1350~1360	1600	50	5

铸　件　落　砂　与　清　理

名　称	落　砂	落　芯	铸件清理
方法	机械振动	机械振动	人工打磨
使用设备	振动落砂机	振动落砂机	锤子、风铲
备　注			

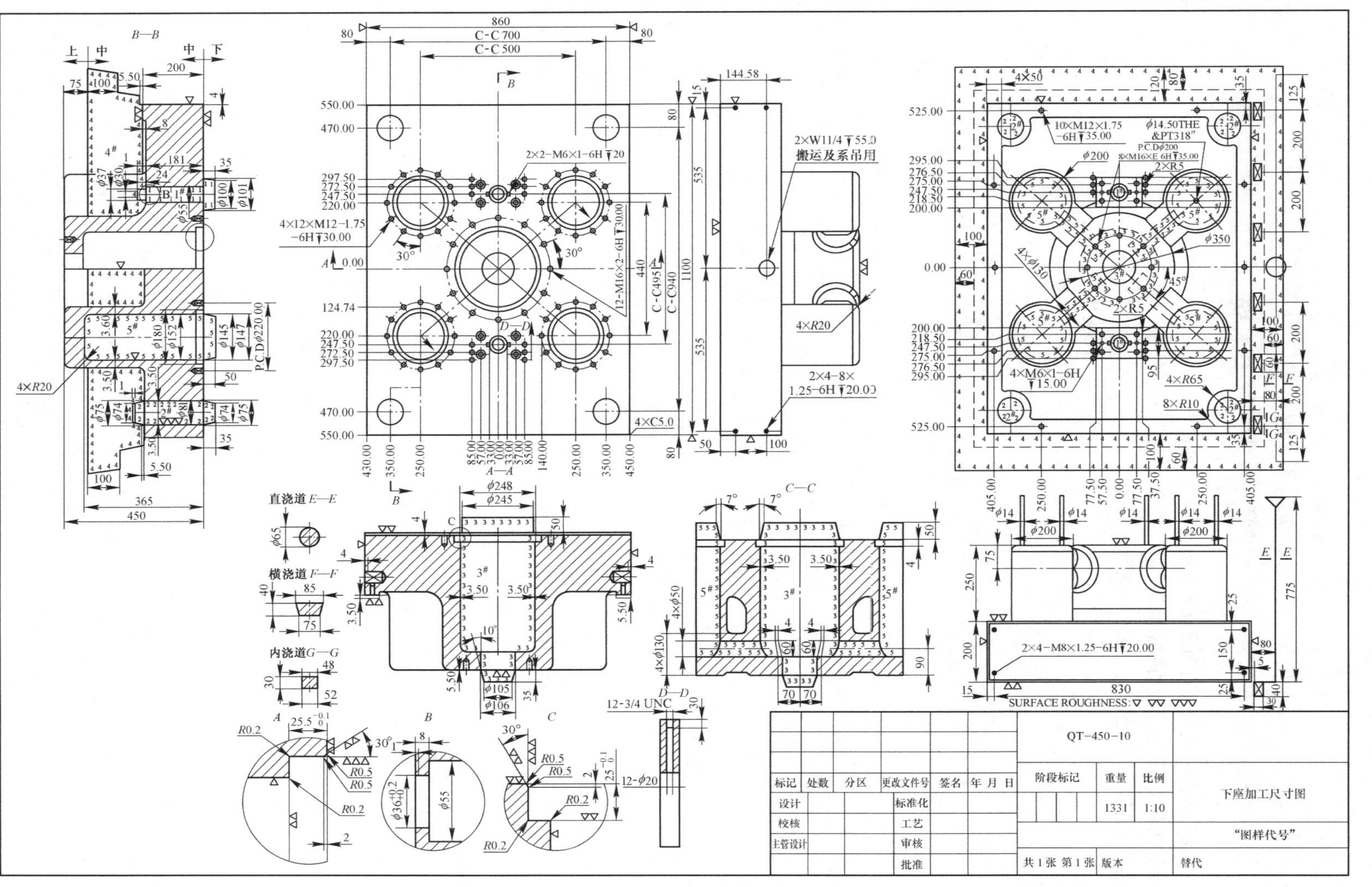

图 1-5 机座铸件的铸造工艺图

复习思考题

1-1 金属液态成形工艺设计有何意义？都包括哪些内容？

1-2 金属液态成形工艺设计的依据是什么？

1-3 铸造工艺图、铸件图、铸型装配图有什么用途？

铸型工艺方案的确定

2.1 产品结构分析及技术条件的审查

在进行铸造工艺设计（金属液态成形工艺设计）之前，首先要对产品结构（零件结构）的铸造工艺性进行分析，审查技术条件的合理性。铸件结构的铸造工艺性指的是零件的结构应符合铸造生产的要求，易于保证铸件质量，简化铸造工艺过程和降低成本。

必须强调，一个好的铸件结构需经过4个设计步骤：（1）功用设计；（2）依铸造经验修改和简化设计；（3）冶金设计（铸件材质的选择和适用性）；（4）考虑经济性。而产品订单中的图纸，大都未经上述4个设计步骤。因此，图纸上常存在各种不符合铸造要求的结构，这会给订货和供货双方造成损失。

对产品零件图进行审查、分析有两方面的作用：第一，审查零件结构是否符合铸造工艺的要求。因为有些零件的设计者往往只顾及零件的功用，而忽视了铸造工艺要求。在审查中如发现结构设计有不合理之处，就应与有关方面进行研究，在保证使用要求的前提下予以改进。第二，在既定的零件结构条件下，考虑铸造过程中可能出现的主要缺陷，在工艺设计中采取措施予以防止。首先应了解常用铸造合金的性能和铸件的结构特点（见表2-1）。

表2-1 常用铸造合金的性能和铸件的结构特点

铸件种类	合金性能特点	铸件结构特点
灰铸铁件	流动性好，体收缩和线收缩小。综合力学性能低，强度随截面增加显著下降，弹性模数比较低，但吸振性好（比钢可高10倍），对切口敏感性小，抗压强度比抗拉强度高3~4倍	可设计薄壁（但不能过薄以防产生白口）、形状复杂的铸件。铸件中残留应力小，吸振性好。不宜设计很厚大的铸件，常采用非对称截面，以充分利用其抗压强度
球墨铸铁件	流动性和线收缩与灰铸铁相近，体收缩及形成内应力倾向较灰铸铁大，易产生缩孔、缩松和裂纹。强度、塑性、弹性模数均比灰铸铁高，吸振性比灰铸铁差	一般都设计成均匀壁厚，尽量避免厚大截面。对某些厚大截面的球墨铸铁件可设计成中空结构或带肋（筋）的结构
可锻铸铁件	流动性比灰铸铁差，体收缩大。未退火的很脆，毛坯易损坏。综合力学性能稍次于球墨铸铁，冲击韧度比灰铸铁大3~4倍	由于铸态要求是白口铸铁，因此一般只适宜设计薄壁的小铸件，最适宜的壁厚为5~16mm，壁厚应尽量均匀。为增加刚性，截面形状多设计成T字形或工字形，避免十字形截面。局部突出的部分应用加强筋
铸钢件	流动性差，体收缩和线收缩都较大。综合力学性能较高，抗拉和抗压强度相等，吸振性差，对切口敏感性大。低碳钢焊接性能优良	铸件的最小壁厚比灰铸铁件要大，不宜设计复杂形状的铸件。铸件的铸造应力大，易变形。在结构上应尽量减少热节点，用连壁的圆角和不同壁的过渡段要比铸铁大。有时可采用铸焊结构

续表 2-1

铸件种类	合金性能特点	铸件结构特点
铝合金铸件	铸造性能类似铸钢，但相对强度随截面增加而显著下降	壁不能太厚，其余结构特点类似铸钢件
锡青铜和磷青铜铸件	铸造性能类似灰铸铁，但结晶间隔大，易产生缩松，高温性能差，发脆，强度随截面增加显著下降	壁不能过厚，铸件上局部突出部分应用较薄的肋加强，以免热裂。铸件形状不宜设计得太复杂

2.1.1 避免铸造缺陷的铸件结构

2.1.1.1 铸件应有合适的壁厚

（1）铸件的最小壁厚：在一定铸造条件下，铸造合金能充满铸型的最小厚度称为该铸造合金的最小壁厚。为了避免铸件浇不足和冷隔等缺陷，应使铸件的设计壁厚不小于最小壁厚。铸件的最小允许壁厚与铸造合金的流动性密切相关。合金成分、浇注温度、铸件尺寸和铸型的热物理性能显著地影响铸件的充填。常用合金砂型铸造时的最小壁厚可参考表 2-2~表 2-4。

表 2-2 砂型铸造铸铁件的最小壁厚 （mm）

铸铁种类	铸件最大轮廓尺寸					
	≤200	>200~400	>400~800	>800~1250	>1250~2000	>2000
灰铸铁	3~4	4~5	5~6	6~8	8~12	10~12
孕育铸铁	5~6	6~8	8~10	10~12	12~16	16~20
球墨铸铁	3~4	4~8	8~10	10~12	—	—
高磷铸件	2		—			

铸铁种类	铸件最大轮廓尺寸				
可锻铸铁	≤50	>50~100	>100~200	>200~350	>350~500
	2. 5~3. 5	3~4	3. 5~4. 5	4~5. 5	5~7

表 2-3 砂型铸造铸钢件的最小壁厚 （mm）

钢 种	铸件最大轮廓尺寸				
	≤200	>200~400	>400~800	>800~1250	>1250~2000
碳素钢	8	9	11	14	16~18
低合金结构钢	8~9	9~10	12	16	20
高锰钢	8~9	10	12	16	20
不锈钢	8~10	10~12	12~16	16~20	20~25
耐热钢	8~10	10~12	12~16	16~20	20~25

表 2-4 砂型铸造铜合金铸件的最小壁厚 （mm）

合金种类		铸件最大轮廓尺寸			
		≤50	>50~100	>100~250	>250~600
锡青铜		3	5	6	8
无锡青铜		≥6		≥8	
普通黄铜					
特殊黄铜	硅黄铜	≥4			
	其他	≥6			

（2）铸件的临界壁厚：铸件壁也不应设计的太厚，厚壁铸件易产生缩孔、缩松、晶粒粗大、偏析等铸造缺陷，使铸件的力学性能下降。因此各种铸造合金均存在一个临界壁厚，铸件壁厚超过临界壁厚后，铸件的力学性能并不按比例随着厚度的增加而增加，反而显著地降低。铸件壁厚应随铸件尺寸增大而相应增大，在适宜壁厚的条件下，既方便铸造又能充分发挥材料的力学性能。砂型铸造各种铸造合金铸件的临界壁厚可按其最小壁厚的三倍来考虑。常用合金砂型铸造时的临界壁厚可参考表 2-5，铸钢件的合理壁厚见表 2-6。

表 2-5 砂型铸造各种铸造合金的临界壁厚 （mm）

合金及牌号		铸件重量/kg		
		0.1~2.5	>2.5~10	>10
灰铸铁	HT100、HT150	8~10	10~15	20~25
	HT200、HT250	12~15	12~15	12~18
	HT300	12~18	15~18	25
	HT350	15~20	15~20	25
可锻铸铁		6~10	10~12	—
球墨铸铁	QT400-15、QT450-10	10	15~20	50
	QT500-7、QT600-3	14~18	18~20	60
碳素铸钢	ZG200-400、ZG230-450	18	25	—
	ZG270-200-ZG340-640	15	20	—
铝合金		6~10	6~12	10~14
锡青铜		—	6~8	—

表 2-6 铸钢件的合理壁厚 （mm）

铸钢件轮廓的最大尺寸	铸钢件轮廓的次大尺寸						
	≤350	>350~700	>700~1500	>1500~3500	>3500~5500	>5500~7000	>7000
≤1500	15~20	20~25	25~30	—	—	—	—
>1500~3500	20~25	25~30	30~35	35~40	—	—	—
>3500~5500	25~30	30~35	35~40	40~45	45~50	—	—
>5500~7000	—	35~40	40~45	45~50	50~55	55~60	—
>7000	—	—	>50	>55	>60	>65	>70

注：形状简单的铸件可适当减小，形状复杂的铸件及流动性差的钢种应适当增加。

在零件设计中，壁厚都是根据零件工作情况和力学性能要求确定的，铸造上主要是审查铸件壁是否太薄，以防止产生冷隔、浇不足等缺陷。

2.1.1.2 铸件内壁要薄于外壁

铸件的内壁和筋等散热条件较差，应薄于外壁，以使内、外壁能均匀地冷却，减小内应力和防止裂纹，如图 2-1 所示。铸件内壁要比外壁厚度减薄一些，其中铸铁件和铸铝件减薄 10%～20%，铸钢件减薄 20%～30%，铸铜件减薄 15%～20%。

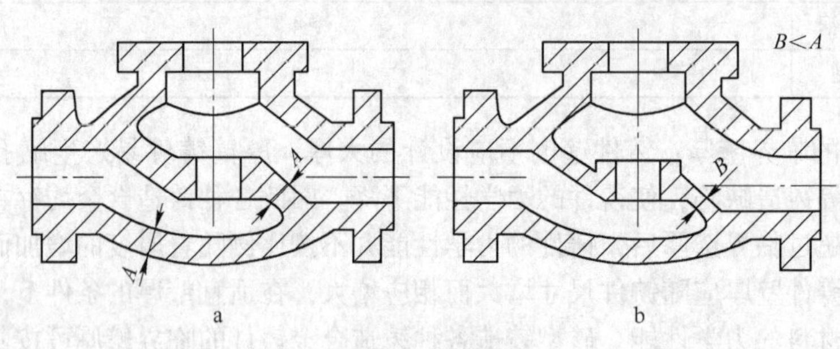

图 2-1 阀体
a—不合理；b—合理

2.1.1.3 铸件壁要合理连接和过渡

（1）壁厚力求均匀，减少或消除热节，保证铸件壁冷却条件一致，以减少铸件在冷却过程中形成的内应力。要防止壁的接头形成过大热节（见表 2-7），因为热节处易于造成缩孔、缩松和热裂纹，因此应取消那些不必要的厚大部分（见图 2-2）。

表 2-7 铸件壁的连接形式

不合理	合 理	不合理	合 理
D_1 $D_1>D_2$ Y型连接形式	D_2 Y型连接形式	D_1 Y型连接形式	D_2 Y型连接形式
十字型连接形式	L t $L>2t$ 十字型连接形式	十字型连接形式	t L $L=2t$ 十字型连接形式
缩孔 K型连接形式	K型连接形式	缩孔 K型连接形式	K型连接形式

续表 2-7

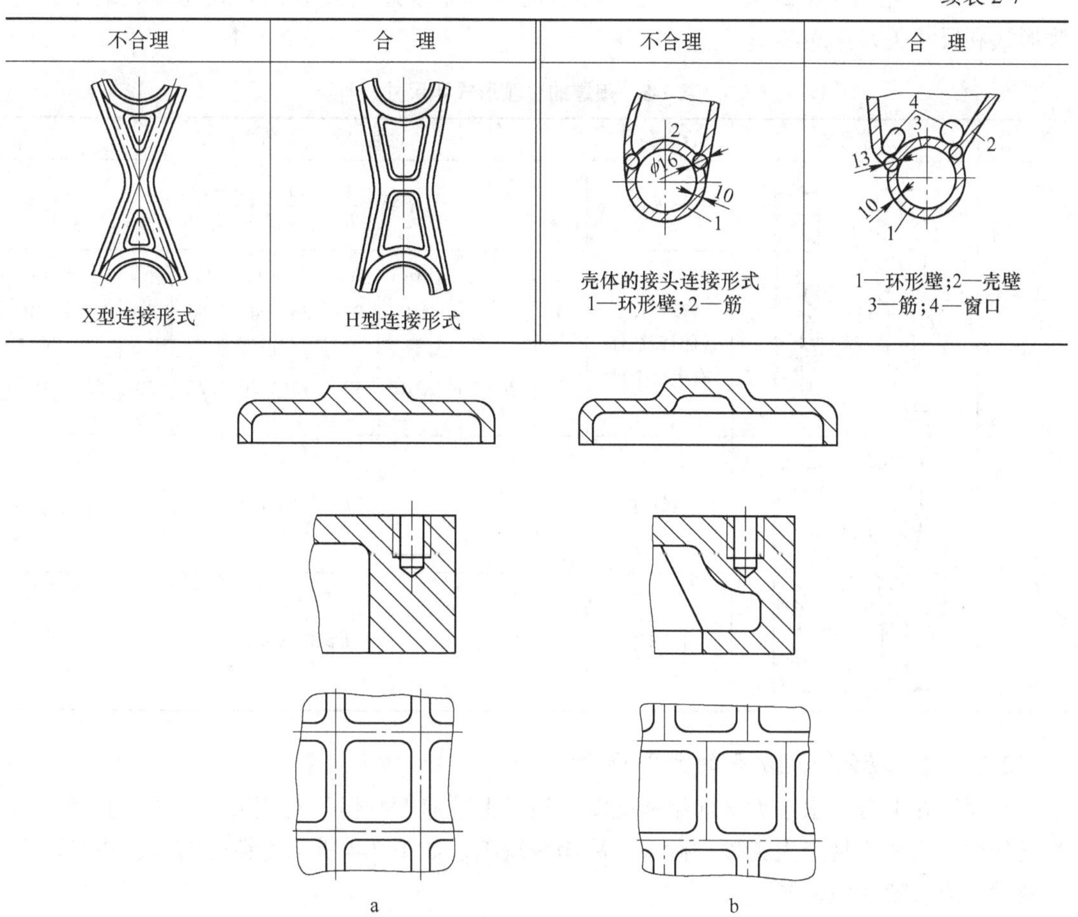

不合理	合　理	不合理	合　理
X型连接形式	H型连接形式	壳体的接头连接形式 1—环形壁；2—筋	1—环形壁；2—壳壁 3—筋；4—窗口

图 2-2　铸件壁力求均匀

a—不合理；b—合理

（2）铸件壁的连接要有过渡和结构圆角。不合理的结构会造成铸件严重的应力集中和收缩阻碍，常导致裂纹缺陷。如图 2-3 所示的两种铸钢件结构，图 2-3a 两壁交接呈直角形，L 型接头圆角半径太小，应力集中系数过大，同时铸件收缩时阻力较大，故在此处经常出现热裂。图 2-3b 为改进后的结构，热裂消除。

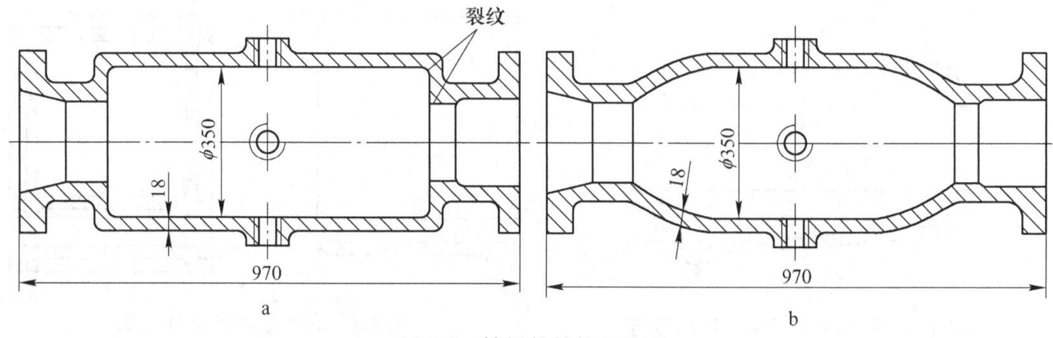

图 2-3　铸钢件结构的改进

a—不合理；b—合理

（3）对于互相连接的壁，当壁厚不相等时，应采取逐渐过渡的方式连接。壁厚的过渡形式和尺寸关系见表 2-8。

表 2-8 壁厚的过渡形式和尺寸

<table>
<tr><th>壁厚比</th><th>过渡形式</th><th>合金种类</th><th colspan="11">过渡尺寸（圆角半径 R）</th></tr>
<tr><td rowspan="3">$\frac{a}{b}\leqslant 2$</td><td rowspan="3"></td><td>铸铁件</td><td colspan="11">$R\geqslant\left(\frac{1}{6}\sim\frac{1}{3}\right)\left(\frac{a+b}{2}\right)$</td></tr>
<tr><td rowspan="2">铸钢件
可锻铸铁件
有色合金件</td><td>$\frac{a+b}{2}$</td><td>~12</td><td>12~16</td><td>16~20</td><td>20~27</td><td>27~35</td><td>35~45</td><td>45~60</td><td>60~80</td><td>80~110</td><td>110~150</td></tr>
<tr><td>R</td><td>6</td><td>8</td><td>10</td><td>12</td><td>15</td><td>20</td><td>25</td><td>30</td><td>35</td><td>40</td></tr>
<tr><td rowspan="2">$\frac{a}{b}>2$</td><td rowspan="2"></td><td>铸铁件</td><td colspan="11">$L\geqslant 4\ (b-a)$</td></tr>
<tr><td>铸钢件</td><td colspan="11">$L\geqslant 5\ (b-a)$</td></tr>
</table>

2.1.1.4 避免出现水平的大平面结构

金属液在上升到水平大平面结构处时，液面上升速度减慢，对型壁的烘烤时间和作用强度加大，使铸件易产生夹砂、砂眼、冷隔等缺陷。如图 2-4 所示的铸件结构，将平面改成斜面，或改变浇注位置。

2.1.1.5 防止变形和裂纹

某些壁厚均匀的细长形铸件，较大的平板形铸件以及壁厚不均的长形箱体件（如机床床身）等，会产生翘曲变形。前两种铸件发生变形的主要原因是结构刚度差，铸件各面冷却条件的差别引起不大的内应力，但却使铸件显著翘曲变形。后者变形原因是壁厚相差悬殊，冷却过程中引起较大的内应力，造成铸件变形。可通过改进铸件结构、铸件热处理时矫形、塑性铸件进行机械矫形和采用反变形模样等措施予以解决。图 2-5 所示的平板铸件，通过加筋防止其发生变形。图 2-6 所示的轮类铸件，通过改变轮辐的结构来减少应力，防止其产生裂纹缺陷。

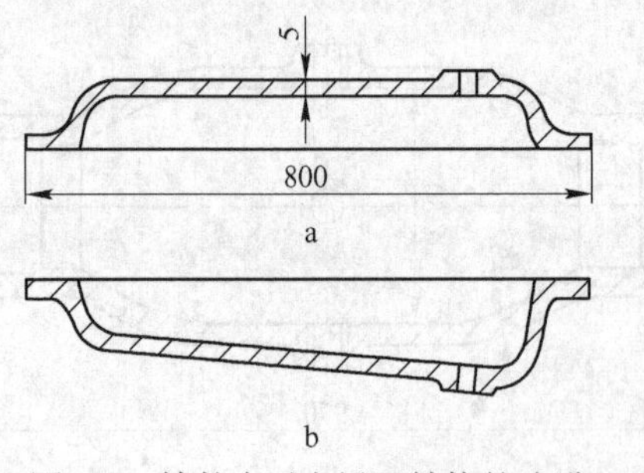

图 2-4 铸件水平大平面结构的改进

a—薄壁水平面；b—薄壁倾斜面

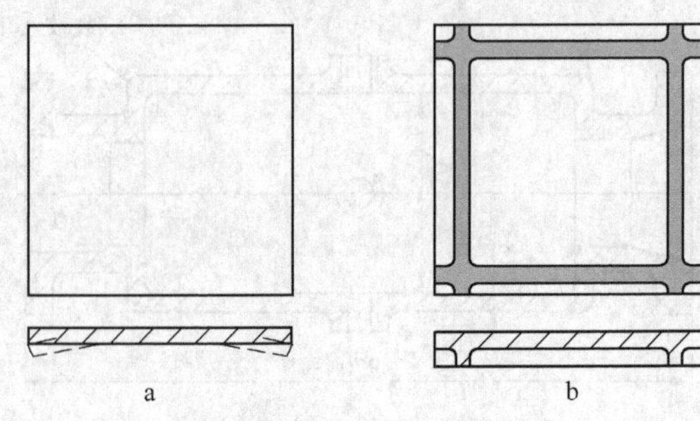

图 2-5 防止变形的铸件结构

a—不合理；b—合理

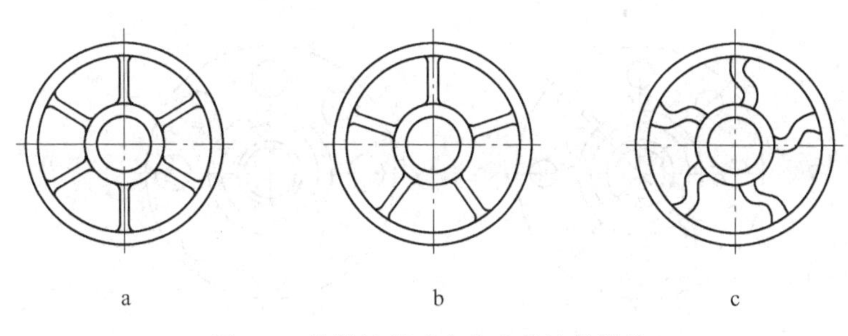

图 2-6 轮类铸件减少应力的铸件结构

a—偶数轮辐；b—奇数轮辐；c—S 形轮辐

2.1.1.6 利于实现顺序凝固和补缩

对于铸钢等体收缩大的合金铸件，易于形成收缩缺陷，应仔细审查零件结构实现顺序凝固的可能性。图 2-7 表示了阀体铸钢件利于实现顺序凝固的结构改进。

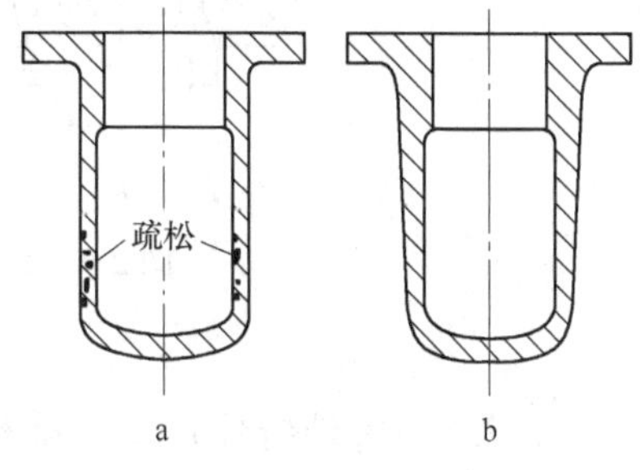

图 2-7 铸钢阀体结构的改进

a—不合理；b—合理

2.1.2 简化铸造工艺的铸件结构

2.1.2.1 改进妨碍起模的凸台、凸缘和筋板的结构

铸件侧壁上的凸台、凸缘和筋板等常常妨碍起模，为此，机器造型中不得不增加砂芯；手工造型中不得不使用活块（模板中的活动模样），这都增加造型（制芯）和模具制造的工作量。如能改进铸件结构，就能避免这些缺点。图 2-8 为妨碍起模的凸台的改进。

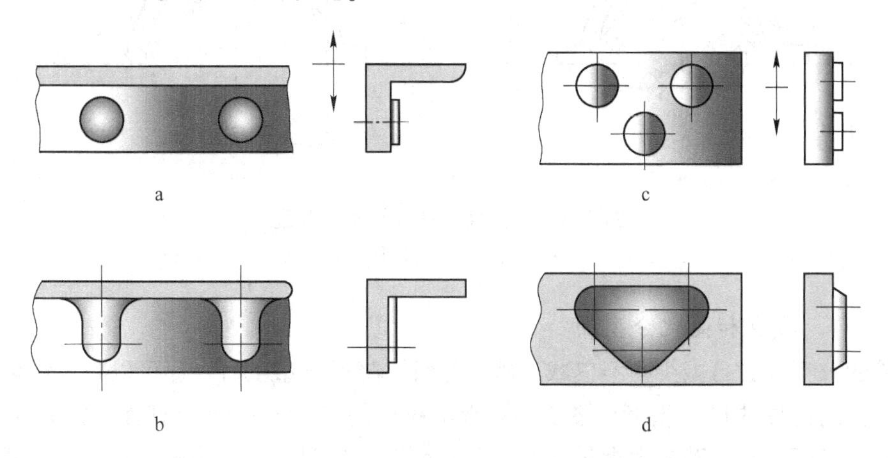

图 2-8 铸件立面妨碍起模的凸台结构的改进

a，c—原结构；b，d—改进结构

2.1.2.2 取消铸件外表面的侧凹

铸件立面外表面的凹陷部分必然妨碍起模，需要增加砂芯才能形成铸件形状。图 2-9 为妨碍起模的凹陷部分结构的改进。

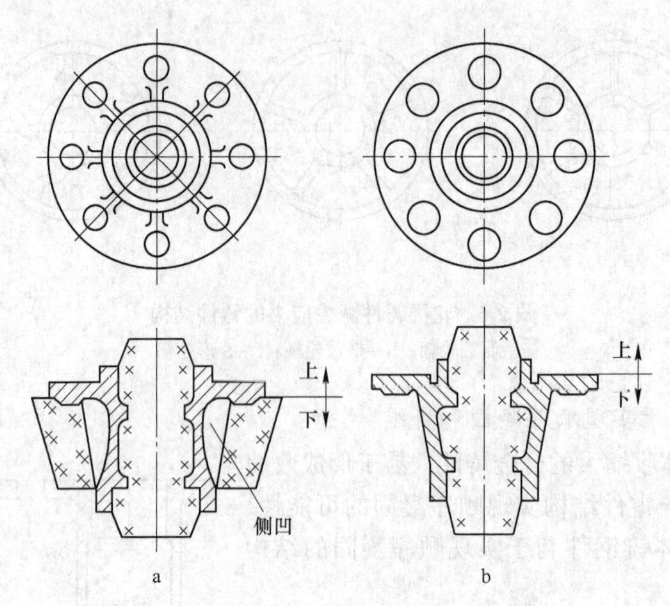

图 2-9 铸件立面外表面的凹陷结构的改进

a—原结构；b—改进结构

2.1.2.3 改进铸件内、外结构以不用或少用砂芯

铸件内腔的筋条、凸台和凹缘的结构欠妥，常是造成砂芯多、工艺复杂的重要原因。如图 2-10 所示的铸件，改进其内腔结构后，就可以以型代芯。

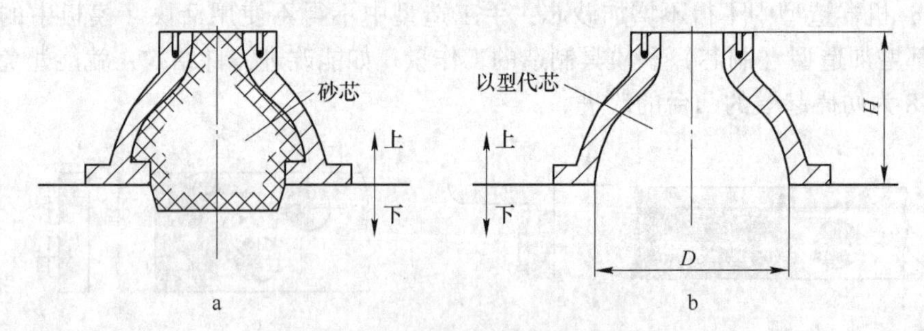

图 2-10 圆盖铸件内腔结构的改进

a—原结构；b—改进结构

2.1.2.4 减少和简化分型面

铸件的分型面数目减少，不仅减少砂箱数目、降低造型工时，还可以减少错箱、偏芯等问题，提高铸件的尺寸精度。图 2-11a 所示铸件的结构有两个分型面，需采用三箱造型，使造型工序复杂。若是大批量生产，只有增设环状型芯才可采用机器造型。将端盖的结构改为图 2-11b 的形式，就只有一个分型面，使造型工序简化。

2.1.2.5 有利于砂芯的固定和排气

图 2-12a 为轴承架铸件的原工艺，2 号砂芯呈悬臂式，需用芯撑固定；改进后，2 号悬臂砂芯和 1 号砂芯连成一体合并成一个砂芯，取消了芯撑（见图 2-12b）。薄壁件和承受气压或液压的铸件，不希望使用芯撑。若无法更改结构时，可在铸件上增加工艺孔，这

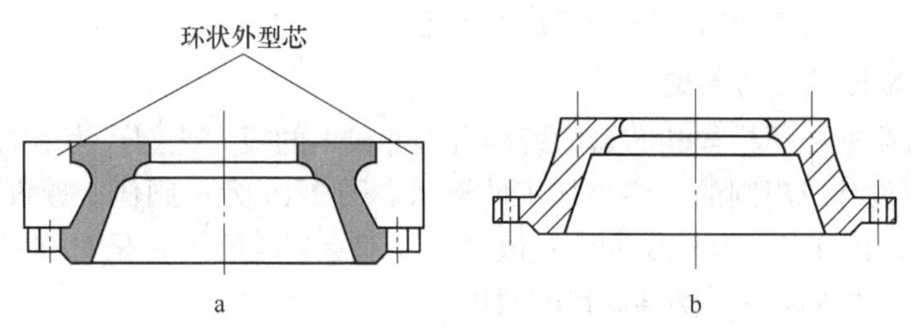

图 2-11 端盖铸件结构的改进

a—原结构；b—改进结构

样就增加了芯头支撑点，如图 2-13 所示的紫铜风口铸件，结构改进后有利于砂芯的固定和排气。铸件的工艺孔可用螺丝堵头封住，以满足使用要求。铸造工艺设计中应尽量避免悬臂芯和吊芯。

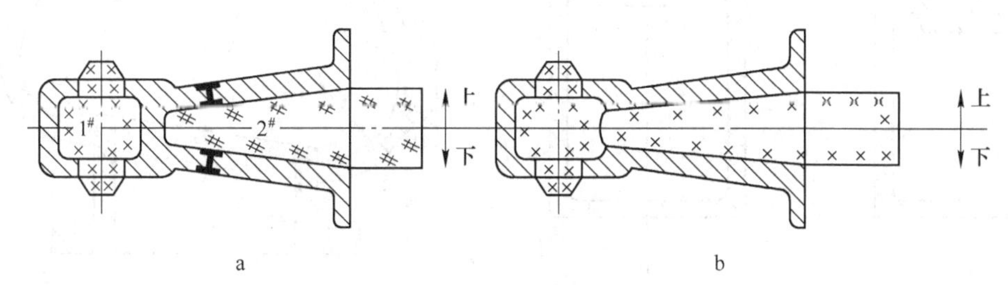

图 2-12 轴承架铸件结构的改进

a—原结构；b—改进结构

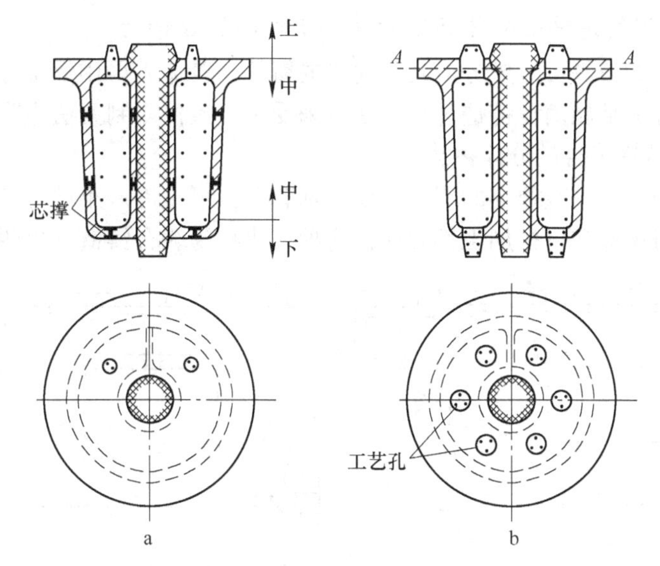

图 2-13 紫铜风口铸件结构的改进

a—原结构；b—改进结构

2.1.2.6 减少清理铸件的工作量

铸件清理包括：清除表面黏砂、内部残留砂芯、去除浇注系统、冒口和飞翅等操作。这些操作劳动量大且工作环境差，铸件结构设计应注意减轻清理的工作量。图 2-14 所示的铸钢箱体，结构改进后可减少切割冒口的困难。

2.1.2.7 简化模具的制造

单件、小批生产中，模样和芯盒的费用占铸件成本的很大比例。为节约模具制造工时和材料，铸件应设计成规则的、容易加工的形状。图 2-15 为一阀体，原设计为非对称结构（实线所示），模样和芯盒难于制造；改进后（双点划线所示）呈对称结构，可采用车（刮）板造型法，大大减少了模具制造的费用。

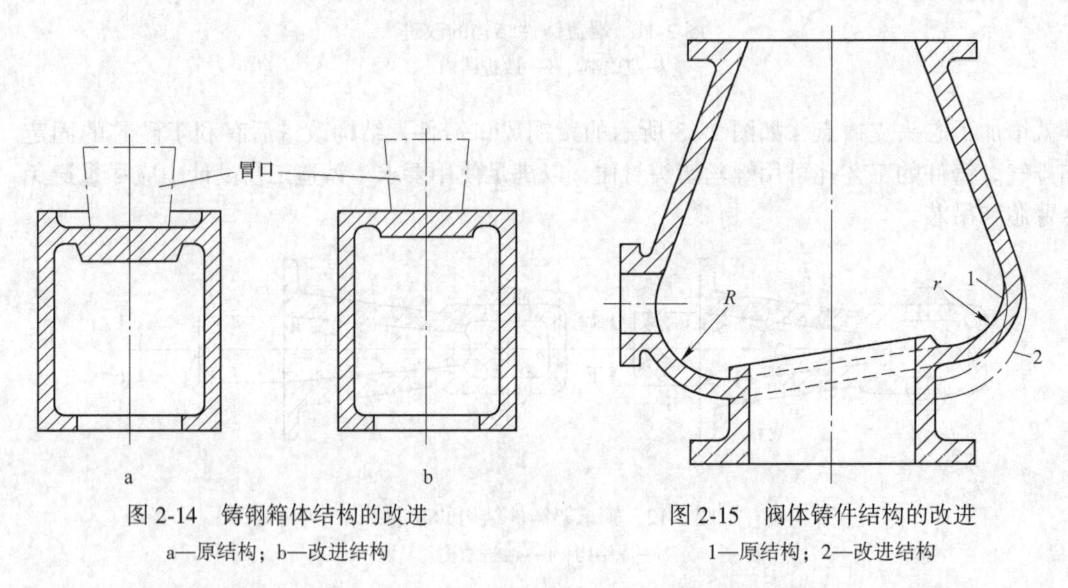

图 2-14 铸钢箱体结构的改进
a—原结构；b—改进结构

图 2-15 阀体铸件结构的改进
1—原结构；2—改进结构

2.1.2.8 大型复杂件的分体铸造和简单小件的联合铸造

有些大而复杂的铸件可考虑分成几个简单的铸件，铸造后再用焊接方法或用螺栓将其连接起来。这种方法常能简化铸造过程，使本来受工厂条件限制无法生产的大型铸件成为可能。图 2-16 为铸铁床身的分体铸造结构。

与分体铸造相反，一些很小的零件，如小轴套等，可把许多小件毛坯连接成为一个较长的大铸件，这对铸造和机械加工都方便，这种方法称为联合铸造，也叫串铸。

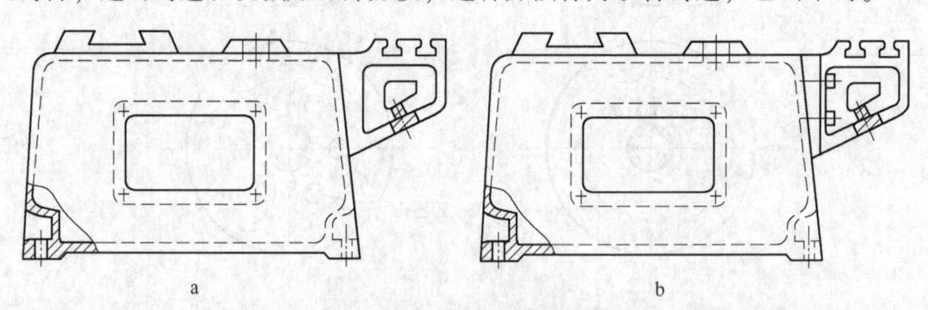

图 2-16 分体铸造的床身结构
a—整体方案；b—分体方案

2.1.3 技术条件和生产能力的审查

（1）铸件材质与技术条件相适应：要注意图纸中的铸件材质和性能指标要求的一致

性。例如打压件（如阀门），HT200 可以承受 1.6～2.0MPa 的压力，而 HT150 就不行；ZG25 承受的压力不能大于 40MPa，ZG35 承受的压力不能大于 50MPa。

如果是铸焊构件，ZG45 焊接易产生裂纹，而 ZG25、ZG35 就可以使用。

（2）铸件尺寸、重量与造型、起重设备相适应：造型机的起模行程是否满足铸件尺寸的要求，起重设备、熔化设备是否满足铸件重量的要求。

（3）改变材质的可能性：为避免铸造缺陷和降低成本，与用户沟通后可考虑材质替代的可能性。

（4）质量要求的合理性：尺寸公差、表面粗糙度等级、金相组织、成分含量等方面的要求是否能达到。

2.2 造型制芯方法的选择

造型方法的选择应根据多方面因素综合考虑，如：铸件的结构特点，合金种类，铸件的生产批量和数量，铸件的形状、大小和质（重）量，铸件的尺寸精度和表面粗糙度要求，铸造车间的厂房条件，熔炼、配砂等配套设备，工艺水平，以及运输条件，工艺流程，铸造车间的工装条件等。应优先考虑采用先进工艺，以便提高产品质量，节省材料，改善劳动条件，保护环境，提高生产效率，降低生产成本。

制芯方法根据砂芯尺寸、形状、生产批量及具体的生产条件进行选择，只有当批量和大量生产时，才考虑用机器制芯。机器制芯生产率高，紧实度均匀，砂芯质量好。

砂型铸造的各种造型、制芯方法可参照以下原则选用：

（1）优先采用黏土砂湿型：生产中小型铸件，无论从成本和环保，还是从生产率考虑，湿型都极有优势。目前，全世界铸件总产量的 70%用砂型生产，其中湿型占绝大多数。只有湿型不能满足要求时，才考虑使用其他造型方法，如自硬砂型，不提倡使用黏土砂表干型或干型。

在考虑应用湿型时应注意以下几种情况：

1）铸件过高，金属静压力超过湿型的抗压强度时，应考虑使用自硬砂型等。

具体分析：如果铸件壁薄，虽然铸件很高大，但出现胀砂、粘砂、跑火的倾向小，可以把此限制适当放宽。因为在浇注结束前，金属静压力尚未达到最高值时，铸件下部表面上已凝结一层金属壳。此外，采用优质钠膨润土型砂或活化膨润土型砂，其砂型湿压强度较高，为铸造较高大的铸件创造了条件。

2）浇注位置上铸件有较大水平壁时，用湿型容易引起夹砂缺陷，应考虑使用其他砂型。

3）造型过程长或需长时间等待浇注的砂型不宜用湿型。例如在铸件复杂，砂芯多，下芯时间长且铸件尺寸大等条件下，湿型放置过久会风干，使表面强度降低，易出现冲砂缺陷。因此湿型一般应在当天浇注。如需次日浇注，应将造好的上下半型空合箱，防止水分散失，于次日浇注前开箱、下芯，再合箱浇注，更长的过程应考虑用其他砂型。

4）型内放置冷铁较多时，应避免使用湿型。如果湿型内有冷铁时，冷铁应事先预热，放入型内要及时合箱浇注，以免冷铁变冷而凝结“水珠”，浇注后引起气孔缺陷。

当湿型不可靠时，可考虑使用表干型，砂型只进行表面烘干。对于中大型铸件，可以应用树脂自硬砂型、水玻璃自硬砂型，它们可以获得尺寸精确、表面光洁的铸件，但成本要高一些。

(2) 造型、制芯方法应和生产批量相适应：大量生产的产品应创造条件采用技术先进的造型制芯方法。老式的震击式或震压式造型机生产线生产率不高，工人劳动强度大，噪声大，不适应大量生产的要求，应逐步加以改造。对于小型铸件，可以采用水平分型或垂直分型的无箱高压造型机生产线，生产效率高，占地面积也少；对于中型铸件可选用各种有箱高压造型机生产线、气冲造型线、静压造型线等。为了适应快速、高精度造型生产线的要求，制芯方法可选用冷芯盒、热芯盒及壳芯等。

中等批量的大型铸件可以考虑用树脂自硬砂造型制芯、抛砂造型等。

单件小批量的重型铸件，手工造型仍是重要的方法，手工造型能适应各种复杂的要求，比较灵活，不要求很多工艺装备。可以应用水玻璃砂型、VRH 法水玻璃砂型、有机酯水玻璃自硬砂型、树脂自硬砂型等；对于单件生产的重型铸件，采用地坑造型法成本低，投产快。

批量生产或长期生产的定型产品采用多箱造型、劈箱造型比较适宜，虽然模具、砂箱等开始投资高，但可以从节约造型工时、提高产品质量方面得到补偿。

(3) 造型方法应适合工厂条件：有的工厂生产大型机床床身等铸件，多采用组芯造型法。着重考虑设计、制造芯盒的通用化问题，不制作模样和砂箱，在地坑中组芯；而另外的工厂则采用砂箱造型法制作模样。不同的工厂生产条件、生产习惯、所积累的经验各不一样。如果车间内吊车的吨位小、烘干炉也小，而需要制作大件时，用组芯造型法是行之有效的。每个铸造车间只有很少的几种造型制芯方法，所选择的方法应切合现场实际条件。

(4) 要兼顾铸件的精度要求和成本：各种造型制芯方法所获得的铸件精度不同，前期投资和生产率也不一致，最终的经济效益也有差异。因此，要做到多、快、好、省，应当兼顾到各个方面，应对所选用的造型方法进行初步的成本估算，以确定经济效益高又能保证铸件要求的造型制芯方法。

2.3 浇注位置和分型面的确定

确定浇注位置和分型面是铸造工艺设计中重要的一环，关系到铸件的内在质量、铸件的尺寸精度及造型工艺过程的难易，因此往往须制定出几种方案加以分析、对比，择优选用。

2.3.1 浇注位置和分型面的概念

铸件的浇注位置是指浇注时铸件在型内所处的状态和位置。铸造生产中，铸型有 3 种位置：造型位置（合箱位置）、浇注位置和冷却位置，3 个位置可以不同，但为了减少搬运和翻箱过程，一般 3 个位置是一致的。按铸件的浇注位置，可将铸件壁的表面分为顶面、底面和立面（侧面），底面和立面的铸件表面质量要好于顶面。

分型面是指两半铸型相互接触的表面。除了地面软床造型、明浇的小件、实型（消失模）铸造法、熔模铸造以外，都要选择分型面。根据铸件的结构特点，分型面既可以是一个（两箱造型），也可以是多个（三箱造型、多箱造型），但机器造型都是一个分型面。分型面既可以是平面，也可以是折面（阶梯面）或曲面，但从模板复杂程度来看，尽量选择平面分型。分型面的设置，可能会使垂直分型面的型腔高度有所增加（由分型面处的砂箱间隙决定），使平行分型面的两个砂箱产生错箱，导致铸件尺寸误差增大。前者要用分型负数来解决，后者要注意工装定位准确，合箱操作认真。

生产中常以浇注时分型面是处于水平、垂直或倾斜位置，分别称为水平浇注、垂直浇注或倾斜浇注，但这不代表铸件的浇注位置的含义。

选择完造型方法之后，就要确定浇注位置和分型面。一般是先确定浇注位置，再确定分型面，但实际设计中，两者是同时考虑的。

2.3.2 浇注位置的确定

根据合金种类、铸件结构和技术要求，结合选定的造型方法，先确定铸件质量要求高的部位（如重要加工面、受力较大的部位、承受压力的部位等），再结合生产条件估计主要废品倾向和容易发生缺陷的部位（如厚大部位容易出现收缩缺陷，大平面上容易产生夹砂结疤，薄壁部位容易发生浇不足、冷隔，薄厚相差悬殊的部位易产生应力集中而发生裂纹等）。这样在确定浇注位置时，应使重要部位处于有利的状态，并针对容易出现的缺陷，采取相应的工艺措施。

应当指出，浇注位置的确定应实现铸件的顺序凝固，消除缩孔、缩松，保证获得致密的铸件。在这种条件下，浇注位置的确定应有利于安放冒口；实现同时凝固的铸件，内应力小，变形小，金相组织比较均匀一致，不用或很少采用冒口，节约金属，减小热裂倾向，铸件内部可能有缩孔或轴线缩松存在。因此，多应用于薄壁铸件或内部出现轻微轴线缩松不影响使用的情况下。这时，如果铸件有局部肥厚部位，可置于浇注位置的底部，利用冷铁或其他激冷措施，实现同时凝固。灰铸铁、球墨铸铁和蠕墨铸铁件常利用凝固阶段的共晶体积膨胀来消除收缩缺陷，可不遵守顺序凝固条件而获得完好铸件。

根据对合金凝固理论的研究和生产经验，确定浇注位置时，应考虑以下原则：

（1）铸件的重要部位和薄壁部位尽量置于下部。铸件下部金属在上部金属的静压力下凝固并得到补缩，组织致密。铸件的主要工作表面、重要的加工表面放在铸型下部或侧面，这样，上述表面产生气孔、夹砂、夹渣等缺陷的可能性较少。各种机床床身的导轨是关键部位，表面不允许有砂眼、气孔、渣孔、裂纹和缩松等缺陷，而且要求组织致密、均匀，以保证硬度值在规定范围内。因此，尽管导轨面比较肥厚，对于灰铸铁件而言，床身的最佳浇注位置是导轨面朝下，如图 2-17 所示。

对具有薄壁部分的铸件，应把薄壁部分放在下半部或置于内浇道以下，以免出现浇不足、冷隔等缺陷。

（2）重要加工面应置于底面或立面。经验表明，气孔、非金属夹杂物等缺陷多出现在朝上的表面（浇注位置的顶面），而朝下的表面（底面）或侧立面通常比较光洁，出现缺陷的可能性小。个别加工表面必须朝上时，应适当放大加工余量，以保证加工后不出现缺陷。图 2-18 为伞齿轮的浇注位置，浇注时铣齿部位的表面应朝下。

（3）应有利于所确定的凝固顺序。对于因合金体收缩大或铸件结构上厚薄不均匀而易于出现缩孔、缩松的铸件，浇注位置的选择应优先考虑实现顺序凝固的条件，要便于安

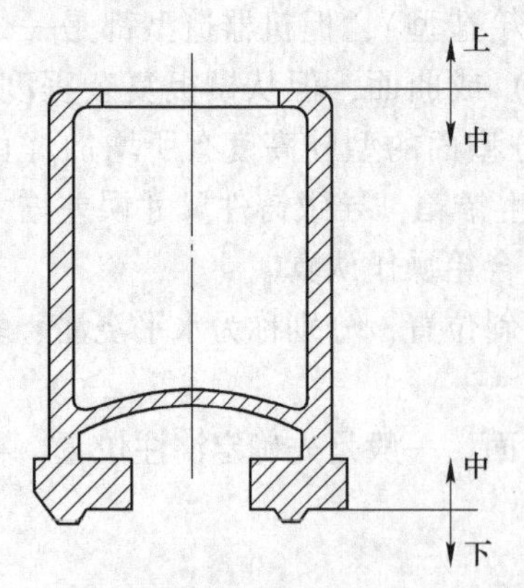

图 2-17 铸铁床身的正确浇注位置

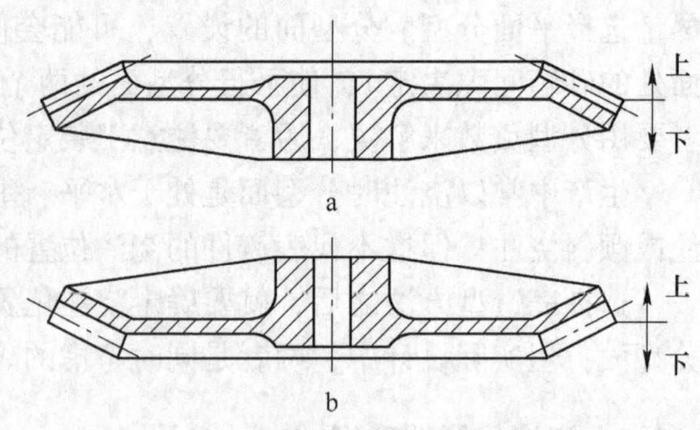

图 2-18 铸铁伞齿轮的浇注位置

a—不合理；b—合理

放冒口和发挥冒口的补缩作用，将厚实部分置于浇注位置的上部。双排链轮铸钢件的正确浇注位置如图2-19所示。

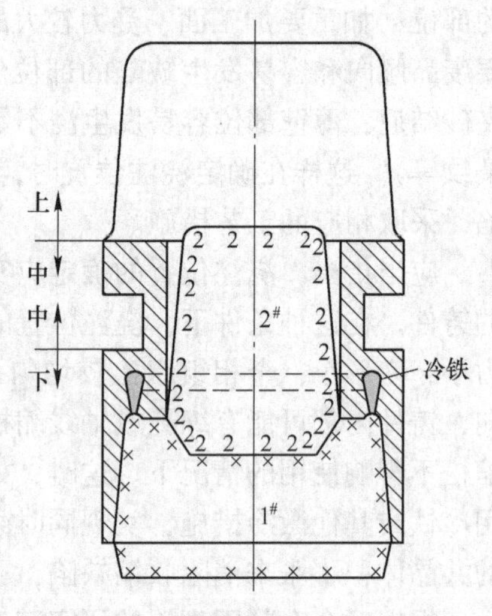

图 2-19 铸钢链轮的浇注位置

（4）铸件的大平面位置朝下，避免夹砂结疤类缺陷。对于大的平板类铸件，可采用倾斜浇注，以便增大金属液面的上升速度，防止夹砂结疤类缺陷。倾斜浇注时，依砂箱大小，倾斜高度一般控制在200~400mm范围内。图2-20所示的铸件，由于浇注位置选择的不合理，上表面产生了夹砂和气孔缺陷。

（5）避免用吊砂、吊芯或悬臂式砂芯，便于下芯、合箱及检验。经验表明，吊砂在合箱、浇注时容易塌箱。向上半型上安放吊芯很不方便。悬臂砂芯不稳固，在金属浮力作用下易偏斜，故应尽力避免。此外，要照顾到下芯、合箱和检验的方便，要有利于砂芯的定位、稳固和排气（见图2-21）。图2-22所示铸件的浇注位置，便于合箱，但存在吊芯问题，所以，在确定浇注位置时，如果出现矛盾应分清主次，保证铸件质量。

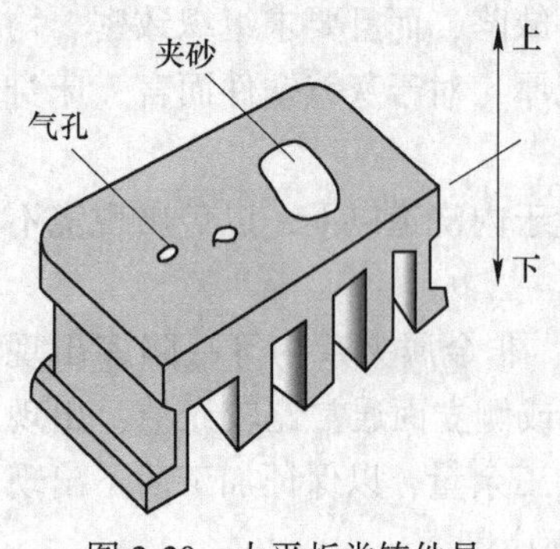

图 2-20 大平板类铸件易产生的缺陷

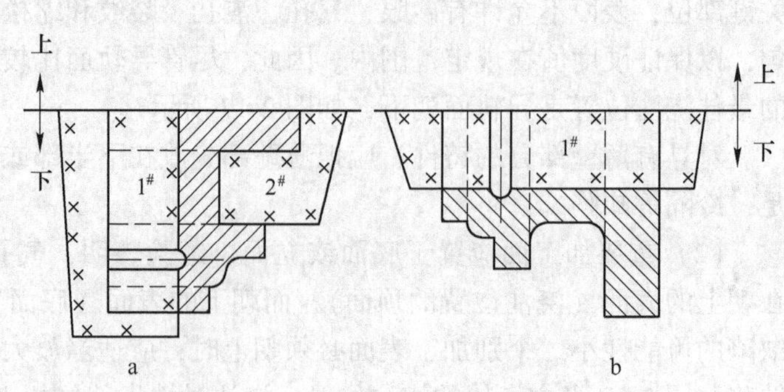

图 2-21 避免用悬臂芯的浇注位置

a—不合理；b—合理

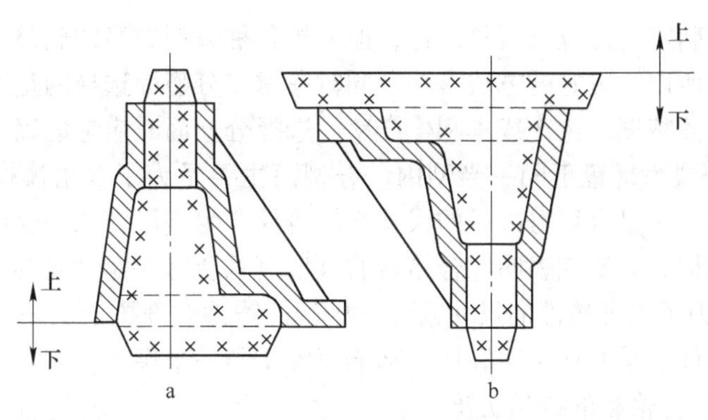

图 2-22 便于合箱的浇注位置

a—不合理；b—合理

（6）合箱位置、浇注位置和冷却位置一致。这样可以避免在合箱后或浇注后再次翻转铸型。翻转铸型不仅劳动量大，而且易引起砂芯移动、掉砂、甚至跑火等缺陷。

只有在个别情况下，如单件、小批量生产较大的球墨铸铁曲轴时，为了造型方便和加强冒口的补缩效果，常采用横浇竖冷方案，浇注后将铸型竖起来，让冒口在最上端进行补缩。当浇注位置和冷却位置不一致时，应在铸造工艺图上注明。此外，应注意浇注位置、冷却位置与生产批量密切相关。同一个铸件，例如球铁曲轴，在单件小批生产的条件下，采用横浇竖冷是合理的。而当大批量生产时，则应采用造型、合箱、浇注和冷却位置一致的卧浇、卧冷方案。

2.3.3 分型面的确定

一个铸件可以找出多种分型方案，如图 2-23 所示的简单铸件有 7 种。我们应充分比较各种方案的利弊，找出一个最佳分型方案（分型面）。

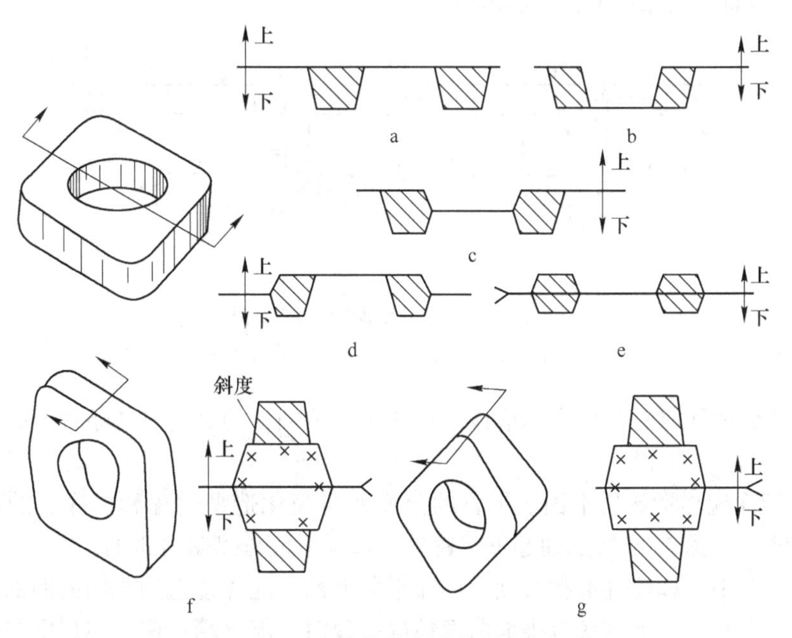

图 2-23 铸件的多种分型方案

分型面一般在确定浇注位置后再选择，但分析各种分型方案的利弊之后，可能需要重新调整浇注位置。所以，最好的方法是两者同时考虑。分型面选择的是否合适，在很大程度上影响铸件的尺寸精度、生产成本和生产率。选择分型面时应考虑以下原则：

（1）铸件全部或大部置于同一半型内。分型面主要是为了取出模样而设置，但会影响铸件的尺寸精度。一是合箱对准时的误差会使铸件产生错箱，二是会使铸件在垂直分型面方向上的尺寸增加。有研究表明，合箱后的分型面总会有一定“厚度”，在最小的情况下约为0.38mm。为了保证铸件的尺寸精度，尽量使铸件全部置于同一半型内，如果做不到，应尽可能把铸件的重要加工面和加工基准面置于同一半型内。

图2-24为汽车后轮毂的铸造方案，加工内孔时以 $\phi350$mm 的外圆周定位（基准面）。

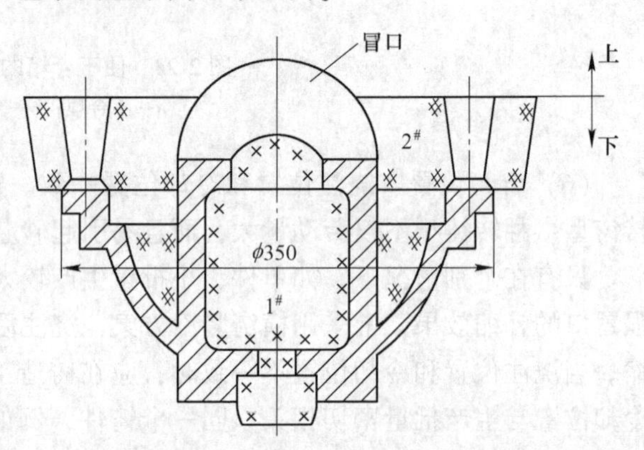

图2-24 汽车后轮毂的分型方案

（2）应尽量减少分型面的数目。分型面少，铸件精度容易保证，且砂箱数目少。

机器造型的中小件，一般只允许有一个分型面，以便充分发挥造型机的生产率，凡不能出砂的部位均采用砂芯，而不允许用活块或多分型面（见图2-25a）。但在下列情况下，往往采用多分型面的多箱造型或劈箱造型：

1）铸件高大而复杂，采用单分型面会使模样很高，起模斜度会使铸件形状有较大的改变；

2）砂箱很深，造型不方便；

3）砂芯多而型腔深且窄，下芯困难。

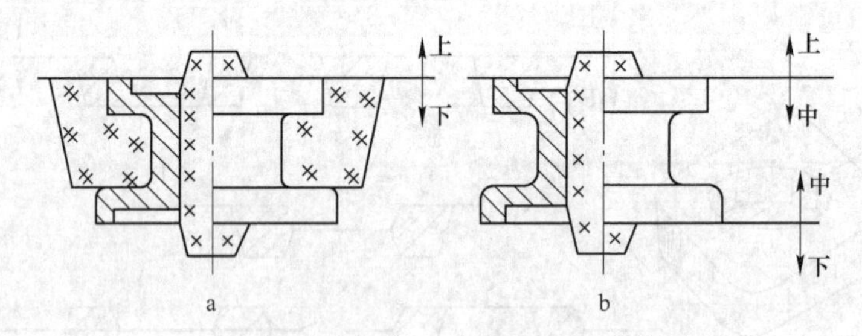

图2-25 确定分型面数目的实例

a—适用于机器造型；b—适用于手工造型

我们选择分型面时总的原则是应该尽量减少分型面，但针对具体条件，有时采用多分型面也是有利的。

（3）分型面应尽量选用平面。平直的分型面可简化造型过程和模底板的制造，易于保证铸件精度。如图2-26所示的起重臂铸件，选择平面分型是合理的。

在机器造型中，如铸件形状必须采用非平分型面，应尽量选用规则的曲面，如圆柱面或折面。因为只有上、下模底板表面曲度精确一致时才能合箱严密，不规则曲面导致模底

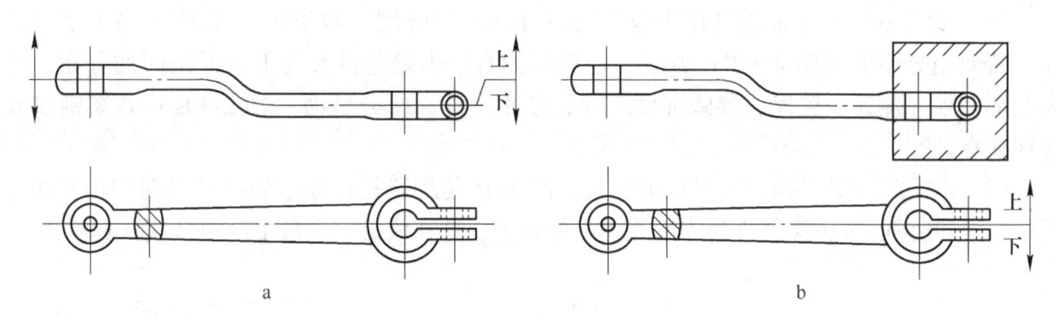

图 2-26 起重臂的两种分型方案
a—曲面分型；b—平面分型

板的加工困难。

手工造型时，曲面分型面是用手工切挖砂型来实现，只是增加了切挖的步骤，却减少了砂芯的数目。因此，手工造型中有时采用挖砂造型形成曲面分型面或阶梯分型面。图 2-27 所示的手轮铸件，采用了曲面分型面（*ABCDEF*），两箱造型，不用砂芯。该分型方案既可以用于机器造型生产中小手轮，也可用于手工造型生产大手轮。

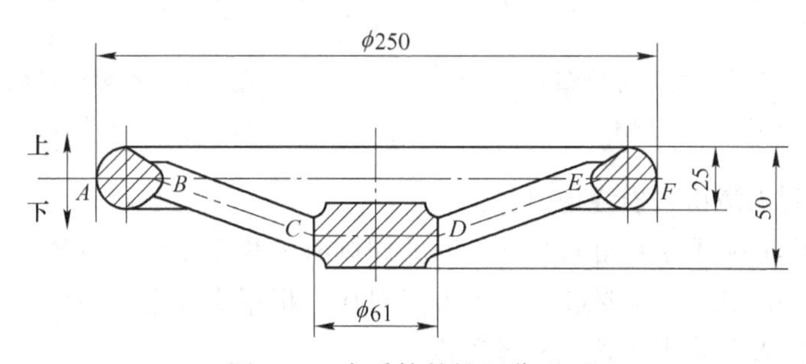

图 2-27 大手轮的锥面分型面

（4）应便于下芯、合箱和检查型腔尺寸。在手工造型时，模样及芯盒尺寸精度不高，在下芯、合箱时，造型工需要检查型腔尺寸，并调整砂芯位置，才能保证壁厚均匀。为此，应尽量把主要砂芯放在下半型中。图 2-28 的减速器箱盖的手工造型工艺方案采用两个分型面，目的就是便于合箱时检查尺寸。

（5）不使砂箱过高，尽量选在铸件的最大截面处。分型面通常选在铸件最大截面上，并注意使砂箱不至于过高（见图 2-29）。因为砂箱高，会使造型困难，填砂、紧实、起模、下芯都不方便。几乎所有的造型机都对砂箱高度有限制。大型铸件手工造型时，一般选用多分型面，即用多箱造型以控制每节砂箱的高度，使其不致过高。

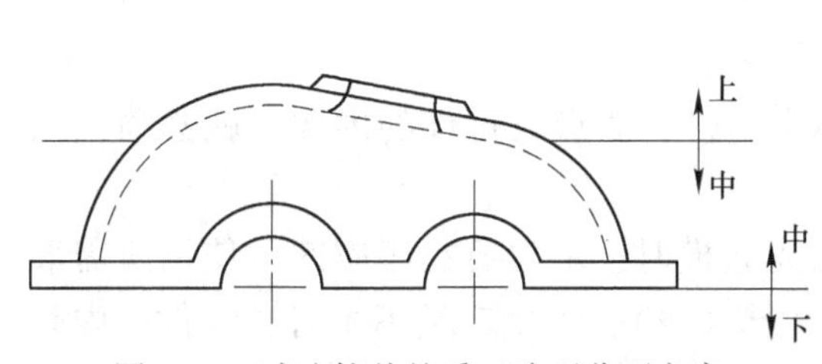

图 2-28 减速箱盖的手工造型分型方案

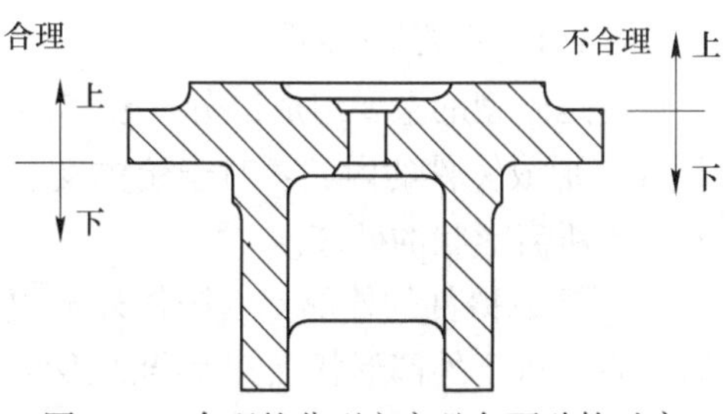

图 2-29 合理的分型方案避免下砂箱过高

(6) 受力件的分型面的选择不应削弱铸件的结构强度。对于图 2-30 所示的工字梁铸件，若使用分型面（图 2-30b）方案，合箱时如有微小偏差将改变工字梁截面的分布，造成上部立梁一侧薄一侧厚，导致强度差异，故不合理。而分型面（图 2-30a）方案则没有这种缺点。

(7) 注意减轻铸件清理和机械加工量。图 2-31 是摇臂铸件考虑到打磨飞翅的难易而选用分型面的实例，a 方案铸件的中部飞翅不好打磨，这在成批、大量生产中必须认真对待。

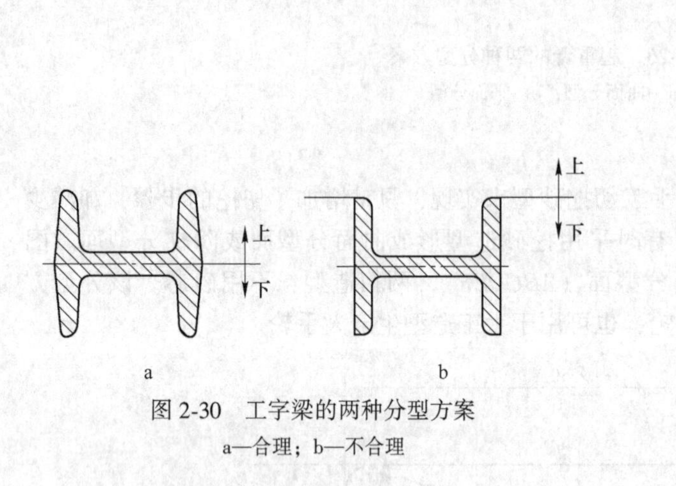

图 2-30 工字梁的两种分型方案

a—合理；b—不合理

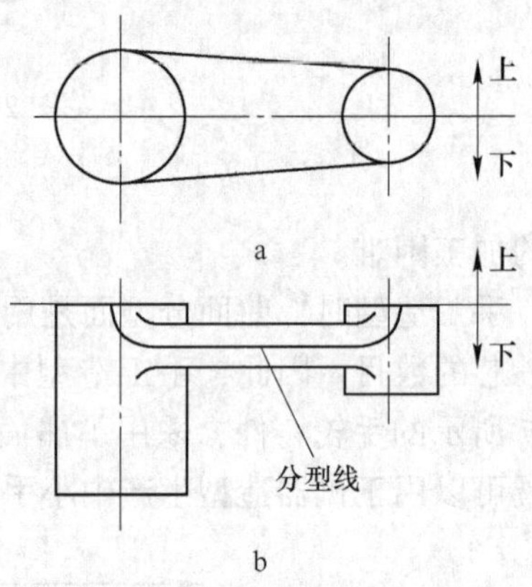

图 2-31 摇臂铸件的两种分型方案

a—不合理；b—合理

(8) 要考虑到内浇口和横浇道设置。

以上简要介绍了选择分型面的原则，这些原则有的相互矛盾和制约。一个铸件应以哪几项原则为主选择分型面，需要进行多个方案对比，根据实际生产条件，并结合经验作出正确的判断，最后选出最佳方案，付诸实施。

2.4 砂芯设计

砂芯用于形成铸件的内腔、孔和铸件外形不能出砂的部位。砂型局部要求特殊性能的部分，有时也用砂芯。制芯是铸造生产中另一个主要生产环节。随着铸造事业的快速发展，不断出现新的制芯方法和制芯工艺，目前制芯方法分为手工制芯和机器制芯两大类，但以机器制芯为主。

2.4.1 砂芯的作用、分类和构成

2.4.1.1 砂芯的作用

砂芯是砂型的重要组成部分。砂芯的作用主要有：

(1) 形成铸件的内腔：对于箱体类、缸体类铸件，要形成铸件的内腔，就必须在型腔内放入所需形状的砂芯。

(2) 形成铸件的外形：当铸件外形复杂妨碍起模时，常常要在相应部位使用所需形状的砂芯。对于外部形状极其复杂的铸件（如机床床身），当生产量不多时，铸件的内腔和外部形状可全部用砂芯来形成，即采用组芯造型获得所需铸件。

（3）加强局部砂型的强度：当浇注大、中型铸件时，直浇道太高，金属液常会将直浇道底部或型腔中强度不够的部分冲坏，可在这些地方嵌入高强度砂芯块来加固，防止产生冲砂等缺陷。

2.4.1.2 对砂芯的基本要求

砂芯在浇注过程中不断受到金属液的冲击，浇注后砂芯几乎全部或大部分被高温金属液所包围，所以，砂芯不仅要具备砂型应具有的全部性能，还要满足以下要求：

（1）低的吸湿性和发气性。

（2）良好的透气性和溃散性。

（3）良好的退让性。

（4）高耐火性。

（5）高尺寸精度。

（6）良好的稳定性与平衡性。

2.4.1.3 砂芯的分类

砂芯的分类方法有许多种，下面分别加以介绍。

（1）按制造方法。按照砂芯的制造方法可分为手工制芯和机器制芯。当生产数量少、形状复杂，尺寸较大又非长期产品时，采用手工制芯。对于形状简单、尺寸较小、又是长期固定产品、专业化生产时，则采用机器制芯较好。

（2）按尺寸大小。按照砂芯的尺寸可分为小型（体积小于5dm^3）、中型（体积为5~50dm^3）、大型（体积大于50dm^3）三类。

（3）按制造材料。按照砂芯的制造材料可分为普通黏结剂砂芯和特殊黏结剂砂芯。普通黏结剂砂芯应用最广泛，适应性强，可用于形状简单的各种尺寸的砂芯。对于形状比较复杂，又有某些特殊要求的中、小砂芯，可用特殊黏结剂芯砂制造。

（4）按砂芯的复杂程度。按照砂芯的复杂程度可分为五级：

1）一级砂芯：形状复杂，断面细薄，与金属液接触表面积大，芯头窄小，在铸件内部形成不加工的表面质量好、光洁的内腔，或者在重要铸件中形成细长窄小不加工的内腔，且芯头尺寸小，如发动机制造中所使用的细薄砂芯、汽轮机制造中某些复杂壳体的砂芯等，都可归于这一类。这些砂芯一般采用树脂类、油脂类做黏结剂。

2）二级砂芯：形状较复杂，有局部薄断面，与金属液接触表面积较大，除砂芯主体外，还具有非常细小的凸缘、棱角，与金属液的接触面积较大，在重要铸件中构成完全或者部分不加工的内腔的砂芯，都属于这一类。如气冷式发动机气缸盖的砂芯，汽轮机制造中某些壳体的砂芯。这类砂芯的芯头较一级砂芯要大些，干强度可稍低一点，芯砂配制时可加一些黏土，但主要采用特殊黏结剂。图2-32中的砂芯比较复杂，图2-33中的砂芯相对简单。

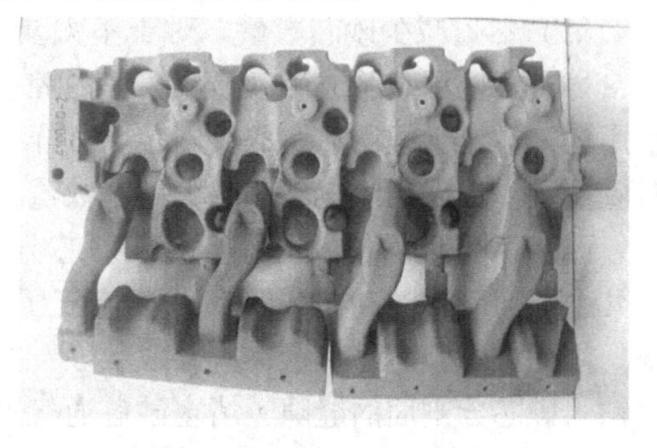

图2-32 比较复杂的砂芯

3）三级砂芯：复杂程度一般，没有非常细薄的断面，但局部有细小的凸缘、棱角、肋片，用来构成铸件加工的内腔的砂芯属于这一类。烘干前要有较高的湿强度以支持自身重量，烘干后具有较高的表面干强度。芯砂配制时可用黏土做黏结剂，或者部分用沥青、松香、水玻璃等作黏结剂。

4）四级砂芯：形状简单，用来构成铸件的加工和不加工的内外表面。一般铸造车间所使用的多数砂芯属于这一类，黏结剂主要是黏土。

5）五级砂芯：用来构成大型铸件的内腔，要求高的干强度、良好的退让性、透气性等，因此，常在砂芯中心部分放砖头、焦炭块，以改善其退让性和透气性。

2.4.1.4 砂芯的结构组成

砂芯由砂芯本体和芯头组成，砂芯本体形成铸件的内腔、形状极其复杂铸件的外形和铸件壁上的细长孔和槽，芯头是伸出铸件以外不与金属液接触的部分。芯头的作用是：定位和固定砂芯，使砂芯在砂型中有准确的位置；承受砂芯自身的重力及浇注时金属液对砂芯的浮力；使砂芯中的气体通过芯头排到砂型外。图 2-34 所示的悬臂芯，其左半部为砂芯本体，右半部为芯头。

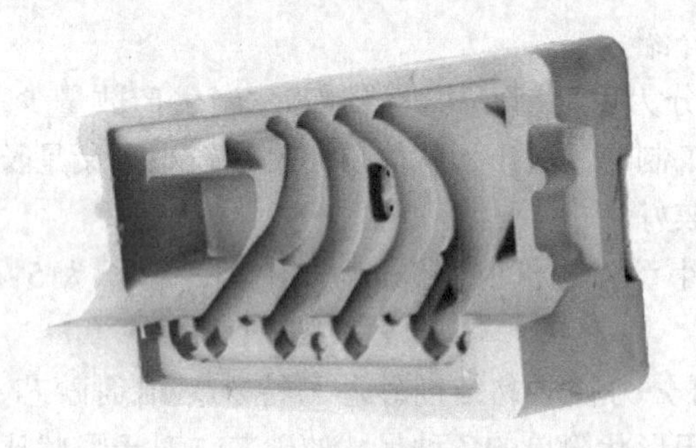

图 2-33 中等复杂程度的砂芯

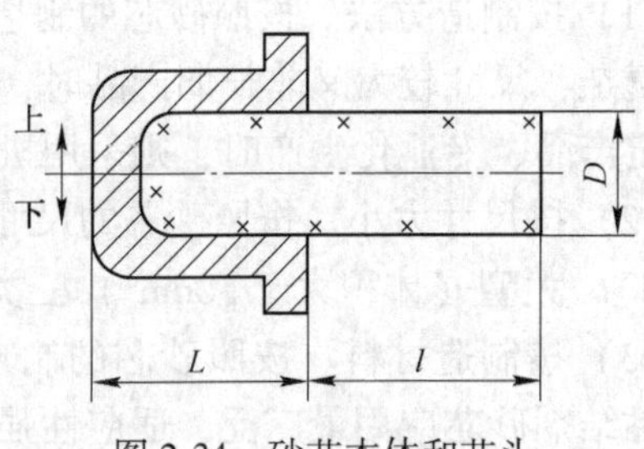

图 2-34 砂芯本体和芯头

根据砂芯在浇注时的位置，砂芯分为水平芯（包括悬臂芯）和垂直芯，相应的分为水平芯头和垂直芯头。在设计砂芯时，水平芯头和垂直芯头的结构是不同的。

2.4.2 砂芯设计的基本原则

砂芯设计时，要注意下面的几个原则：

（1）尽量减少砂芯数量。对于不太复杂的铸件，应尽量减少砂芯数量。在机器造型时，尽可能地用砂胎或吊砂形成铸件内腔；在手工造型时，遇到难于出模的地方，一般尽量用模样活块，即用活块取代砂芯。这样虽然增加了造型工时，但却节省了芯盒、制芯工时及费用。提倡用组合砂芯减少砂芯数量，提高铸件尺寸精度。

（2）为保证操作方便可将复杂砂芯分块制造。复杂的大砂芯、细而长的砂芯，可分为几个小而简单的砂芯。图 2-35 为空气压缩机大活塞的砂芯，为了操作方便将砂芯分为 3 块。细而长的砂芯易变形，应分成数段，并设法使芯盒通用。在划分砂芯时要防止液体金属钻入砂芯分割面的缝隙，堵塞砂芯通气道。

（3）保证铸件内腔尺寸精度。凡铸件内腔尺寸要求较严的部分，应由同一半砂芯形成，避免被分盒面所分割，更不宜划分为几个砂芯。但是，手工造型中大的砂芯，有时为了保证某一部位精度、下芯准确和操作方便，也可分块制造。如图 2-36 所示的铸件，因为要求 500×400mm 方孔四周的壁厚均匀，将这块砂芯与主体芯分开制作。

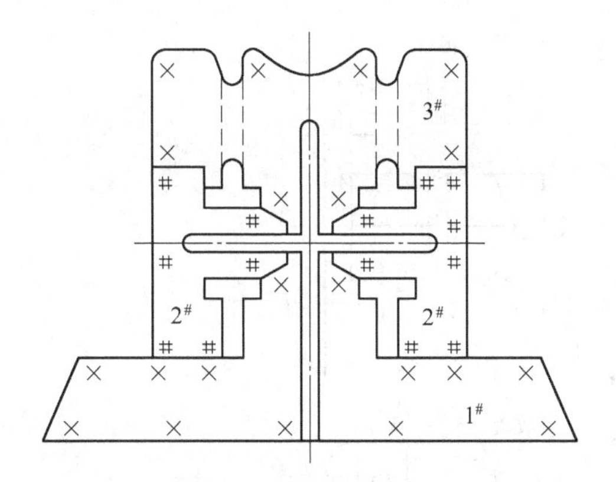

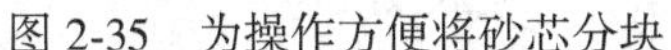
图 2-35 为操作方便将砂芯分块

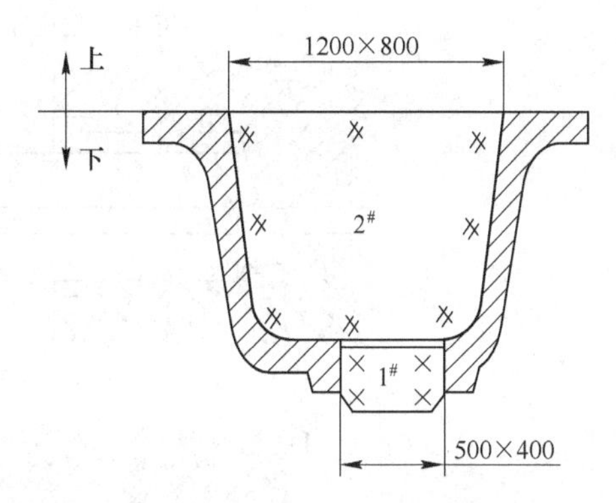

图 2-36 为保证铸件尺寸精度将砂芯分块

(4) 砂芯的分盒面应尽量与砂型的分型面一致，保证铸件壁厚均匀。砂芯的起模斜度和模样的起模斜度大小和方向一致，以保证由砂芯和砂型之间所形成的壁厚均匀，减少披缝，同时也有利于砂芯中气体的排出。图 2-36 所示铸件的制芯方法，由于采用了与分型面一致的分盒面，每个砂芯的填砂面都较大，支撑面是平面，排气方便。

(5) 砂芯形状要适应造型、制芯方法。高速造型线限制下芯时间，对一型多铸的小铸件，常不允许逐一下芯。因此，划分砂芯形状时，常把几个到十几个小砂芯组合成一个大砂芯，以便节约制芯、下芯时间，以适应机器造型节拍的要求。

对壳芯、热芯盒砂芯和冷芯盒砂芯，还要从便于射紧砂芯方面考虑改进砂芯形状。

(6) 使同层砂芯组合后的上面为平面。沿高度方向分层的砂芯，应力求使同层砂芯组合后的上表面为平面，以利于测量组装后的砂芯尺寸。

除上述原则外，还应使每块砂芯有足够的断面，保证有一定的强度和刚度，并能顺利排出砂芯中的气体；使芯盒结构简单，便于制造和使用等。

2.4.3 芯头设计

芯头是指伸出铸件以外不与金属接触的砂芯部分。芯头具有定位、固定砂芯和浇注后排出砂芯所产生的气体的作用，并能承受砂芯重力及浇注时液体金属对砂芯的浮力，使之不破坏。芯头设计应做到：上下芯头及芯号容易识别，不致下错方向；下芯、合箱方便，芯头应有适当斜度和间隙；间隙量要考虑到砂芯、铸型的制作误差，应少出飞翅、毛刺，并使砂芯堆放、搬运方便，重心平稳；避免砂芯有细小突出的芯头部分，以免损坏。

2.4.3.1 芯头结构

典型的芯头结构如图 2-37 所示，包括芯头长度、斜度、间隙、压环、防压环和积砂槽等组元。芯头各组员的作用：

芯头长度——决定芯头承压面积；

芯头斜度——便于下芯和合箱。对于垂直芯头，上、下芯头都应设有斜度；对于水平芯头，芯座要设置斜度；

芯头间隙——在芯头和芯座之间留有间隙，可方便下芯和合箱；

压环——合箱后把砂芯压紧，防止金属液钻入芯头端面堵塞排气道；

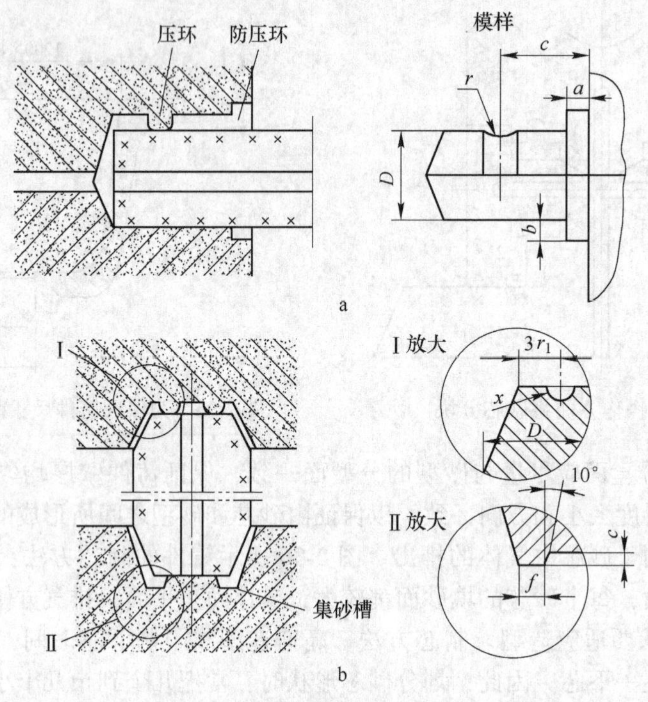

图 2-37 典型的芯头结构

a—水平芯头；b—垂直芯头

防压环——下芯、合箱时，它可防止此处砂型被压塌，因而可以防止掉砂；

集砂槽——存放散落在下芯座中的砂粒，使芯头与芯座紧密接触，并加快下芯速度。

芯头的尺寸与铸造工艺有关，一般决定于铸件相应部位孔、槽的尺寸。为了下芯和合型的方便，芯头应有一定的斜度，芯头与芯座之间应有一定的间隙（湿型小铸件下芯头不留间隙）。在实际生产中，芯头的尺寸、斜度和间隙可根据生产经验确定。一般来说，上芯头的高度比下芯头低，上芯头的斜度比下芯头大，各组元的尺寸可通过查表获得。

2.4.3.2 芯头承压面积的核算

铸件在浇注和凝固过程中，铸型中的砂芯受到金属液的冲击和浮力作用，若芯头的承压面积不足，将导致砂型上的芯座损坏，砂芯位移，破坏型腔结构，造成铸件报废。

一般情况下，小砂芯和中等尺寸的砂芯，作用于芯头上的重力和浮力不大，因此不必核算芯头尺寸。但是，对于重量大或者金属液的浮力较大而芯头的尺寸显得太小的砂芯，为了确保铸件质量，按经验数据初步确定芯头的尺寸后，应该核算芯头的承压面积。下面以图 2-38 为例说明其核算步骤。

（1）计算砂芯所受的浮力：砂芯所受的浮力与砂芯在砂型中的位置，砂芯的形状、尺寸以及浇注系统类型等有关。图 2-38 中表示砂芯受到浮力，当金属液上升到 $A—A$ 时为最大，其值为

$$F = \frac{\pi}{4}(D_1^2 - D_2^2)h\rho_L g \tag{2-1}$$

式中 F——砂芯所受浮力，N；

D_1——砂芯直径，m；

D_2——下芯头直径，m；

h——砂芯受浮力作用的高度，m；

g——重力加速度，m/s^2；

ρ_L——液体金属密度，kg/m^3。

（2）计算各芯头所受的最大压力：图2-38中下芯头较大，无需验算。由于没有水平芯头，上芯头所受的最大压力等于砂芯所受浮力 F 减去砂芯自身重量 G。设两个上芯头位置对称且大小一样，其所受到的压力相同，则每个芯头的最大压力 P（单位为N）为

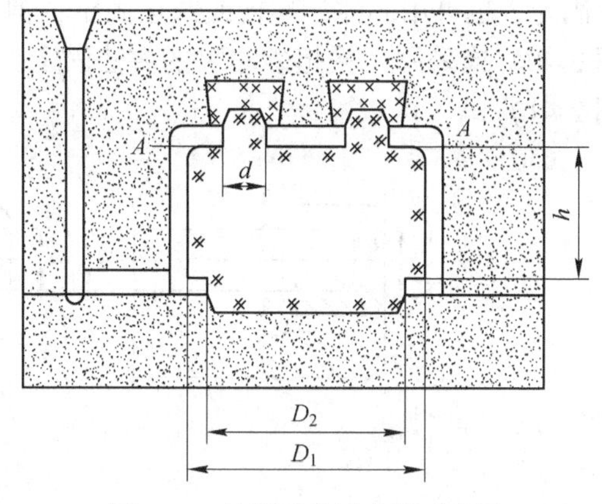

图 2-38 计算砂芯浮力的示意图

$$P = \frac{F - G}{2} \tag{2-2}$$

（3）计算芯头所需承压面积：图 2-38 中每个上芯头所需的承压面积为

$$S = k\frac{P}{\sigma_{压}} = k\frac{F - G}{\sigma_{压}} \tag{2-3}$$

式中 S——每个上芯头的横截面积，mm^2；

k——安全系数，其值为 1.3~1.5；

$\sigma_{压}$——芯座允许的抗压强度，MPa。

由于砂芯的强度通常大于砂型的强度，故 $\sigma_{压}$ 值就是砂型的抗压强度，用型砂万能强度测试仪直接测出。一般铸铁件，普通黏土湿型可取 0.13~0.15MPa，活化膨润土湿型可取 0.6~0.8MPa，自硬砂型可取 2~3MPa。

如果是水平芯头，应求出它所需的承压面积之后，再根据芯头的宽度或直径进一步求出所需的芯头长度。芯头实际承压面积必须大于计算值，否则应采取提高承压能力的措施，例如：提高芯座强度（在芯座上垫铁片或耐火砖等）、安放芯撑、增加水平芯头长度、增设工艺孔以增加芯头等，以免芯头压坏芯座导致偏芯使铸件报废。

2.4.4 砂芯的固定和定位

砂芯装配到铸型中，要做好固定和定位，使砂芯位置准确，浇注时砂芯不能移动。

2.4.4.1 砂芯的固定

砂芯的固定方法主要有三种：（1）芯头；（2）芯头—芯撑，芯撑起辅助定位作用；（3）芯撑，周边均被金属液包裹的砂芯要用芯撑（见图 2-39）。砂芯在砂型中尽量利用芯

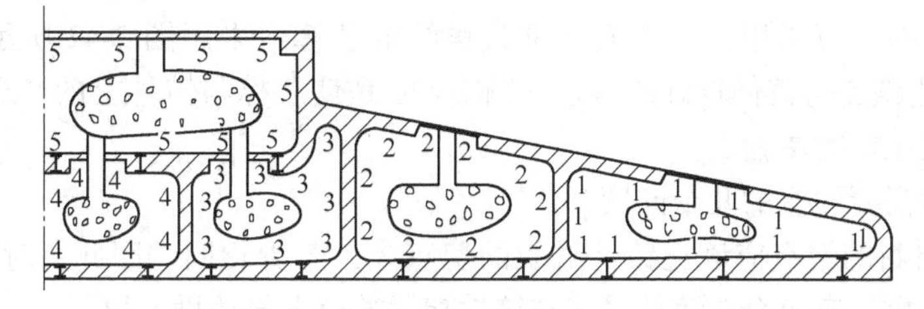
图 2-39 用芯撑固定砂芯

头固定，也可用芯撑、螺栓或铁丝固定，但尽量少用。悬臂砂芯可用加大芯头尺寸（见图 2-40）或采用“挑担砂芯”的方法固定，细高的直立砂芯，常将下芯头尺寸加大（见图 2-41）。

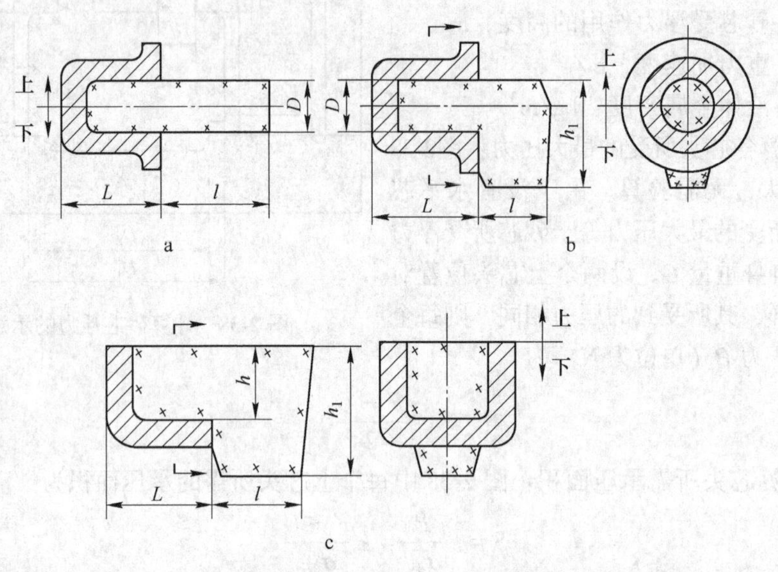

图 2-40　悬臂芯头的加长和加大

a—加长芯头；b，c—加大芯头

关于悬臂芯头加长和加大的具体尺寸：（1）当 D 或 $h \leqslant 150$mm：$h_1 = D$ 或 $h_1 = h$，$l = 1.25L$。（2）当 D 或 $h > 150$mm：$h_1 = (1.5 \sim 1.8)D$，$l \geqslant L$。还应指出，当 $L > 1.2D$ 或 $L > 1.2h$ 时，砂芯应考虑另外附加支点以便支撑砂芯。

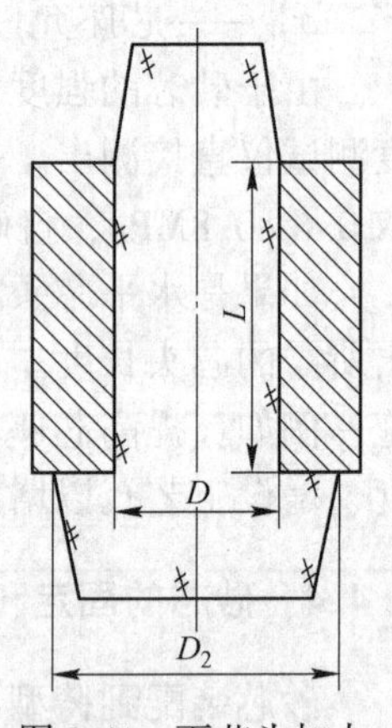

图 2-41　下芯头加大的细高砂芯

具有两个以上水平芯头的砂芯，在砂型中是最稳固的。对不稳固或易发生倾斜、转动的砂芯，要采取措施使之稳固。常用的措施：（1）加大或加长芯头，将砂芯的重心移入芯头的支撑面内，如图 2-40所示；（2）使用芯撑，增加砂芯的支撑点和承压面积，使砂芯稳固；（3）增加工艺孔，使砂芯稳固，且便于砂芯排气和清理。

砂芯在铸型中主要靠芯头固定，但有时无法设置芯头或只靠芯头仍难以稳固，此时常采用芯撑来稳固砂芯，起辅助支撑作用。

芯撑有钢芯撑、铸铁芯撑等。常用芯撑的名称和代号见表 2-9。

芯撑可能与铸件熔合不良、引起气孔。所以，对油箱、水箱及阀体等在水压、气压下工作，尤其是壁厚在 8mm 以下的薄壁件，应尽量不用芯撑，以免引起渗漏。必要时，可采用支柱上有凹槽或螺纹的芯撑或采用图 2-42 所示的防漏措施。图 2-42a、b 是让铁皮与铸件较好的熔合，图 2-42c 是使芯撑与铸件上的凸台良好的熔合，从而防止铸件在工作时渗漏。

使用芯撑时需要注意的几个问题：

（1）芯撑材料的熔点应该比铸件材质的熔点高，至少相同。因此，对于铸铁件采用低碳钢或铸铁芯撑，有色合金铸件采用与铸件相同的合金材质做芯撑。

表 2-9 芯撑名称代号

名称	代号	名称	代号
单光柱圆形	DGY	双粗柱矩形	SCZ
单光柱方形	DGF	四光柱方形	SSG
单光柱孔片圆形	DGK	单扁柱圆形	DBY
单光柱带片矩形	DZP	单扁柱方形	DBF
单光柱带片圆形	DZH	双扁柱矩形	SB
双光柱矩形	SG	单螺柱圆形	DLY
单螺柱方形	DLF	硬顶柱	YD
双螺柱矩形	SL	铸铁芯撑	ZT
单螺柱带片方形	DLZ	圆形芯撑垫片	YP
双螺柱带片矩形	SLZ	矩形芯撑垫片	JP
单槽柱方形	DC	圆形芯撑用盖	YG
双槽柱矩形	SC	矩形芯撑用盖	JG
四槽柱方形	SSC		

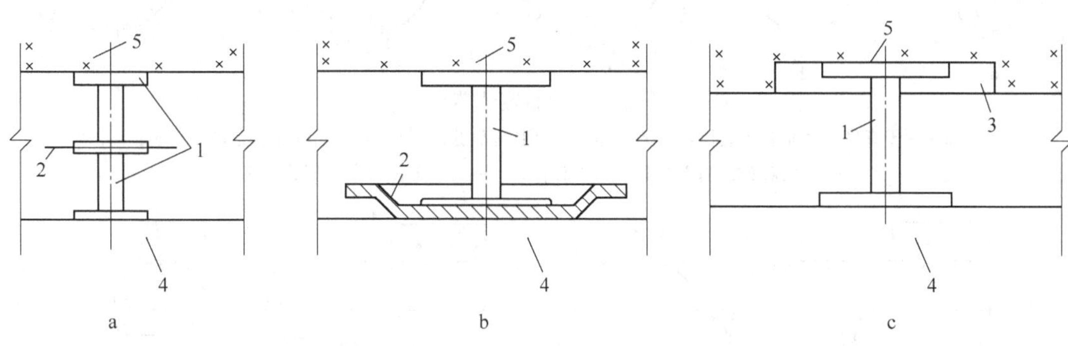

图 2-42 使用芯撑时的防漏措施

1—芯撑；2—铁皮；3—凸台；4—砂型；5—砂芯

（2）金属液未凝固之前，芯撑应有足够的强度，不得过早熔化、软化而丧失支撑作用。在铸件凝固过程中，芯撑须与铸件很好的焊合，因此，芯撑的重量不能过小或过大。

（3）芯撑表面应该干净和平整。使用时，芯撑表面应无锈、无油、无水气。芯撑表面最好镀锡，也可以镀锌，这是为了防止芯撑表面生锈导致与铁液熔合不好。同时，芯撑在放入铸型之后，要尽快浇注，特别是湿型，以免芯撑表面凝聚水汽而产生气孔或熔合不良。

（4）应尽量将芯撑放置在铸件的非加工面或不重要面上。

（5）芯撑要有足够的支撑面积。芯撑的数量根据经验确定，也可以计算得出。

（6）尽量避免在需打压试验的铸件上使用。若使用时，应保证芯撑能与铸件本体熔合，或者最后把它清除掉，再加以补焊。

（7）芯撑要避免在内浇道附近使用。

（8）为了防止芯撑陷入砂型、砂芯（特别是湿型、湿芯）而造成壁厚不均，可在芯撑端面垫以面积适当的芯撑垫片、铁片、干砂芯或耐火砖。

(9) 芯撑的形状和尺寸取决于铸件相应部位的形状、壁厚及芯撑在铸型中所处的位置。

2.4.4.2 砂芯的定位

很多砂芯都要求定位准确，不允许沿芯头方向移动或绕芯头的轴线转动。形状不对称的砂芯或同一砂型中有数种砂芯，其芯头形状和尺寸相同时，为了定位准确和不至于搞错方位，均可采用定位芯头。根据砂芯在砂型中放置的位置，定位芯头通常分为垂直定位芯头、水平定位芯头和特殊定位芯头，分别见图 2-43~图 2-45。

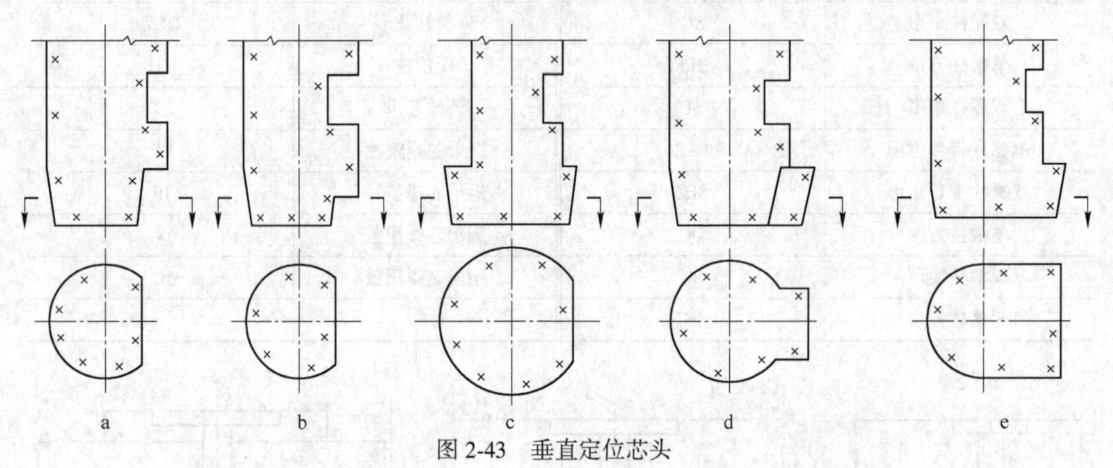

图 2-43 垂直定位芯头

a—用于高度不大而芯头直径较大的砂芯；b—用于仅切除一部分芯头就可准确定位的砂芯；c—加大芯头，用于高而细的砂芯；d，e—用于定位要求较高的砂芯

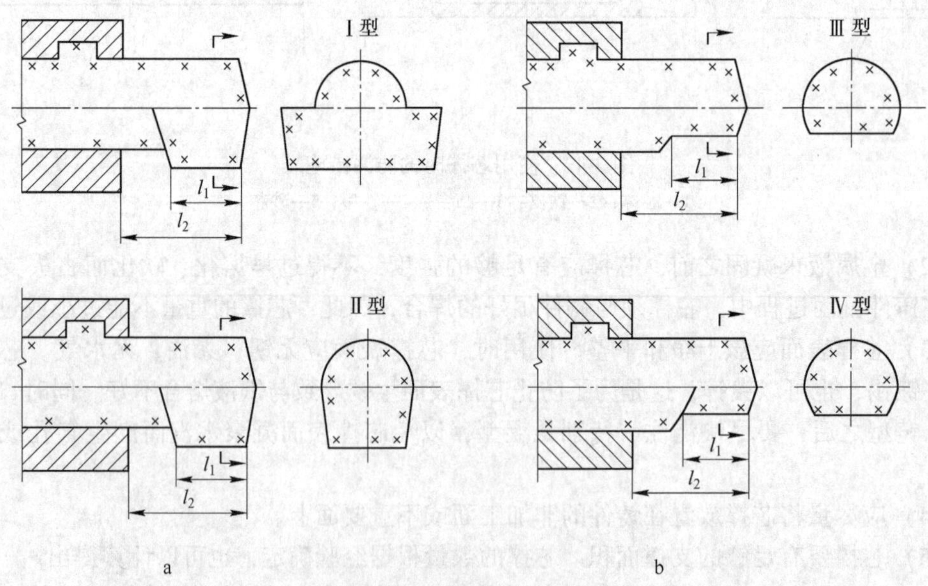

图 2-44 水平定位芯头

a，c—加大芯头，用于小砂芯；b，d—切除一部分芯头，用于大砂芯

l_1—定位芯头长度；l_2—芯头长度

对于水平定位芯头，当芯头长度 l_2 较长时，可取定位芯头长度 $l_1=(0.6\sim0.8)l_2$；当 l_2 较短时，可取 $l_1=l_2$。

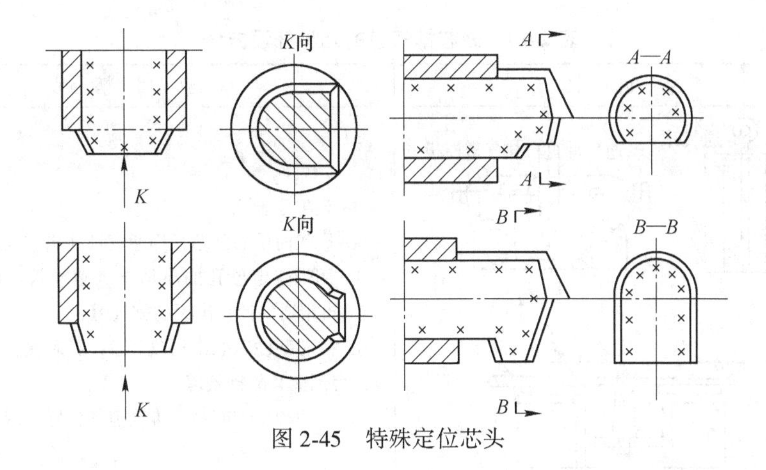

图 2-45　特殊定位芯头

2.4.5　砂芯的排气

砂芯在高温金属液的作用下，由于水分蒸发及有机物的挥发、分解和燃烧，在很短时间内会产生大量气体。当砂芯排气不良时，这些气体会侵入到金属液中，使铸件产生气孔缺陷。因此，在砂芯的结构设计、制芯以及在下芯、合型操作中，都要采取必要的措施，使浇注时砂芯中产生的气体能顺利的通过芯头排出。为此，应采用透气性好的芯砂。砂芯中应开设排气道，芯头尺寸要足够大以利于气体的排出。下芯时应注意，不要堵塞芯头的出气孔，在铸型中与芯头出气孔对应的位置应开设排气通道，以便将砂芯中产生的气体引出型外。对于砂芯多而复杂的薄壁箱体类铸件，尤其应改善砂芯的排气条件。对于形状复杂的大砂芯，应开设纵横交叉的排气道。排气道必须通至芯头端面，不得与砂芯工作面相通，以免铁液钻入堵塞排气道。

可用如下方法开设砂芯排气道：用通气针、通气模板，用蜡线、尼龙管，用手工开挖。在大砂芯中可放入焦炭、炉渣、带孔铁管等排气填料的方法。图 2-46 为大型砂芯排气常用方法，表 2-10 列出了砂芯排气道的各种开设方法。

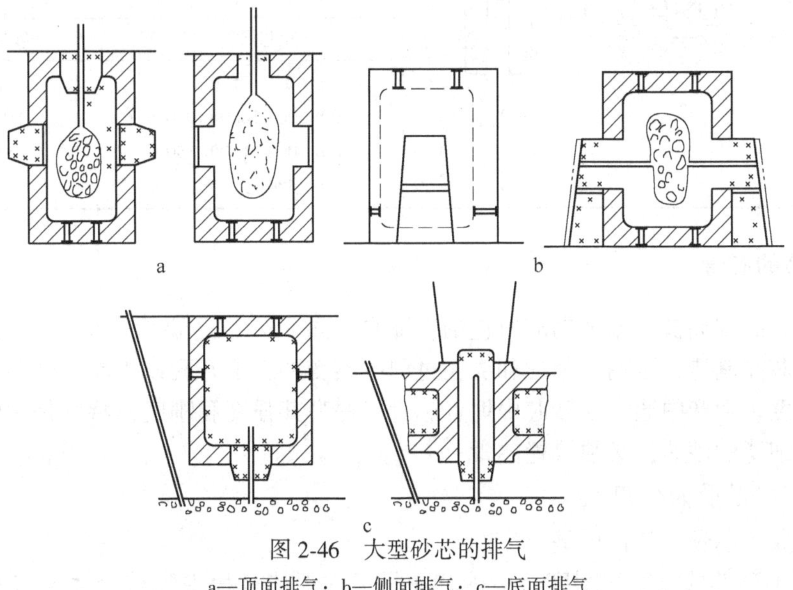

图 2-46　大型砂芯的排气

a—顶面排气；b—侧面排气；c—底面排气

表 2-10　砂芯排气道的几种开设方法

方法	简　图	应 用 情 况
用通气针、排气道模板		用于直的排气道 a. 形状简单的砂芯，用通气针扎出排气道； b. 用带有定位孔的成形排气道模板压印出浅的通气道，再用通气针扎出深的排气道； c. 砂芯刮砂后取出通气针 2，随芯盒一同取出通气针 1，得到交叉的排气道。 b、c 两种生产率高，排气道的位置和深度准确一致
用造型工具		用于分两半做的砂芯，在粘合面上挖出主排气道，从主排气道再扎出较深的支排气道，其间距 30~50mm，距砂芯表面 6~15mm
用蜡线		用于弯曲砂芯和形状复杂的薄砂芯，砂芯须烘干透，蜡线熔出后得到弯曲的排气道。批量生产中用尼龙通气网管
用焦炭块、炉渣块、钢管		用于中型、大型砂芯 a. 砂芯中放焦炭或炉渣块 1（大小 10~40mm），同时用钢管或挖出较粗的排气管 2 直至芯头端面； b. 用钻有许多孔的钢管 1 作芯骨兼排气，管外绕数层草绳 2，退让性好，3 为砂芯。 砂芯外表面至焦炭块的砂层距离（mm）

砂芯尺寸	砂层厚度
<500×1500	60~80
500×500~1000×1000	80~100
1000×1000~1500×1500	100~120
1500×1500~2000×2000	120~150

2.4.6　砂芯的芯骨

由于砂芯的四周被高温金属液所包围，除自身重量外，还要承受金属液的浮力作用，为了保证砂芯在制造、运输、装配和浇注过程中不变形、不开裂或折断，砂芯应具有足够的刚度与强度。生产中通常在砂芯中埋置芯骨以提高其强度和刚度，特别是大砂芯和形状复杂、断面细薄的砂芯，必须放置芯骨。

2.4.6.1　芯骨的作用

砂芯中放入芯骨，其作用是：

（1）增加砂芯的强度和刚度。使砂芯在吊运、下芯过程中和被金属液包围作用时不变形、不断裂。

（2）便于吊运。大砂芯的芯骨一般设置有吊环装置，便于砂芯的起吊和移动。

（3）使砂芯形状固定。一些悬臂式砂芯，或那些在金属液的冲击和浮力作用下可能会产生位移的砂芯，合箱时必须使砂芯位置固定。这时，可用铁丝或螺杆来拉住芯骨将其固定在砂箱箱挡上。有些悬臂式砂芯则可采取加长芯骨的长度，从芯头处伸出与砂箱箱壁连接的方法固定。

（4）排出气体。对于大、中型圆柱砂芯，常用管壁钻有很多小孔的铁管作芯骨。浇注时砂芯中产生的气体从小孔进入铁管中，再由两端排出砂型外。

2.4.6.2 对芯骨的要求

制作砂芯时，对芯骨有下述要求：

（1）具备足够的强度和刚度。芯骨是砂芯的骨架，是支持砂芯重量及抵抗金属液浮力作用的重要支柱。芯骨强度不够，砂芯在吊运过程中会因芯骨突然折断而毁坏；若芯骨的刚度不够，砂芯的变形量增大，必然影响铸件尺寸精度。

（2）尽量不妨碍铸件收缩。芯砂除了应具有良好的退让性外，还要求芯骨不能撑到铸件内壁而阻碍它的自由收缩，这就要求芯骨至砂芯的工作表面必须有适当的距离，即有一定的吃砂量。

（3）芯骨的吊运装置。较大砂芯所用的芯骨，应有合适的吊运装置（如吊环、吊攀等），以便砂芯的起吊搬运。吊运装置强度要足够，个数要合适，布置要合理（即要注意砂芯的重心位置），使起吊后的砂芯能保持平衡。

（4）易于从铸件内取出。铸件清理时，必须从铸件内取出芯骨。多数情况下，清理时芯骨都被打坏。要想芯骨易于打断并能顺利地从铸件内取出，芯骨框架的断面尺寸应由砂芯的尺寸大小决定。

（5）便于砂芯开挖通气槽。在保证芯骨有足够的强度和刚度的前提下，它的结构应尽可能简单，要便于砂芯开挖通气槽。

（6）经济适用。芯骨一般是由铸造车间根据工艺要求自行制造的。因此，在设计芯骨时要结构简单，制造方便，成本低廉。

2.4.6.3 芯骨的种类

常用的芯骨有下面几种：

（1）铁丝芯骨。对于断面细薄，凸缘较多的砂芯，用经过退火处理的铁丝弯曲、扎制的构架做芯骨比较方便，清理时也容易取出来。

（2）圆钢芯骨。这种芯骨可用各种规格的圆钢焊接而成，比较坚固，可重复使用。适用于形状简单、清砂孔面积较大的砂芯。

（3）管子芯骨。对于长而大的圆柱体砂芯可采用铁管（或者钢管）做芯骨。根据砂芯的大小和重量选择一定直径和壁厚的铁管（或钢管），并在管壁上钻出许多小孔，以利于排气。管子芯骨制造成本较高，如能重复使用，则最经济。因此，常在管子外皮绕一圈草绳，浇注后草绳被烧成灰烬，清理时，管子便可轻易地从铸件中取出来，供下次再用。

（4）铸铁芯骨。铸铁芯骨应用最广泛，特别是较大的砂芯。因为铸铁芯骨刚性好，制造容易，清砂时也易于击断取出。铸铁芯骨由框架和插齿两部分组成，其制造过程如图2-47所示。

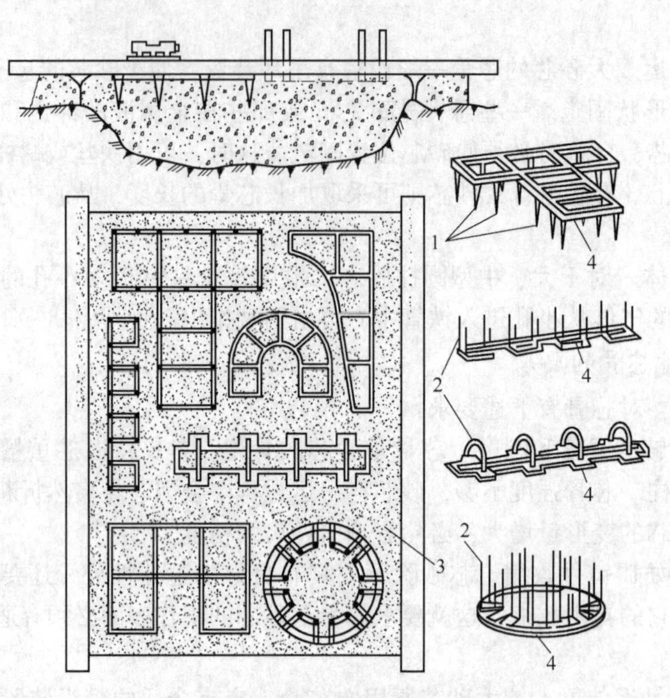

图 2-47 铸铁芯骨制作过程

1—插齿；2—铁丝或圆钢；3—型砂；4—框架

制造时先根据砂芯的轮廓尺寸和重量确定框架大小和断面尺寸，用芯骨或铸模敲出框架，再根据砂芯的高度尺寸确定插齿的长短，用锥形插齿棒插出齿。如果砂芯形状需要弯曲成形时，浇注前应在芯骨的型腔内插入铁丝或钢筋，浇注后铁丝或钢筋铸合在芯骨上，需要时再弯制成形。

铸铁芯骨的框架也常做成百脚式，即框架的四周做出很多短脚。百脚式铸铁芯骨舂砂方便，对铸件收缩阻力较小，芯骨长短可根据需要而改变。

小型铸铁芯骨制作简单。一般是按芯盒的轮廓尺寸，周围留一定的吃砂量，用铁丝绕成一个方框在软砂床上压出痕迹，再用模样敲出框架，用齿棒插出齿即可。对于中、大型铸铁芯骨，必须根据砂芯的形状尺寸、重量和制造工艺要求而专门设计。

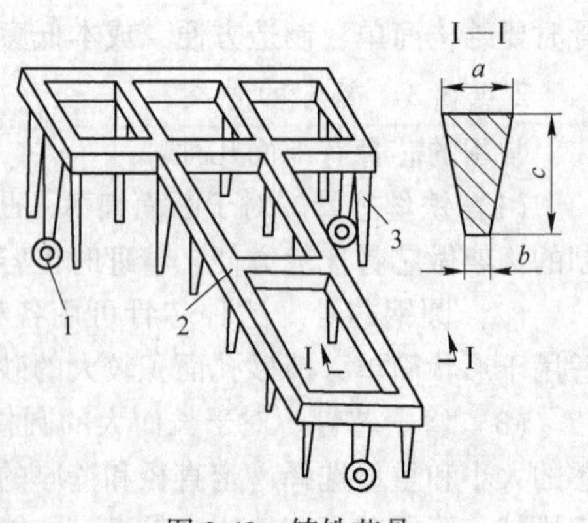

图 2-48 铸铁芯骨

1—吊环；2—芯骨框架；3—芯骨齿

根据芯骨的要求，小砂芯或砂芯的细薄部分，通常采用易弯曲成形、回弹性小的退火钢丝作芯骨，防止砂芯在烘干过程中变形、开裂；当用水玻璃砂和树脂砂作中、小砂芯时，通常采用圆钢作芯骨；对于中大型砂芯，一般采用如图 2-48 所示的铸铁芯骨或用型钢焊制芯骨。这类芯骨由芯骨框架和芯骨齿组成，可反复使用。对于一些大型的砂芯，为了便于吊运，在芯骨上应做出吊环。

2.4.7 砂芯的组合及预装配

将多个砂芯合并成一个较大或较复杂的砂芯时，砂芯间的连接一定要牢固，相互位置应符合铸件工艺图要求。

砂芯的组合分为4种情况：

(1) 黏土湿砂芯间相互拼合常用于对开式芯盒制芯，其优点是不需要磨削砂芯黏合面，易保证砂芯精度，但砂芯烘干时常需采用成形烘干器或砂座支撑。

(2) 湿芯与干芯组合如图2-49，将形状简单的1号小干砂芯置于2号大湿砂芯芯盒的相应部位的孔中，露出芯头。或者制2号砂芯时，将1号与2号砂芯连成一体，也可在制造2号砂芯时，将1号砂芯芯头插入2号砂芯芯座中。

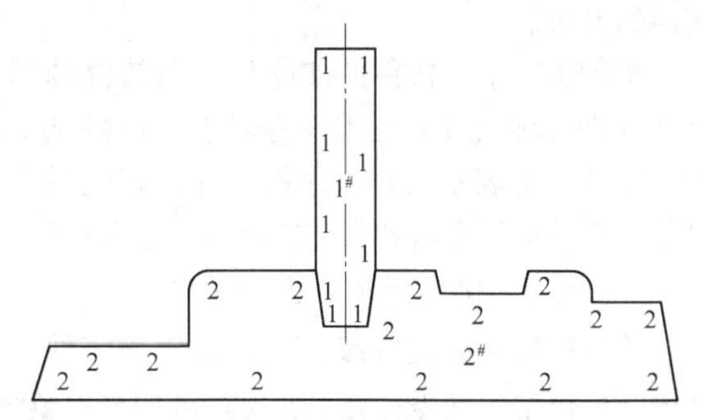

图2-49 湿砂芯与干砂芯组合

(3) 干砂芯间的相互组合主要用于形状复杂、精度要求较高的砂芯，其操作工序较多。组合小砂芯，可用糊精或砂芯黏合胶黏合；大砂芯需采用螺栓连接或用铁丝绑扎在一起。尺寸精度要求较高的中小砂芯，可用浇注易熔合金的方法连接。用螺栓或浇注易熔合金方法连接的砂芯，在制芯时应预制出连接孔。两个砂芯非接触面之间的距离可用塞规控制。

(4) 自动锁芯系统。为适应机械化流水生产高速度的要求，对尺寸精度要求高且砂芯多的铸件，可采用专用组芯模具和应用自动锁芯系统先将砂芯装配起来（即砂芯预装配），下芯时一齐下到砂型中，以适应生产节拍的要求和提高铸件的制造精度。砂芯预装配时，需严格控制砂芯间的相互位置及配合情况。

2.5 铸造工艺参数的选择

铸造工艺参数简称工艺参数，是指铸造工艺设计时需要确定的涉及铸件尺寸精度和铸件质量的一些数据，如机械加工余量、铸造收缩率、起模斜度、最小铸出孔与槽的尺寸、工艺补正量、反变形量、工艺筋、分型负数、砂芯负数等。这些工艺数据一般都与模样及芯盒尺寸有关，即与铸件的尺寸精度有密切关系，同时也与造型、制芯、下芯及合箱的工艺过程有关。

工艺参数选取适当，才既能保证铸件尺寸精度符合要求，使造型、制芯、下芯、合箱方便，又可提高生产率、降低生产成本。工艺参数选取不当，则铸件尺寸精度降低，甚至因尺寸超差而报废。

这些工艺参数，除铸造收缩率、机械加工余量、起模斜度和最小铸出孔与槽以外，其余的都只用于特定的生产条件。下面着重介绍这些工艺参数的概念和应用条件。

2.5.1　铸件尺寸公差

2.5.1.1　铸件尺寸公差的定义

铸件尺寸公差是指允许的铸件尺寸变动量。公差就是最大极限尺寸与最小极限尺寸的代数和的绝对值（见图 2-50）。生产铸件的尺寸保持在两个允许极限尺寸之内，就可满足加工、装配和使用的要求。

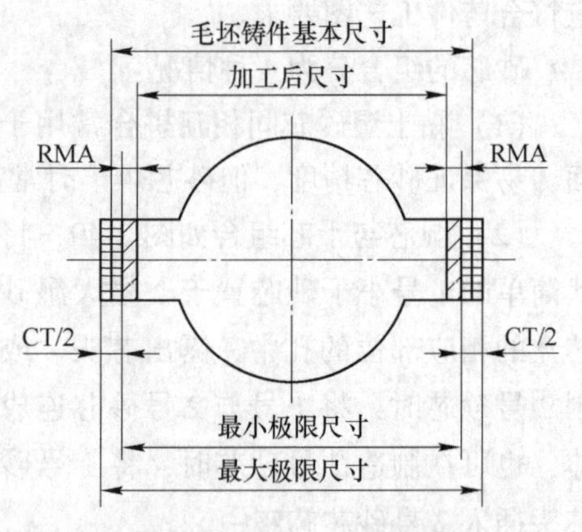

图 2-50　铸件尺寸公差的定义

实际生产中，铸件的实际尺寸与铸件的基本尺寸（即公称尺寸）总有一些偏差。铸件基本尺寸是铸件图上表示铸件大小的尺寸，它包括零件尺寸、机械加工余量和工艺要求的工艺余量等。

2.5.1.2　铸件的尺寸公差等级

铸件的尺寸公差等级，通常称之为铸件尺寸精度，取决于工艺设计及工艺过程控制的严格程度，其主要影响因素有：铸件结构的复杂程度；铸件设计及铸造工艺设计水平；造型、制芯设备及工装设备的精度和质量；造型制芯材料的性能和质量；铸造金属和合金种类；铸件热处理工艺；铸件清理质量；铸件表面粗糙度和表面质量；铸造厂（车间）的管理水平等。铸件尺寸精度要求越高，对工艺因素的控制应越严格，铸件生产成本相应地有所提高，必须以先进、适用的原则协调供需双方的要求。

根据《铸件尺寸公差与机械加工余量》（GB/T 6414—1999）的规定，铸件尺寸公差的代号为 CT，公差等级分为 16 级，见表 2-11。除另有规定者外，在铸件尺寸公差为 CT1 ~CT15 之间，铸件壁厚尺寸的公差，应比一般公差降一级。例如，图样上一般尺寸公差为 CT10 级，则壁厚尺寸公差为 CT11 级。产品设计部门对铸件尺寸有特殊要求时，也可不采用此项标准而另行规定尺寸公差。对于基本尺寸小于 10mm 的压铸件和熔模铸件，其尺寸公差数值可参考表 2-12 选取。

表 2-11　铸件尺寸公差数值（GB/T 6414—1999）　　（mm）

毛坯铸件基本尺寸/mm		铸件尺寸公差等级 CT①															
大于	至	1	2	3	4	5	6	7	8	9	10	11	12	13②	14②	15②	16①,②
—	10	0.09	0.13	0.18	0.26	0.36	0.52	0.74	1	1.5	2	2.8	4.2	—	—	—	—
10	16	0.1	0.14	0.2	0.28	0.38	0.54	0.78	1.1	1.6	2.2	3.0	4.4	—	—	—	—
16	25	0.11	0.15	0.22	0.30	0.42	0.58	0.82	1.2	1.7	2.4	3.2	4.6	6	8	10	12
25	40	0.12	0.17	0.24	0.32	0.46	0.64	0.9	1.3	1.8	2.6	3.6	5	7	9	11	14
40	63	0.13	0.18	0.26	0.36	0.50	0.70	1	1.4	2	2.8	4	5.6	8	10	12	16
63	100	0.14	0.20	0.28	0.40	0.56	0.78	1.1	1.6	2.2	3.2	4.4	6	9	11	14	18
100	160	0.15	0.22	0.30	0.44	0.62	0.88	1.2	1.8	2.5	3.6	5	7	10	12	16	20

续表 2-11

毛坯铸件基本尺寸/mm		铸件尺寸公差等级 CT①															
大于	至	1	2	3	4	5	6	7	8	9	10	11	12	13②	14②	15②	16①,②
160	250	—	0.24	0.34	0.50	0.72	1	1.4	2	2.8	4	5.6	8	11	14	18	22
250	400	—	—	0.40	0.56	0.78	1.1	1.6	2.2	3.2	4.4	6.2	9	12	16	20	25
400	630	—	—	—	0.64	0.9	1.2	1.8	2.6	3.6	5	7	10	14	18	22	28
630	1000	—	—	—	0.72	1	1.4	2	2.8	4	6	8	11	16	20	24	32
1000	1600	—	—	—	0.80	1.1	1.6	2.2	3.2	4.6	7	9	13	18	23	29	37
1600	2500	—	—	—	—	—	—	2.6	3.8	5.4	8	10	15	21	26	33	42
2500	4000	—	—	—	—	—	—	—	4.4	6.2	9	12	17	24	30	38	49
4000	6300	—	—	—	—	—	—	—	—	7	10	14	20	28	35	44	56
6300	10000	—	—	—	—	—	—	—	—	—	11	16	23	32	40	50	64

①对于不超过 16mm 的尺寸，不采用 CT13～CT16 的一般公差，对于这些尺寸应标注个别公差；
②等级 CT16 仅适用于一般公差规定为 CT15 的壁厚。

表 2-12 铸件尺寸公差数值 （mm）

铸件基本尺寸		公差等级 CT						
大于	至	3	4	5	6	7	8	9
	3	0.14	0.20	0.28	0.40	0.56	0.80	1.2
3	6	0.16	0.24	0.32	0.48	0.64	0.90	1.3
6	10	0.18	0.26	0.36	0.52	0.74	1.00	1.5

不同生产规模和生产方式生产的铸件所能达到的铸件尺寸公差等级是不同的，见表 2-13 和表 2-14。

表 2-13 小批和单件生产铸件的尺寸公差等级（铸件基本尺寸大于 25mm）

造型材料（手工造型）	公差等级 CT							
	铸钢	灰铸铁	球墨铸铁	可锻铸铁	铜合金	轻金属合金	镍基合金	钴基合金
黏土砂	13～15	13～15	13～15	13～15	13～15	11～13	13～15	13～15
化学硬化砂	12～14	11～13	11～13	11～13	10～12	10～12	12～14	12～14

注：对于等于或小于 25mm 基本尺寸的铸件，通常能经济适用地保证较精的公差等级，如：基本尺寸≤10mm 者，提高 3 级公差等级；10mm<基本尺寸≤16mm 者，提高 2 级公差等级；16mm<基本尺寸≤25mm 者，提高 1 级公差等级。

表 2-14 成批和大量生产铸件的尺寸公差等级

方法	公差等级 CT								
	铸件材料								
	铸钢	灰铸铁	球墨铸铁	可锻铸铁	铜合金	锌合金	轻金属合金	镍基合金	钴基合金
砂型铸造手工造型	11～14	11～14	11～14	11～14	10～13	10～13	9～12	11～14	11～14

续表 2-14

方法		公差等级 CT								
		铸件材料								
		铸钢	灰铸铁	球墨铸铁	可锻铸铁	铜合金	锌合金	轻金属合金	镍基合金	钴基合金
砂型铸造机器造型和壳型		8~12	8~12	8~12	8~12	8~10	8~10	7~9	8~12	8~12
金属型铸造（重力铸造或低压铸造）		—	8~10	8~10	8~10	8~10	7~9	7~9	—	—
压力铸造		—	—	—	—	6~8	—	4~7	—	—
熔模铸造	水玻璃	7~9	7~9	7~9	—	5~8	—	5~8	7~9	7~9
	硅溶液	4~6	4~6	4~6	—	4~6	—	4~6	4~6	4~6

2.5.1.3　铸件尺寸公差等级的选择和标注

铸件尺寸公差等级的选定，应综合考虑铸件的生产批量和生产方式、铸件的设计要求、机械加工要求、铸造金属和合金的种类、采用的铸造设备、工艺装备和工艺方法等因素，选择合适的铸件尺寸公差等级，达到既保证铸件质量又不过多增加生产成本，特别注意的是，对于小批和单件生产的铸件，不适当地采用过高的工艺要求提高铸件尺寸公差等级是不经济的。

铸件的尺寸公差带一般应对称于铸件基本尺寸设置。铸件上有斜度（如带有起模斜度）时，其公差带应沿倾斜面对称设置（见图 2-51）。有特殊要求时，公差带也可非对称设置，但应在铸件基本尺寸后面注明。

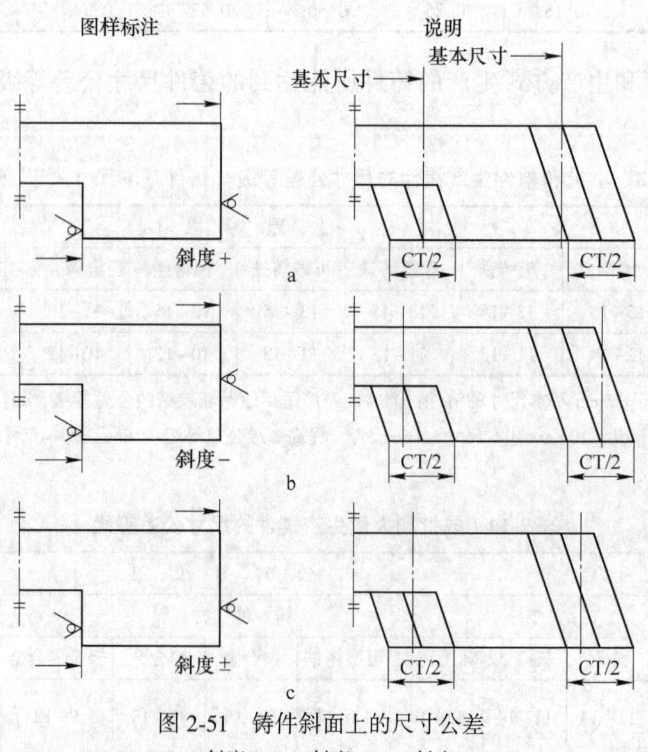

图 2-51　铸件斜面上的尺寸公差

a—斜度+；b—斜度−；c—斜度±

对于衬板、箅板、齿板等耐磨材料铸件或护板类耐热钢铸件，多为毛坯安装，且对安装间隙要求较高，其尺寸公差应单独注明。表2-15、表2-16为单件、小批、手工造型生产此类铸件的允许极限偏差的经验数据。铸件尺寸公差的标注方式见表2-17。

表2-15 衬板、箅板、齿板类铸件尺寸及允许极限偏差 (mm)

铸件最大基本尺寸	铸件工作位置	基本尺寸					
		≤50	51~120	121~260	261~500	501~800	801~1250
≤500	外侧作装配面	±1.0 -3.0	+2.0 -3.0	+2.0 -3.5	+2.0 -4.0		
	内侧作装配面	-1.0 +3.0	-2.0 +3.0	-2.0 +3.5	-2.0 +4.0		
	非装配面	±2.5	±3.0	±3.5	±4		
501~1250	外侧作装配面	+2.0 -3.0	+2.0 -3.0	+2.5 -3.5	+3.0 -4.0	+3.0 -5.0	+3.0 -6.0
	内侧作装配面	+3.0 -2.0	+3.0 -2.0	+3.5 -2.5	+4.0 -3.0	+5.0 -3.0	+6.0 -3.0
	非装配面	±3.0	±3.0	±3.5	±4	±4.5	±5.0

表2-16 衬板、箅板、齿板类铸件孔的尺寸及允许极限偏差 (mm)

直径或孔边长	≤30	31~60	61~100
允许偏差值	+2 -1	+3 -1	+4 -1

表2-17 铸件尺寸公差的标注方式

序号	标注方式	标注示例
1	用公差代号统一标注	“一般公差 GB/T 6414—CT12”
2	如需进一步限制错型值	“一般公差 GB/T 6414—CT12—最大错型值 1.5”
3	如需在基本尺寸后面标注个别公差	“95±3” 或：“200^{+5}_{-3}”

2.5.2 铸件重量公差

铸件重量公差定义为以占铸件公称重量的百分率为单位的铸件重量变动的允许值。所谓公称重量包括加工余量和其他工艺余量，作为衡量被检验铸件轻重的基准重量。GB/T 11351—1989规定了铸件重量公差的数值、确定方法及检验规则，与GB/T 6114—1999配套使用。重量公差代号用字母“MT”表示，重量公差等级和尺寸公差等级相对应，由精到粗也分为16级，从MT1~MT16，其具体数值见表2-18。

表2-18 铸件重量公差数值（GB/T 11351—1989）

公称重量/kg		重量公差等级MT															
大于	至	1	2	3	4	5	6	7	8	9	10	11	12	13	14	15	16
—	0.4	—	5	6	8	10	12	14	16	18	20	24	—	—	—	—	—

续表 2-18

公称重量/kg		重量公差等级 MT															
大于	至	1	2	3	4	5	6	7	8	9	10	11	12	13	14	15	16
0.4	1	—	4	5	6	8	10	12	14	16	18	20	24	—	—	—	—
1	4	—	3	4	5	6	8	10	12	14	16	18	20	24	—	—	—
4	10	—	2	3	4	5	6	8	10	12	14	16	18	20	24	—	—
10	40	—	—	2	3	4	5	6	8	10	12	14	16	18	20	24	—
40	100	—	—	—	2	3	4	5	6	8	10	12	14	16	18	20	24
100	400	—	—	—	—	2	3	4	5	6	8	10	12	14	16	18	20
400	1000	—	—	—	—	1	2	3	4	5	6	8	10	12	14	16	18
1000	4000	—	—	—	—	—	—	2	3	4	5	6	8	10	12	14	16
4000	10000	—	—	—	—	—	—	—	2	3	4	5	6	8	10	12	14
10000	40000	—	—	—	—	—	—	—	—	2	3	4	5	6	8	10	12

注：表中重量公差数值为其上偏差和下偏差之和，一般情况下，重量偏差的上偏差和下偏差相同。

铸件公称重量可用如下方法确定：成批和大量生产时，从供需双方共同认定的首批合格铸件中随机抽取不少于 10 件，以实称重量的平均值作为公称重量；小批和单件生产时，以计算重量或供需双方共同认定的任一合格铸件的实称重量作为公称重量。

铸件重量公差等级应根据铸件的生产方式、铸造合金种类和铸造工艺方法选取。表 2-19 为成批和大量生产的铸件重量公差等级，表 2-20 为单件和小批量生产的铸件重量公差等级。铸件重量公差等级与铸件尺寸公差等级应对应选取，例如：铸件尺寸公差等级选取 CT10 时，铸件重量公差等级也应选取 MT10。

表 2-19 成批和大量生产的铸件重量公差等级

工艺方法	重量公差等级 MT								
	铸钢	灰铸铁	球墨铸铁	可锻铸铁	铜合金	锌合金	轻金属合金	镍基合金	钴基合金
砂型手工造型	11~13	11~13	11~13	11~13	10~12	—	9~11	—	—
砂型机器造型及壳型	8~10	8~10	8~10	8~10	8~10	—	7~9	—	—
金属型	—	7~9	7~9	7~9	7~9	7~9	6~8	—	—
低压铸造	—	7~9	7~9	7~9	7~9	7~9	6~8	—	—
压力铸造	—	—	—	—	6~8	4~6	5~7	—	—
熔模铸造	5~7	5~7	5~7	—	4~6	—	4~6	5~7	5~7

表 2-20 单件和小批量生产的铸件重量公差等级

造型材料	重量公差等级 MT					
	铸钢	灰铸铁	球墨铸铁	可锻铸铁	铜合金	轻金属合金
湿型砂	13~15	13~15	13~15	13~15	13~15	11~13
自硬砂	12~14	11~13	11~13	11~13	10~12	10~12

一般情况下，铸件重量公差的上偏差与下偏差相同；要求较高时，下偏差等级可比上

偏差等级提高二级。例如：重量上偏差为 MT10 级，下偏差为 MT8 级。有特殊要求时，铸件重量公差可由供需双方商定，并在铸件图和技术文件中注明。

在铸件图和技术文件中，铸件重量公差等级标注为 GB/T 11351—1989MTn 或 GB/T 11351—1989MTn/m，前者表示铸件重量公差等级为 n，上、下偏差相同；后者表示铸件重量公差上偏差等级为 n，下偏差等级为 m。

2.5.3 机械加工余量

铸件为保证零件精度，应有加工余量，即在铸造工艺设计时预先增加的、而后在机械加工时又被切去的金属层厚度，称为机械加工余量，简称加工余量。加工余量过大，浪费金属和加工工时，过小则不能完全去除铸件表面缺陷，达不到设计要求。影响铸件机械加工余量大小的因素有：铸造合金种类、铸造工艺方法、生产批量、铸件基本尺寸和结构、铸件尺寸精度要求和加工面所处的浇注位置。

根据《铸件尺寸公差与机械加工余量》（GB/T 6414—1999）标准的规定，铸件机械加工余量的代号用字母 RMA 表示，加工余量等级由精到粗分为 A、B、C、D、E、F、G、H、J 和 K 共 10 个等级。加工余量的数值列在表 2-21 中。

表 2-21 铸件机械加工余量（RMA）（GB/T 6414—1999） （mm）

最大尺寸①		机械加工余量等级									
大于	至	A②	B②	C	D	E	F	G	H	J	K
—	40	0.1	0.1	0.2	0.3	0.4	0.5	0.5	0.7	1	1.1
40	63	0.1	0.2	0.3	0.3	0.4	0.5	0.7	1	1.4	2
63	100	0.2	0.3	0.4	0.5	0.7	1	1.4	2	2.8	4
100	160	0.3	0.4	0.5	0.8	1.1	1.5	2.2	3	4	6
160	250	0.3	0.5	0.7	1	1.4	2	2.8	4	5.5	8
250	400	0.4	0.7	0.9	1.3	1.4	2.5	3.5	5	7	10
400	630	0.5	0.8	1.1	1.5	2.2	3	4	6	9	12
630	1000	0.6	0.9	1.2	1.8	2.5	3.5	5	7	10	14
1000	1600	0.7	1	1.4	2	2.8	4	5.5	8	11	16
1600	2500	0.8	1.1	1.6	2.2	3.2	4.5	6	9	14	18
2500	4000	0.9	1.3	1.8	2.5	3.5	5	7	10	14	20
4000	6300	1	1.4	2	2.8	4	5.5	8	11	16	22
6300	10000	1.1	1.5	2.2	3	4.5	6	9	12	17	24

①最终机械加工后铸件的最大轮廓尺寸。

②等级 A 和 B 仅用于特殊场合，例如：在采购方与铸造厂已就夹持面和基准面或基准目标商定模样装备、铸造工艺和机械加工工艺的成批生产的情况。

各种铸造合金和铸造方法的毛坯铸件的机械加工余量等级可按表 2-22 选取。

根据铸件的最大轮廓尺寸和选定的机械加工余量等级，按表 2-21 即可查出铸件的机械加工余量数值。机械加工余量 RMA 适用于整个毛坯铸件，即对所有需要机械加工的表面只规定一个值，且该值应根据最终机械加工后成品铸件的最大轮廓尺寸和相应的尺寸范围选取。

此外，根据生产经验，相对于浇注位置铸件顶面的加工余量应比底面、侧面的加工余量大。孔的加工余量与顶面的等级相同。有特殊要求时，具体加工余量值由供需双方商定。

表 2-22 铸件的机械加工余量等级

方法	要求的机械加工余量等级								
	铸件材料								
	铸钢	灰铸铁	球墨铸铁	可锻铸铁	铜合金	锌合金	轻金属合金	镍基合金	钴基合金
砂型铸造手工造型	G~K	F~H	F~H	F~H	F~H	F~H	F~H	G~K	G~K
砂型铸造机器造型和壳型	F~H	E~G	E~G	E~G	E~G	E~G	E~G	F~H	F~H
金属型（重力铸造和低压铸造）		D~F	D~F	D~F	D~F	D~F	D~F	—	
压力铸造	—	—	—	—	B~D	B~D	B~D		
熔模铸造	E	E	E	—	E	—	E	E	E

2.5.4 铸造收缩率

铸造收缩率一般指铸造线收缩率。铸件的收缩有液态收缩、凝固收缩和固态收缩三个连续的过程。其中液态收缩和凝固收缩的结果，使铸件最后凝固的地方产生缩孔、缩松，为消除缩孔、缩松，获得组织致密的铸件，工艺上采用冒口进行补缩。固态收缩的结果，使铸件长度方向尺寸变短，其变短的量即为线收缩量。为了获得尺寸符合要求的铸件，常在制作模样时将尺寸变短的量（线收缩量）加上，以保证固态收缩后铸件尺寸符合要求。加上线收缩量以后的尺寸比原来的尺寸放大了，放大的尺寸可由铸造收缩率来确定（生产中用缩尺），铸造收缩率 K 可用式（2-4）表达

$$K = \frac{L_{模样} - L_{铸件}}{L_{铸件}} \times 100\% \tag{2-4}$$

式中 $L_{模样}$——模样长度；

$L_{铸件}$——铸件长度。

铸造收缩率主要与铸造合金成分和砂型、砂芯阻力有关，此外还与铸件结构复杂程度、壁厚大小、冷却条件等多种因素有关。因此，十分准确地给出铸造收缩率是很困难的。

铸造工艺设计时，通过铸造收缩率来确定模样和芯盒的工作尺寸。例如某铸件图样尺寸为 1000mm，若铸造收缩率值选定为 1%，则模样尺寸为 1010mm。但是，如果由于铸件结构、砂芯、砂型等因素使得铸件实际收缩率为 0.8%，则用 1010mm 模样所铸出的铸件尺寸为 1001.9mm，比图样要求尺寸大 1.9mm。因此，必须正确地选定铸造收缩率。

对于大量生产的铸件，一般应在试生产过程中，对铸件多次划线，测定铸件各部位的实际收缩率，反复修改木模，直至铸件尺寸符合铸件图样要求，然后再依实际铸造收缩率设计制造金属模。对于单件、小批生产的大型铸件，铸造收缩率的选取必须有丰富的经验，同时要结合使用工艺补正量，适当放大机械加工余量等措施保证铸件尺寸符合要求。

根据铸件的结构特点及其在铸型中凝固收缩过程阻力的大小，将铸件收缩分为自由收缩和阻碍收缩。结构简单厚实的铸件，其收缩过程可视为自由收缩；表面平滑的铸件，在无砂芯或只有退让性很好的小砂芯时，其收缩过程也可视为自由收缩。自由收缩的铸造收

缩率值要比受阻收缩的大一些。表 2-23 ~ 表 2-25 列出各种合金铸件的铸造收缩率值，可供工艺设计时选用。

表 2-23 铸铁件的铸造收缩率

铸件种类			铸造收缩率/%	
			阻碍收缩	自由收缩
灰铸铁	中小型铸件		0.8~1.0	0.9~1.1
	大中型铸件		0.7~0.9	0.8~1.0
	特大型铸件		0.6~0.8	0.7~0.9
	筒形铸件	长度方向	0.7~0.9	0.8~1.0
		直径方向	0.5	0.6~0.8
孕育铸铁	HT250，HT300		0.7~0.9	0.9~1.1
	HT350		1.0	1.5
白口铁			1.5	1.75
球墨铸铁	珠光体球墨铸铁		0.8~1.2	1.0~1.3
	铁素体球墨铸铁		0.6~1.2	0.8~1.2
可锻铸铁	珠光体可锻铸铁		1.2~1.8	1.5~2.0
	铁素体可锻铸铁		1.0~1.3	1.2~1.5

表 2-24 铸钢件的铸造收缩率

钢种（质量分数）	砂型特点	铸造收缩率/%
碳素钢	小型铸件	1.8~2.2
	中型铸件	1.6~2.0
	大型铸件	1.4~1.8
高锰钢（Mn13%）	大型铸件	2.3~2.8
耐热钢（Cr25%，Ni20%）		1.8~2.2
高铬钢（Gr28%）		1.6
不锈钢（Gr18%，Ni9%）		2.7

表 2-25 非铁合金铸件的铸造收缩率

种 类	铸造收缩率/%		种 类	铸造收缩率/%	
	阻碍收缩	自由收缩		阻碍收缩	自由收缩
锡青铜	1.2	1.4	铝铜合金（w(Cu) 7%~12%）	1.4	1.6
无锡青铜	1.6~1.8	2.0~2.2			
锌黄铜	1.5~1.7	1.8~2.0	铝镁合金	1.0	1.3
硅黄铜	1.6~1.7	1.7~1.8	镁合金	1.2	1.6
锰黄铜	1.8~2.0	2.0~2.3	—	—	—
铝硅合金	0.8~1.0	1.0~1.2	—	—	—

关于铸造收缩率选定的一些说明：

（1）同一铸件由于结构上的原因，其局部与整体，纵向与横向或长、宽、高三个方向的线收缩率可能不一致，对重要的铸件应分别给以不同的铸造收缩率；

（2）结构复杂件或厚度不均匀件，铸造收缩率较小并且各方向不一致；

（3）细长件沿长度方向铸造收缩率比其他方向小；

（4）砂芯多时，铸造收缩率小；

（5）退让性好的砂型砂芯（如树脂砂），铸造收缩率较大；

（6）湿型铸造收缩率比干型大；

（7）收缩阻力大时，表中数据取下限；

（8）铸型种类和紧实度，对球墨铸铁的收缩率有很大影响。有的工厂用湿型生产小件时，有时不留缩尺（铸造收缩率取零）。

2.5.5 起模斜度

为了方便起模，在模样、芯盒的出模方向留有一定斜度，以免损坏砂型或砂芯。这个斜度，称为起模斜度（也称拔模斜度）。起模斜度应在铸件上没有结构斜度的、垂直于分型面（分盒面）的表面上应用，其大小与模样的起模高度、模样材料以及造型（芯）方法有关。《铸件模样起模斜度》（JB/T 5015—1991）规定了起模斜度的形式（见表 2-26）和具体数值（见表 2-27、表 2-28）。

表 2-26 起模斜度的类型与应用

简图	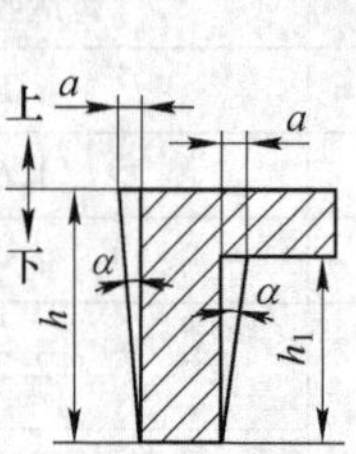	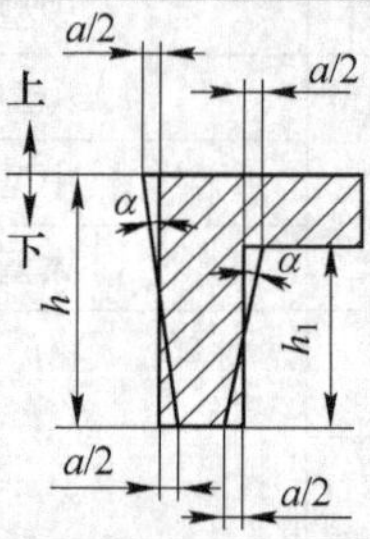	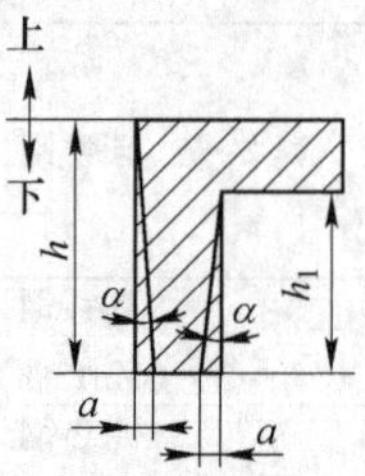
类型	增加壁厚法	加减壁厚法	减小壁厚法
应用	用于和其他零件配合的加工面	用于不与其他零件配合的加工面	用于和其他零件配合的非加工面

表 2-27 黏土砂造型模样外表面的起模斜度

测量面高度 h（h_1）/mm	金属模样、塑料模样		木 模 样	
	α	a/mm	α	a/mm
≤10	2°20′	0.4	2°55′	0.6
>10~40	1°10′	0.8	1°25′	1.0
>40~100	1°30′	1.0	0°40′	1.2
>100~160	0°25′	1.2	0°30′	1.4
>160~250	0°20′	1.6	0°25′	1.8
>250~400	0°20′	2.4	0°25′	3.0
>400~630	0°20′	3.8	0°20′	3.8

续表 2-27

测量面高度 h (h_1) /mm	金属模样、塑料模样		木 模 样	
	α	a/mm	α	a/mm
>630~1000	0°15′	4.4	0°20′	5.8
>1000~1600	—	—	0°20′	2.9
>1600~2500	—	—	0°15′	11.0
>2500	—	—	0°15′	—

表 2-28 自硬砂造型模样外表面的起模斜度

测量面高度 h (h_1) /mm	金属模样、塑料模样		木 模 样	
	α	a/mm	α	a/mm
≤10	3°00′	0.6	4°00′	0.8
>10~40	1°50′	1.4	2°05′	1.6
>40~100	0°50′	1.6	0°55′	1.6
>100~160	0°35′	1.6	0°40′	2.0
>160~250	0°30′	2.2	0°35′	2.6
>250~400	0°30′	3.6	0°35′	4.2
>400~630	0°25′	4.6	0°30′	5.6
>630~1000	0°20′	5.8	0°25′	7.4
>1000~1600	—	—	0°25′	11.6
>1600~2500	—	—	0°25′	18.2
>2500	—	—	0°25′	—

关于选取模样起模斜度的说明：

(1) 模样凹处内表面的起模斜度可按模样外表面起模斜度的 2 倍选取。若凹处过深时，要用活块或砂芯形成；

(2) 对于起模困难的模样，允许采用较大的起模斜度，但不得超过表中数值的 1 倍；

(3) 芯盒的起模斜度可参照表 2-27、表 2-28 选取；

(4) 当造型机工作比压在 700kPa 以上，允许将表 2-27、表 2-28 的起模斜度增加，但不得超过 50%；

(5) 铸件结构本身在起模方向上有足够的斜度时，不再增加起模斜度；

(6) 同一铸件，上、下两个模样的起模斜度应取在分型面上同一点（见图 2-52）。

确定铸件起模斜度时，还应注意：起模斜度应小于或等于产品图上所规定的起模斜度值，以防止零件在装配或工作中与其他零件相妨碍。尽量使铸件内外壁的模样和芯盒斜度取值相同，方向一致，以使铸件壁厚均匀。在非加工面上留起模斜度时，要注意与相配零件的外形一致，保持整台机器的美观。同一铸件的起模斜度应尽可能只选用一种或两种斜度，以免加工金属模时频繁地更换刀具。非加工装配面上留斜度时，最好用减小厚度法，以免安装困难。手工制造木模，起模斜度应标出毫米数，机械加工金属模应标明角度以利于操作。

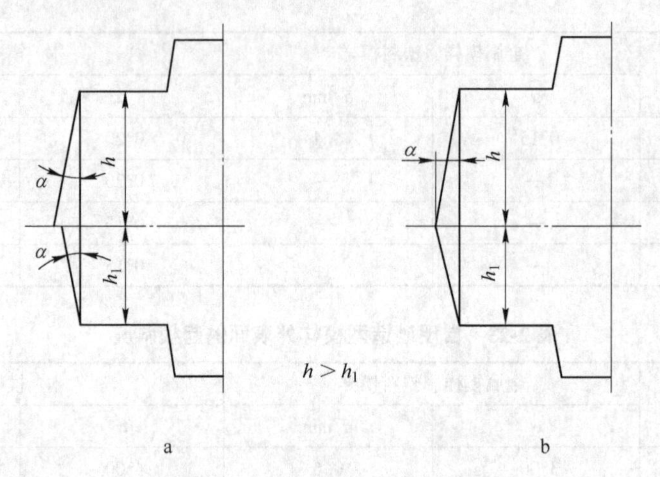

图 2-52 起模斜度取法示意图

a—不正确；b—正确

2.5.6 最小铸出孔、槽

机械零件上常常有许多孔、槽和台阶等，一般应尽可能在铸造时铸出，这样既可节约金属、减少机械加工的工作量、降低成本，又可使铸件的壁厚比较均匀、减少形成缩孔、缩松等铸造缺陷的倾向。有些有特殊要求的孔，如弯曲孔和异形孔，无法机械加工，则一定要铸出。但是，在许多情况下，孔和槽又不宜铸出，如孔、槽尺寸太小，而铸件壁又较厚或金属压头较高时，铸出孔、槽会使此处产生粘砂，造成清铲和机械加工困难；有的孔槽必须采用复杂而且难度较大的铸造工艺措施才能铸出；有时由于孔的中心距要求精确度高，铸出的孔如有偏心，再用钻扩孔无法纠正中心位置。在确定零件上的孔和槽是否铸出时，必须既考虑铸出这些孔或槽的可能性，又要考虑铸出这些孔或槽的必要性和经济性。

最小铸出孔或槽的尺寸与铸件的生产批量、合金种类、铸件大小、孔或槽处铸件的壁厚、孔的长度及直径等有关。

铸铁件加工孔的最小铸出孔的尺寸见表 2-29，不加工孔一般应尽量铸造出来。如果在单件、小批量生产条件下孔径<30mm，成批大量生产条件下孔径小于 50mm，或孔的长度 *L* 和孔的直径 *D*（*L*/*D*）大于 4 时，则不便铸出，可考虑用机械加工方法制出，或用特殊的砂芯制出。特殊形状孔，例如正方形孔、矩形孔、蒸汽汽路或压缩空气气路等弯曲小孔，如不能加工做出则必须铸出。

表 2-29 铸铁件的最小铸出孔 （mm）

铸件壁厚		<50	50~100	100~200	>200
应铸出的最小孔径	灰铸铁	30	35	40	另定
	球墨铸铁	35	40	45	

普通碳素钢和低合金钢铸件加工孔或槽的最小铸出孔和槽的尺寸由表 2-30 确定。由于高锰钢铸件的切削加工十分困难，所以对于不加工的孔和槽应全部铸出。但孔的尺寸、形状不符合铸造工艺时，应与设计人员联系修改孔，一般采用圆孔或椭圆孔并采用最大偏

差。加工的孔和槽可用低碳钢进行镶铸，再在低碳钢上加工孔和槽。

有色金属铸件的孔和槽，原则上应尽量铸出，以节约昂贵的有色合金材料。

表 2-30 普通碳素钢和低合金钢铸件的最小铸出孔和槽 (mm)

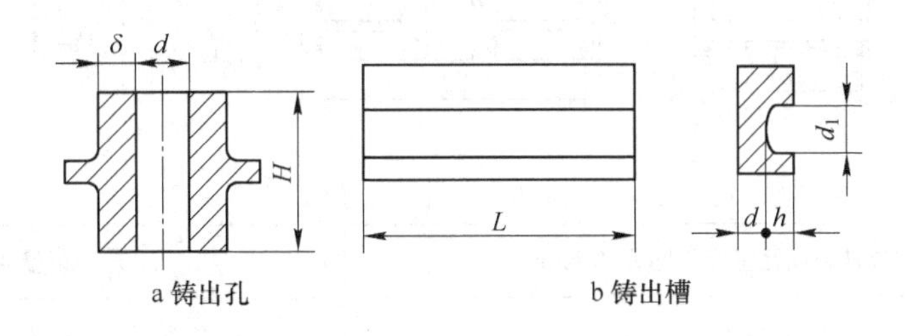

孔深 H	孔壁厚度 δ							
	≤25	26~50	51~75	76~100	101~150	151~200	201~300	>300
	最小铸孔直径 d							
≤100	60	60	70	80	100	120	140	160
101~120	60	70	80	90	120	140	160	190
201~400	80	90	100	110	140	170	190	230
401~600	100	110	120	140	170	200	230	270
601~1000	120	130	150	170	200	230	270	300
>1000	140	160	170	200	230	260	300	330

注：1. 不穿透的圆孔直径大于表中数值 20%；

2. 矩形或方形的穿透孔大于表中数值 20%，不穿透孔则大于 40%。

3. 铸件上穿透与不穿透的槽，表中图 b 铸出的条件是：$h \leqslant d_1$，$d_1 = (1+20\%)d$，$L \leqslant 3d_1$。

2.5.7 工艺补正量

在单件、小批生产中，由于选用的铸造收缩率与铸件的实际收缩率不符，或由于铸件产生了变形、操作中的不可避免的误差（如工艺上允许的错型偏差、偏芯误差）等原因，使得加工后的铸件某些部分的厚度小于图样要求尺寸，严重时因尺寸超差、强度太低而报废。因而在铸件相应非加工面上增加相应的金属层厚度来弥补，这就是工艺补正量。工艺补正量的数值与铸件的结构、大小、壁厚、浇注位置及造型材料种类等有关。

由于单件生产不能在取得该产品的经验数据后再设计，为了确保铸件的成品率，往往需要采用工艺补正量。对于成批、大量生产的铸件或永久性产品，不应使用工艺补正量，而应修改模具尺寸。使用工艺补正量要求有丰富的经验，各种大型铸件的工艺补正量的经验数据都是在一定生产条件下取得的，在使用时应仔细分析。表 2-31 中列出了几种典型铸钢件的工艺补正量。

表 2-31　几种典型铸钢件的工艺补正量　（mm）

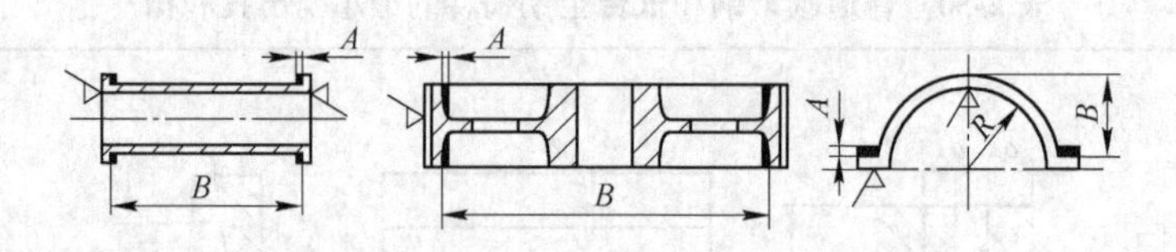

被补面间或被补面至基准面间距离 B/mm	工艺补正量 A/mm
≤500	2~4
501~1000	3~5
1001~1500	4~6
1501~2000	5~7
2001~2500	6~8
2501~3000	7~9
3001~5000	9~11
5001~7000	10~12
7001~9000	13
9001~11000	15
>11000	17

2.5.8　反变形量

由于铸件壁厚不均或结构上的原因，造成铸件各部分凝固、冷却速度不同，引起收缩不一致，使铸件产生挠曲变形。在制造模样时，按铸件可能产生变形的相反方向做出反变形模样，使铸件冷却后变形的结果将反变形抵消，得到符合图纸要求的铸件。这种在制造模样时预先做出的预变形量称为反变形量（又称反挠度、反弯势、假曲率）。

影响铸件变形的因素很多，例如合金性能、铸件结构和尺寸大小、浇冒口系统的布置、浇注温度、浇注速度、打箱温度、造型方法、砂型刚度等。分为两类：一是铸件冷却时的温度场的变化，二是导致铸件变形的残余应力的分布。因此，应判明铸件的变形规律：铸件冷却缓慢的一侧必定受拉应力而产生内凹变形；冷却较快的一侧必定受压应力而发生外凸变形。例如，各种床身导轨处都较厚大，因此导轨面总是产生下凹变形。图 2-53 所示的两种不同截面尺寸的 T 字梁铸件，成形过程变形的情形不同。表 2-32 所示箱体，壁厚虽均匀，但内部冷却慢，外部冷却快，因此壁发生向外凸出变形，模样反变形量应向内侧凸起。

表 2-32 箱体铸件的反变形量 (mm)

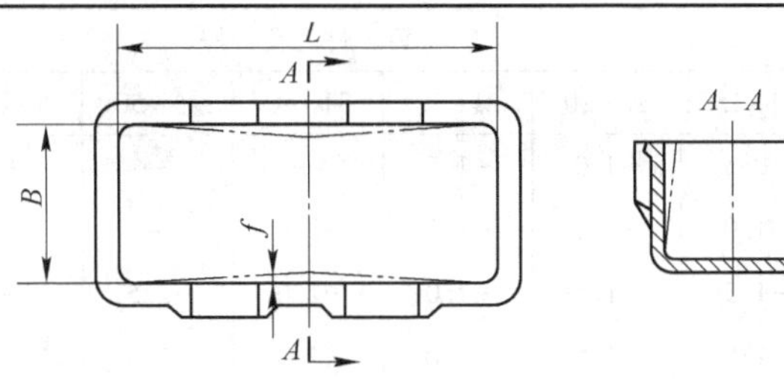

壁厚	长×宽 (L×B)	反变形量 f	壁厚	长×宽 (L×B)	反变形量 f
10~20	(500~700) × (150~300)	1. 5	10~20	(1100~1500) × (150~300)	2. 5
	(500~700) × (300~400)	2		(1100~1500) × (300~400)	3
	(700~900) × (150~300)	2		(1500~2000) × (150~300)	3
	(700~900) × (300~400)	2. 5		(1500~2000) × (300~400)	3. 5
	(900~1100) × (150~300)	2. 5		(2000~2500) × (150~300)	3. 5
	(900~1100) × (300~400)	3		(2000~2500) × (300~400)	4. 5

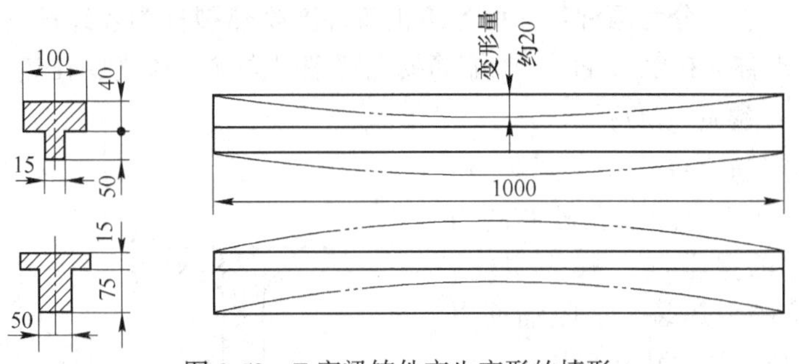

图 2-53 T 字梁铸件产生变形的情形

反变形量的大小与铸件尺寸、结构、壁厚差有关。壁厚越不均匀，长度越大，高度越小，则变形越大。变形量的值与相关因素的定量关系，可运用计算机模拟计算铸件在凝固和冷却过程中的变形确定反变形量。

反变形量的大小，一般是根据实际生产经验确定。一般中小铸件，壁厚差别不大且结构刚度较大时，不必留反变形量。利用调整模样不同部位的缩尺和加工余量的大小，同样使铸件尺寸达到要求。利用工艺筋也可防止铸件收缩变形。大的床身类、平台类、大型铸钢箱体类、细长的纺织零件（如龙筋、胸梁等），多采用反变形量。

2.5.9 非加工壁厚的负余量

手工黏土砂造型制芯过程中，为了取出（如芯盒中的筋板）木模，要进行敲模，木模受潮时将发生膨胀，这些情况均使型腔尺寸扩大，从而造成非加工壁厚的增加，使铸件尺寸和重量超出公差要求。为了保证铸件尺寸的准确性，凡形成非加工壁厚的木模或芯盒内的筋板厚度尺寸应该减小，即小于图样尺寸。减小的厚度尺寸称为非加工壁厚的负余量。表 2-33 为手工造型制芯时，铸件非加工壁厚的负余量的推荐值。

在确定铸件收缩率时，如果已经考虑了负余量的因素，则不用另作考虑。

表 2-33　铸件非加工壁厚的负余量　（mm）

铸件重量/kg	铸件壁厚								
	8~10	11~15	16~20	21~30	31~40	41~50	51~60	61~80	81~100
≤50	-0.5	-0.5	-1.0	-1.5	—	—	—	—	—
51~100	-1.0	-1.0	-1.0	-1.5	-2.0	—	—	—	—
101~250	-1.0	-1.5	-1.5	-2.0	-2.0	-2.5	—	—	—
251~500	—	-1.5	-1.5	-2.0	-2.5	-2.5	-3.0	—	—
501~1000	—	—	-2.0	-2.5	-2.5	-3.0	-3.5	-4.0	-4.5
1001~3000	—	—	-2.0	-2.5	-3.0	-3.5	-4.0	-4.5	-4.5
3001~5000	—	—	—	-3.0	-3.0	-3.5	-4.0	-4.5	-5.0
5001~10000	—	—	—	-3.0	-3.5	-4.0	-4.5	-5.0	-5.5
>10000	—	—	—	—	-4.0	-4.5	-5.0	-5.5	-6.0

2.5.10　工艺筋

工艺筋又称铸筋，分为两种：一种是防止铸件产生热裂称为收缩筋（肋）；另一种是防止铸件产生变形称为拉筋（肋）。收缩筋要在清理时去除，拉筋要在热处理后去除。

2.5.10.1　收缩筋（肋）

收缩筋又名割筋。铸件（见图 2-54）在凝固收缩时，由于受砂型和砂芯的阻碍，在受拉应力的壁上（一般为主壁）或在接头处容易产生热裂。加收缩筋以后，由于它凝固快，强度建立较早，故能承受较大的拉应力，防止主壁及接头产生裂纹。当 $a/b>1\sim2$，$l/b<2$ 时，或 $a/b>2\sim3$，$l/b<1$ 时，均可不放收缩筋；当使用退让性较好的型砂（例如石灰石砂、树脂砂）时，一般可以不放收缩筋。几种常见的收缩筋形式见表 2-34，确定收缩筋的结构尺寸主要考虑连接截面的主壁和邻壁之间的关系。

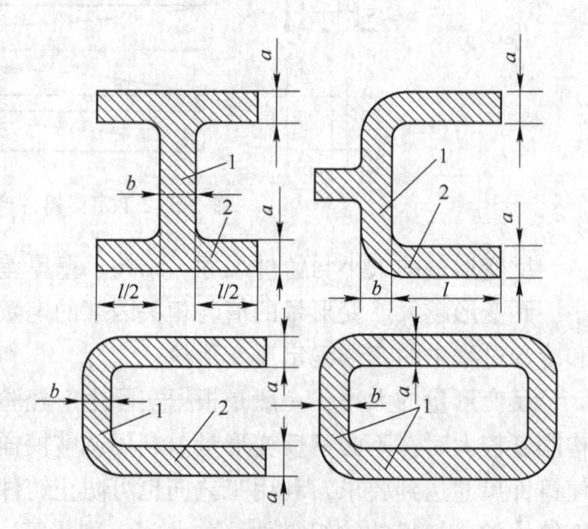

图 2-54　容易产生裂纹的铸件结构
1—主壁；2—邻壁

2.5.10.2　拉筋（肋）

拉筋又名加强筋。半环形或 U 形铸件冷却以后常发生变形，为防止铸件变形，常在变形最大的两点（部位）之间设置拉筋。拉筋的截面小于铸件，先于铸件凝固、冷却，多承受拉应力，故拉筋有一定的伸长量。对于中、大形铸件，在加工余量之外，另加工艺补正量以补偿拉筋的伸长量。拉筋应在热处理后去除，在热处理之前，拉筋承受很大的拉应力或压应力，因此它可使铸件变形减小或能完全防止铸件变形。若在热处理之前去除拉筋，则失去设置拉筋的作用。

表 2-34 收缩筋（肋）的形式

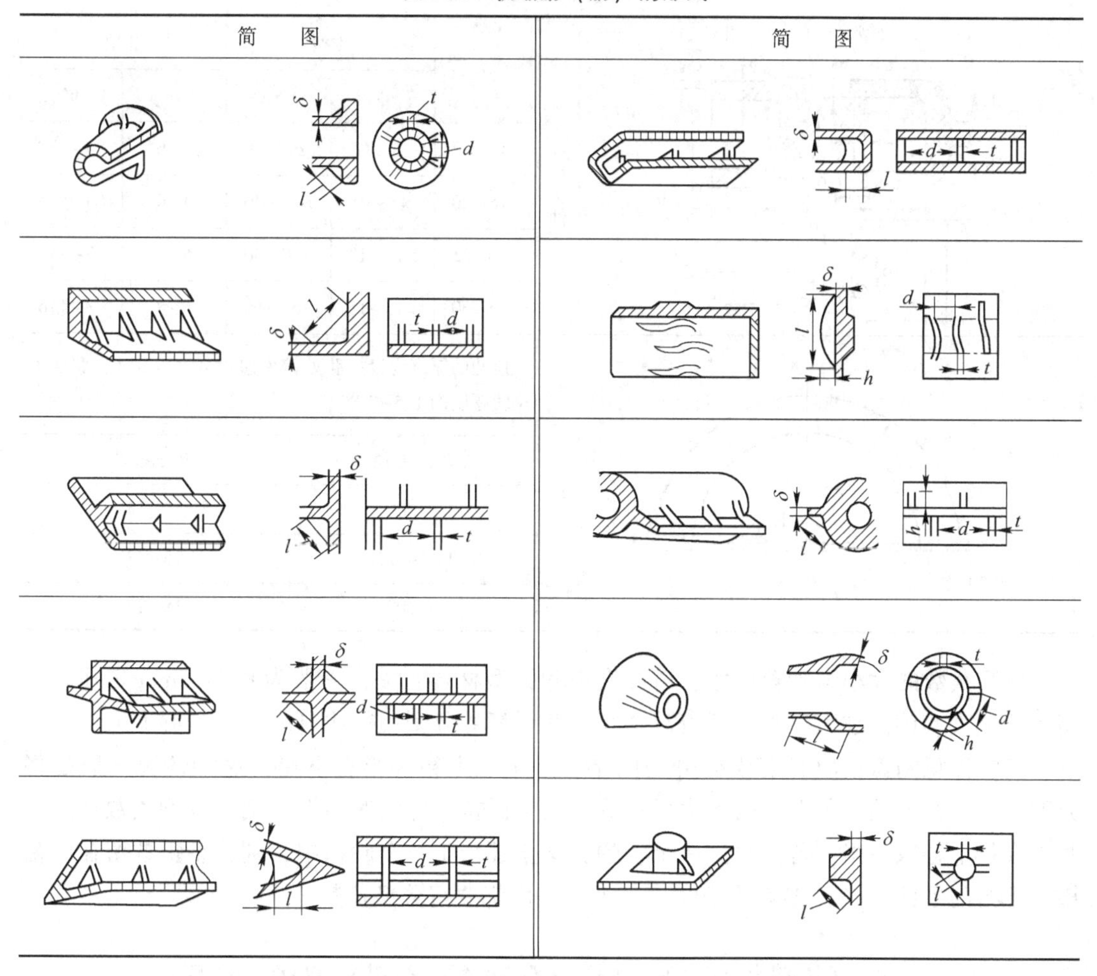

铸钢件拉筋的形式和尺寸见表 2-35。图 2-55 为拉筋的应用实例。

2.5.11 分型负数

砂型铸造时，由于起模后的修型和烘干硬化过程中砂型的变形，引起分型面凹凸不平，合型时，上下两个砂型之间不能紧密接触，为了防止浇注时分型面跑铁液，合箱时往往要在下箱分型面上垫石棉绳或耐火泥条，这样使垂直于分型面方向的铸件尺寸增高了。为了使铸件尺寸符合图纸要求，必须在模样制作时减去相应增加的高度，这个被减去的尺寸数值称为分型负数。黏土砂湿型通常不考虑分型负数，自硬砂、黏土砂表干型、砂箱尺寸超过 2m 的湿型要有分型负数。

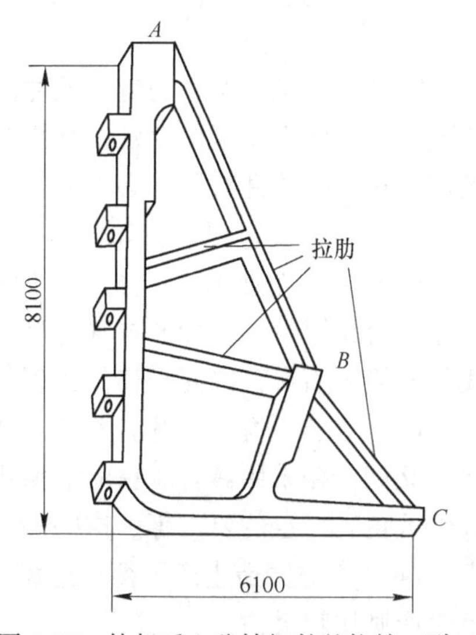

图 2-55 轮船后立稳铸钢件的拉筋（肋）

表 2-35　拉筋（肋）的形式和尺寸　　（mm）

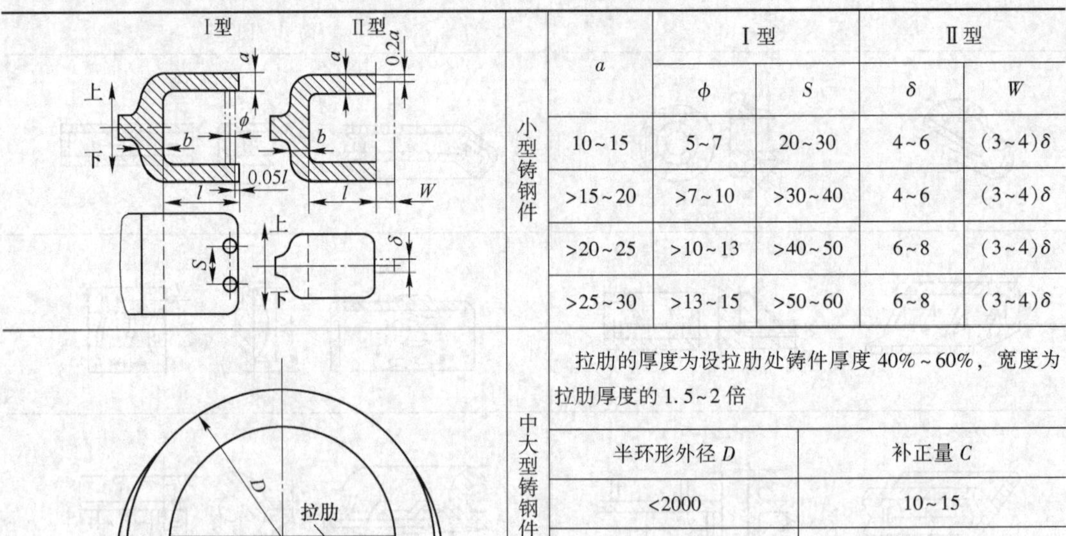

类别	a	Ⅰ型		Ⅱ型	
		φ	S	δ	W
小型铸钢件	10~15	5~7	20~30	4~6	(3~4)δ
	>15~20	>7~10	>30~40	4~6	(3~4)δ
	>20~25	>10~13	>40~50	6~8	(3~4)δ
	>25~30	>13~15	>50~60	6~8	(3~4)δ

中大型铸钢件：拉肋的厚度为设拉肋处铸件厚度 40%~60%，宽度为拉肋厚度的 1.5~2 倍

半环形外径 D	补正量 C
<2000	10~15
2000~3200	15~18
>3200	18~22

分型负数的大小与砂箱尺寸、铸件大小和铸型材料有关，一般为 0.5~6mm 之间。砂箱尺寸越大、铸件越大，则分型负数越大。表干型的分型负数比自硬砂型、湿型大。

需要注意两点：(1) 若模样分为两半，一半在上箱一半在下箱，这种情况一般是将分型负数留在上箱；若上下两半模样对称，为了保持模样的对称性，则将分型负数在上下两半模样上各取一半；若模样是一个整的，又全部位于一个砂箱中，则分型负数留在砂箱箱面平行的平面。(2) 多箱造型时，每个分型面都要留分型负数。

2.6　铸型吃砂量及铸件在砂箱（型）中的布置

随着自动化造型线的铸型尺寸越来越大，且配备有快换模板、组合模板或多工位的柔性装置，使更换模板很少延误开机时间。这样一来，则遇到一型内布置多个铸件的问题。确定砂箱中的铸件数量，必须根据各种条件综合考虑：

(1) 依据工艺要求，如合理的吃砂量、浇注系统和冒口的布置、生产批量等。

(2) 适应企业的生产条件，如设备状况和相关设备的相互配合，例如：现有砂箱的尺寸、有无箱带、箱带的位置与高低等。箱带的状况影响砂箱的通用性，柔性自动化造型线的砂箱无箱带，以便于铸件在型内的排列。

(3) 在自动化造型生产线上，为了便于配合自动浇注，要求所有铸件直浇道位置一致。又如，在采用具有压头的造型机时，为了避免通气针与压头相碰，对所有铸件的通气针位置也有一定的要求等。这些因素影响一箱中铸件的数量与排布。

(4) 考虑铸造生产平衡，造型线金属需求量和熔化量的平衡，在这方面，单件、小批生产则比较灵活。

2.6.1 铸型的吃砂量

模样与砂箱壁、箱顶（底）和箱带之间的距离称为吃砂量。吃砂量太小，砂型紧实困难，易引起胀砂、粘砂、掉砂、跑火等缺陷；吃砂量太大，增加型砂用量，经济上不合理。

模样平均轮廓尺寸 A 的定义

$$A = (L + B)/2$$

式中 L——模样在分型面的最大长度，mm；

B——模样在分型面的最大宽度，mm。

影响吃砂量的因素主要有：模样的大小、铸件重量、砂型强度和密度、浇冒系统的布置和尺寸等，工艺设计时应综合考虑各种因素。表 2-36～表 2-39 列出了不同条件下吃砂量的参考数值。

表 2-36 按模样平均轮廓尺寸确定的吃砂量 （mm）

模样平均轮廓尺寸	a	b 和 c	d
滑脱砂箱	≥20	30～50	一箱中模样高度的一半
≤400	30～50	40～70	
400～700	50～70	70～90	一箱中模样高度的 0.5～1.5 倍
701～1000	71～100	91～120	
1001～2000	101～150	121～150	
2001～3000	151～200	151～200	
3001～4000	201～250	201～250	
>4000	251～500	>250	

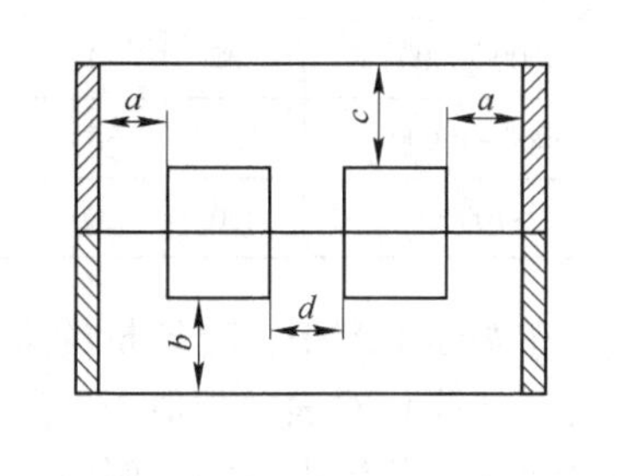

表 2-37 高压造型的吃砂量 （mm）

模样高度	模样间距	模样与砂箱壁距离	备 注
≤25	25～30	40～50	薄壁件取下限值，厚实件取上限值
25～50	30～50	45～60	
>50	50～70	50～70	

表 2-38 手工造型的吃砂量 （mm）

砂型分类	砂箱内框平均尺寸（长+宽）/2	模样至砂箱内壁尺寸	浇冒口至砂箱内壁尺寸	模样顶部至砂箱箱带底部尺寸
干型	≤500	≥40～60	≥30	15～20
	>500～1000	>60～100	≥60	>20～25
	>1000～2000	>100～150	≥100	>25～30
	>2000～3000	>150～200	≥120	>30～40
	>3000	≥250	≥150	>40
湿型	≤300	>80	≥40	≥30
	>300～800	≥60	≥100	≥50
	>800	≥100	≥100	70

表 2-39 按铸件重量确定的吃砂量 (mm)

铸件重量/kg	*a*	*b*	*c*	*d*	*e*	*f*	简 图
<5	40	40	30	30	30	30	
5~10	50	50	40	40	40	30	
10~20	60	60	40	50	50	50	
20~50	70	70	50	50	60	40	
50~100	90	90	50	60	70	50	
100~250	100	100	60	70	100	60	
250~500	120	120	70	80	—	70	
500~1000	150	150	90	90	—	120	
1000~2000	200	200	100	100	—	150	
2000~3000	250	250	125	125	—	200	
3000~4000	275	275	150	150	—	225	
4000~5000	300	300	175	175	—	250	
5000~10000	350	350	200	200	—	250	
>10000	400	400	250	250	—	250	

在实际生产中，吃砂量的大小应根据具体生产条件（如紧实方法、加砂方式、模样几何形状等）对表中数值予以适当调整。高压造型、静压造型比手工造型、普通机器造型方法的吃砂量小一些，例如震击造型模样高度与砂箱边缘吃砂量的比为 1.5∶1，而静压造型为 3∶1。树脂自硬砂型吃砂量比黏土湿砂型小，模样与砂箱壁吃砂量可取 20~50mm，上、下面吃砂量取 50~100mm。

此外，还必须对上箱顶面到铸件顶面的吃砂量认真核定，此距离过小则容易冲砂、跑火。

2.6.2 铸型中铸件的布置

一箱中生产多个同种铸件时，最好对称排列，这样可使金属液作用于上砂型的抬型力均匀，有利于浇注系统的安排，同时可充分利用砂箱面积。为了找出最合理的铸件排列方案，制作模板布置图时，可用计算机把模样的外廓投影形状在砂箱内试摆，以确定合理的铸件数量及其在模板上的位置。这种方法既适用于利用原有砂箱，也适用于设计新砂箱。

在同一型内生产两种或两种以上铸件的模板，称为混合模板。采用混合模板时，不同铸件的材质（牌号）应相同，而且应注意以下几点：

（1）铸件的壁厚相近，高度的差异小，以便适用同样的浇注温度和浇注时间。

（2）满足铸件最小吃砂量要求，不影响浇注系统的正确布置。

（3）在满足生产纲领的要求下，混合模板的几种铸件所需的箱数应相近以便于组织生产。因各种铸件的生产批量和废品率不同，因而常出现一种铸件不足，而另一种铸件过剩的局面。为此，可采用快换组合模板，以适应多品种批量生产的需要。

复习思考题

2-1 在铸造工艺设计前，进行零件结构分析有何意义？

2-2 什么是浇注位置和分型面？确定浇注位置和分型面时应掌握什么原则？

2-3 砂芯设计的基本原则是什么？

2-4 砂芯由砂芯本体和芯头组成，芯头的结构包括哪些部位？各部位具有什么作用？

2-5 常用的铸造工艺参数有铸造收缩率、机械加工余量、起模斜度、最小铸出孔（槽）和分型负数，这些参数有何作用？如何确定？

3 浇注系统设计

3.1 概　　述

浇注系统是引导金属液进入和充满铸型型腔的一系列通道。浇注系统设计的正确与否对铸件品质影响很大，铸件废品中约有30%因浇注系统不当引起。

3.1.1 对浇注系统的要求

在设计浇注系统时，浇注系统要满足下列要求：

（1）金属液流动的速度、方向、压头必须保证在规定的浇注时间内充满型腔，保证铸件轮廓、棱角清晰，否则将产生冷隔、浇不足等缺陷。

（2）金属液的流动应均匀平稳，削弱紊流，避免卷入气体、金属氧化、冲刷型壁和砂芯，否则将产生砂眼、气孔、铁豆等缺陷。

（3）所确定的内浇道的位置、方向和个数应符合铸件的凝固原则或补缩要求，在充型金属中造成理想的温度分布，控制凝固顺序（顺序凝固或同时凝固），否则将产生缩孔、缩松、裂纹等缺陷。

（4）使渣液分离，具有阻渣排气作用（阻止渣滓、气体进入型腔），否则将产生夹渣、气孔缺陷。

（5）保证型内金属液面有足够的上升速度，以免形成夹砂结疤、皱皮、冷隔等缺陷。

（6）不破坏冷铁和芯撑的作用。

（7）浇注系统的结构和分布应便于造型和清理，节约金属。

（8）对于薄壁小铸件可用浇注系统当冒口。

3.1.2 浇注系统中金属液的流动状态

液体的流动可分为层流和紊流两种状态，并可用雷诺数 Re 判断。

$$Re = vD/\nu \tag{3-1}$$

式中　v ——金属液在管路中的流速；

D ——管路的直径；

ν ——流体运动黏度。

当雷诺数 Re 大于2300时为紊流流动，小于2300时为层流流动。某些合金在浇注温度下（一般高于液相线温度50~100℃）的流体运动黏度见表3-1。

表3-1　常用金属材料的流体运动黏度

材　质	铸　铁	铸　钢	铝合金
$\nu/m^2 \cdot s^{-1}$	0.55×10^{-6}	0.4×10^{-6}	0.6×10^{-6}

在浇注系统中，即使浇道直径 D 很小（如取 0.4cm），在保证充型的最低流速下，其雷诺数也大于 2300。所以，金属液在浇注系统中的流动为紊流流动。又由于浇注系统流路回转，使紊流程度加重。紊流流动不利于金属液中渣滓和气泡的上浮，所以设计浇注系统时，应从浇注系统的结构、金属液充型方式等方面尽量减轻金属液流动的紊流程度。

3.2 浇注系统的基本组元

铸铁件浇注系统的典型结构如图 3-1 所示，它由浇口杯、直浇道、直浇道窝、横浇道和内浇道等部分组成。广义地说，浇包和浇注设备也可认为是浇注系统的组成部分。浇注设备的结构、尺寸、位置高低等对浇注系统的设计和计算有一定影响。此外，出气孔也可视为浇注系统的组成部分。

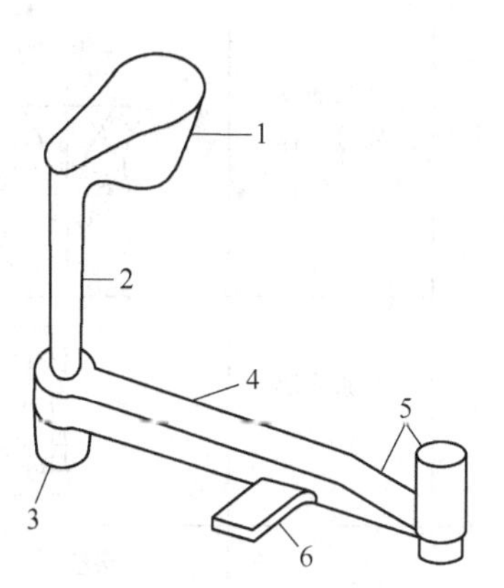

图 3-1 浇注系统的典型结构

1—浇口杯；2—直浇道；3—直浇道窝；4—横浇道；5—末端延长段；6—内浇道

3.2.1 浇口杯

浇口杯的作用是：便于浇注，承接来自浇包的金属液，防止金属液飞溅和溢出；减轻液流对型腔的冲击；分离渣滓和气泡，阻止其进入型腔；增加充型压力。浇口杯的结构正确，并配合正确的浇注操作，才能实现浇口杯的上述功能。图 3-2 所示的三种浇注方式，只有 a 方式不会卷入渣滓和气体。

浇口杯分漏斗形和盆形（池型）两大类。漏斗形浇口杯挡渣效果差，但结构简单，消耗金属少。盆形浇口杯挡渣排气效果较好，底部设置堤坝有利于浇注操作，使金属的浇注速度达到适宜的大小后再流入直浇道，这样的浇口杯内液体深度大，可阻止水平漩涡而形成垂直漩涡，促使渣滓和气泡浮至液体表面，从而有助于分离渣滓和气泡。

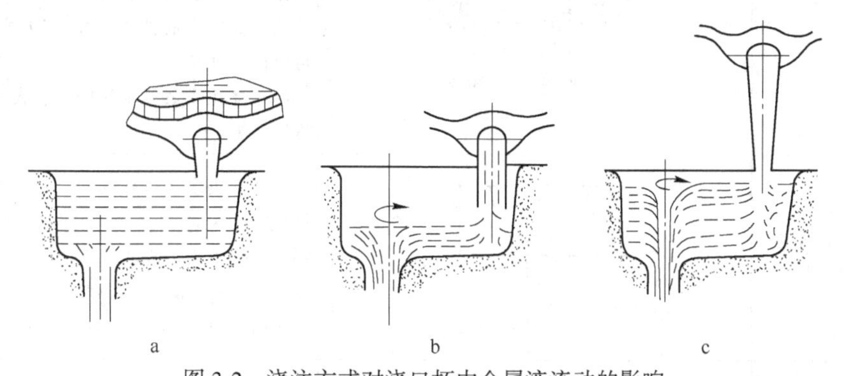

图 3-2 浇注方式对浇口杯中金属液流动的影响

a—浇包位置合适，充满浇注；b—浇口杯液面太低；c—浇包位置太高，浇口杯内水平漩涡太深

浇注时浇口杯中的水平漩涡会使渣滓和气泡进入直浇道，可采取以下措施减轻或消除水平漩涡：使用深度大的浇口杯，深度应大于直浇道上端直径的 5 倍；用拔塞、浮塞和铁隔片等方法，使浇口杯内金属液达到深度要求时，再向直浇道提供洁净的金属液；在浇口

杯底部安置过滤网或雨淋砂芯来抑制水平漩涡；在浇口杯中设置闸门、堤坝等，降低浇注高度以避免水平漩涡，并促使形成垂直漩涡。为此，浇包嘴设计得长些为好。此外，应采用逆向浇注，液流不要冲着直浇道。常用浇口杯的形式和特点见表 3-2。

表 3-2 浇口杯的形式与特点

序号	类型	图例	特点和应用
1	普通漏斗形浇口杯	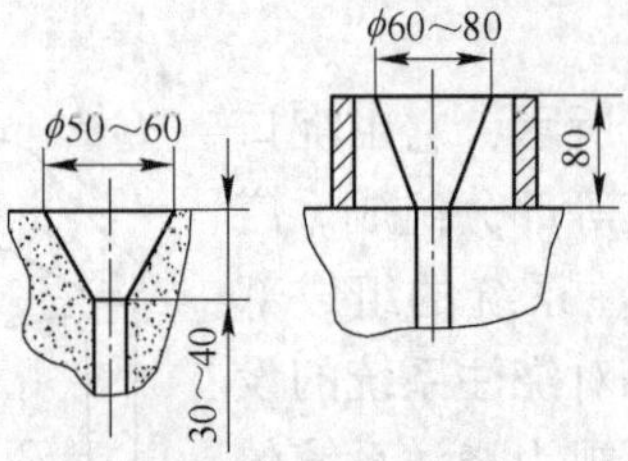 φ50～60；30～40；φ60～80；80	结构简单，制作方便，容积小，消耗的金属液量少，能缓冲浇注的流股，但撇渣作用很小； 主要用于浇注小型铸件及铸钢件，在机器造型中被广泛采用
2	普通池形浇口杯	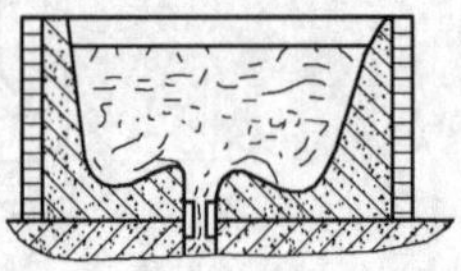	侧壁倾斜，底部（直浇道附近）制成突起，以减少液流落下时的冲击及有利熔渣、夹杂上浮，故有一定的撇渣能力，但耗费金属液较多，主要用于浇注铸铁件
3	闸门浇口杯	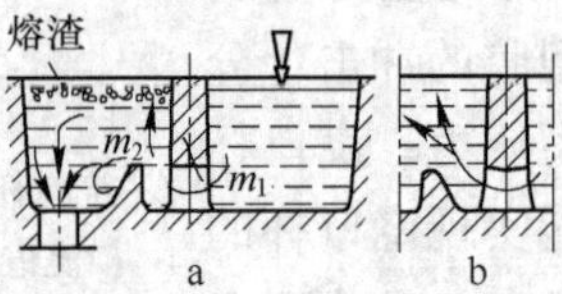 熔渣；m_2；m_1；a；b a—合理；b—不合理	制作较费事，隔板可挡渣，撇渣较果较好，用于要求较高的中、大型铸件
4	拔塞浇口杯	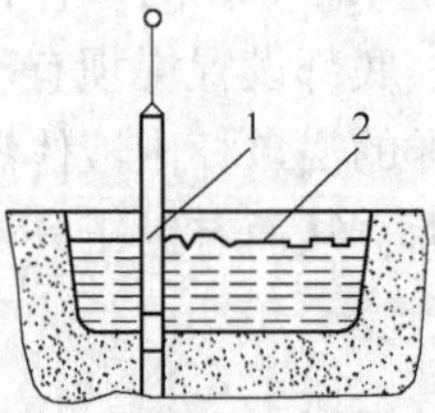 1；2 1—拔塞；2—熔渣	浇注前用拔塞将直浇道堵住，浇口杯充满后将拔塞拔起，并一直维持浇口杯中液面高度，有的浇口杯本身就是定量器； 这种浇口杯撇渣效果好，可避免浇发期液流带入杂质及防止卷入气体。但使用较麻烦，操作不当还会损坏塞孔附近砂型，造成砂眼缺陷，如用平底拔塞或塞孔改用油砂芯座，可以得到改善； 用于浇注质量要求高的中、大型铸件，如汽缸体等
5	熔化铁隔片浇口杯	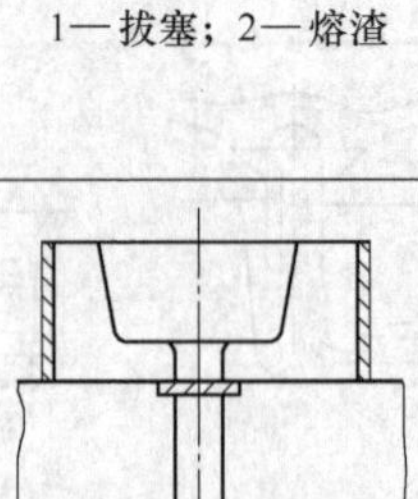	特点与拔塞浇口杯相同。通常浇口杯的容量略大于浇注的金属液总量，浇注完毕后，隔片自行熔破。浇注铸铁时，隔片主要采用镀锡薄铁片，也可用同牌号的铸铁片； 多用于浇注气缸体等重要铸件
6	滤网浇口杯	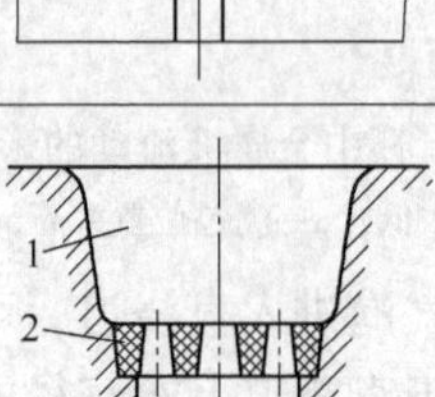 1；2 1—浇口杯；2—过滤网芯	可以有效地防止卷入夹杂物及气体，还可以细化流股，减少冲击。缺点是要制作滤网，特别是使用油砂滤网（生产中用得最多）时，金属液的量不宜过大，故主要用于浇注中、小型铸件

3.2.2 直浇道

直浇道的作用是：从浇口杯引导金属液向下，进入横浇道、内浇道或直接导入型腔；提供足够的充型压力，使金属液在重力作用下能克服各种流动阻力，在规定时间内充满型腔。

如图 3-3 所示，直浇道普遍做成上大下小的锥形（收缩型）、等断面的柱形和上小下大的倒锥形（扩张型），对于铝、镁合金铸件，也用蛇形、片状和缝隙式的直浇道。

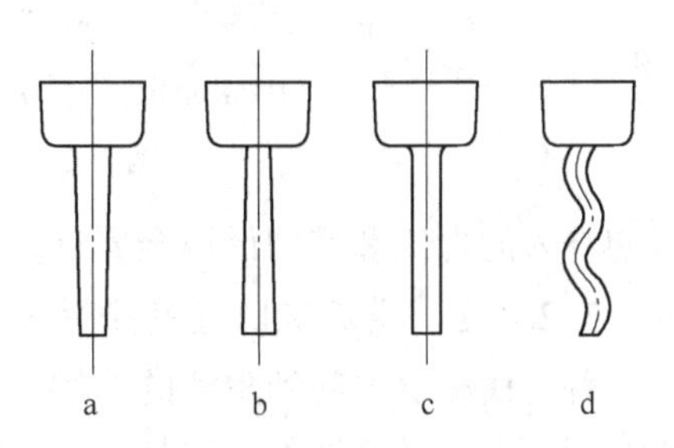

图 3-3 直浇道的形状
a—收缩型；b—扩张型；
c—圆柱型；d—弯曲型

金属液在直浇道中的流动有两种形态：充满流动和非充满流动。在非充满的直浇道中，金属液以重力加速度向下运动，流股呈渐缩形，流股表面压力接近大气压力，微呈正压。流股表面会带动表层气体向下运动，并能冲入型内上升的金属液内。由于流股内部和砂型表层气体之间无压力差，气体不可能被“吸入”流股内，但在直浇道中气体可被金属液表面所吸附并带走。

直浇道入口形状影响金属液的流态。当入口为尖角时，增加流动阻力和断面收缩率，常导致非充满流动。实际砂型中尖角处的型砂会被冲掉引起冲砂缺陷。要使直浇道呈充满流动，要求入口处圆角半径 $r \geqslant d/4$（d 为直浇道上口直径）。

生产中主要应用带有横浇道和内浇道的浇注系统，由于横浇道和内浇道的流动阻力，常使等截面的，甚至上小下大的直浇道均能满足充满条件而呈充满流动。

尽管非充满流动的直浇道有带气的缺点，但在特定条件下不能不用，如：阶梯式浇注系统中，为了实现自下而上地逐层引入金属液的目的；使用漏包（底注包）浇注的条件下，为了防止钢液溢出型外和稳定充型而采用。

3.2.3 直浇道窝

浇注时金属液对直浇道底部有强烈的冲击作用，并产生涡流区，常引起冲砂、渣孔和大量氧化夹杂物等铸造缺陷。设置直浇道窝可改善金属液的流动状况，直浇道窝的作用如下：

（1）对金属液有缓冲作用。

（2）缩短直浇道与横浇道拐弯处的高度紊流区（见图 3-4）。

（3）改善内浇道的流量分布。

（4）减小直浇道与横浇道拐弯处的局部阻力系数和压头损失。

（5）注入型内的最初金属液中，常带有一定量的气体，在直浇道窝内可以浮出去。

直浇道窝常做成半球形、圆锥台或球缺形。直浇道窝的大小、形状应适宜，砂型应紧实。为防止冲砂，在直浇道窝底部可放置抗冲击能力更好的干砂芯片、耐火砖等。

3.2.4 横浇道

横浇道的作用是向内浇道分配洁净的金属液，使金属液平稳流动，阻渣浮气，并储留

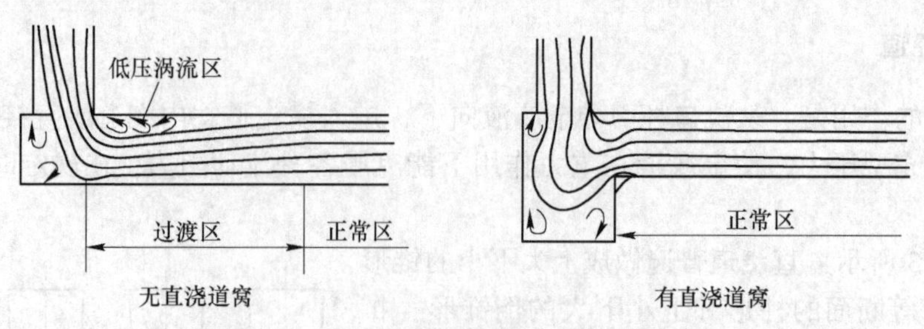

图 3-4 直浇道窝对金属液流动的影响

最初浇入的含气和渣的低温金属液。

3.2.4.1 横浇道阻渣的条件

普通横浇道要起到阻渣的作用，金属液必须呈充满流动。即使内浇道截面积比横浇道或直浇道大，横浇道不一定是非充满流动。因为横浇道至型腔的一段有流动阻力，内浇道相对横浇道的位置对横浇道的充满条件也有影响。

此外，一旦内浇道被型腔内的金属液所淹没，横浇道就会被充满。

3.2.4.2 横浇道的合理结构

横浇道要有一个末端延长段，该延长段的主要功用为容纳最初浇注的低温、含气及渣滓的金属液，防止其进入型腔；吸收液流动能，使金属液平稳流入型腔。

末端延长段呈坡形时会阻止金属液流到末端时出现折返现象。为防止聚集在末端的熔渣回游，应在末端设置集渣包。末端延长段的长度一般为70~130mm，铸件越大，末端延长段越长。如果受到吃砂量的限制，就要把集渣包做的大一些。末端延长段的集渣作用如图 3-5 所示。

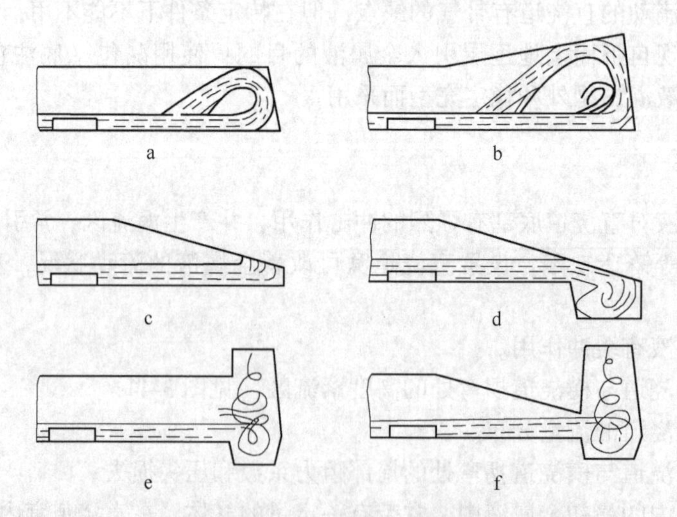

图 3-5 封闭式浇注系统横浇道末端延长段的集渣效果

a，b—差；c，d—中；e—良；f—优

横浇道内，在内浇道的入口周围存在一个被称之为“吸动区”的区域，只要金属液进入该区域就会自动流入内浇道。显然，进入该区域的渣滓也将会流入型腔。封闭式浇注系统的横浇道应高而窄，一般取高度为宽度之1.5~2倍。内浇道宜扁而薄，以降低其吸动区的高度范围。

3.2.4.3 横浇道与内浇道的位置关系

内浇道距直浇道应有足够的距离，使横浇道金属液中的渣团有时间浮起到超过内浇道的吸动区。一般应使直浇道中心到第一个内浇道的距离大于5倍横浇道高度。

封闭式浇注系统的内浇道应位于横浇道的下部，且和横浇道具有同一底面，使最初浇入的冷污金属液能靠惯性流越内浇道，纳于末端延长段而不进入型腔；开放式浇注系统的内浇道应重叠在横浇道之上，且搭接面积要小，但应大于内浇道的截面积，如图3-6所示。

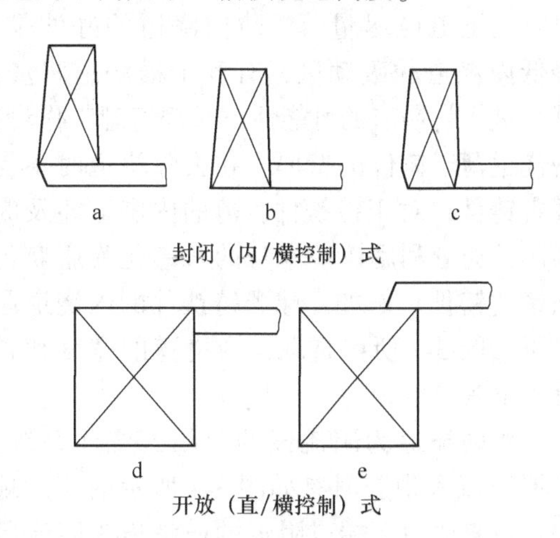

图3-6 浇注系统横浇道与内浇道的位置关系
a，d—错误；b，c，e—正确

内浇道应远离横浇道的弯道，并应尽量使用直的横浇道。内浇道与横浇道的连接，呈锐角时初期进渣较多；呈钝角时增加紊流程度。但资料报道，当环形铸件需切线引入时，内浇道应向后开设（钝角连接），这对于型砂及涂料的耐火度欠佳时的情况，尤为重要。一般推荐垂直连接。

3.2.5 内浇道

内浇道的作用是控制充型速度和方向，向型腔分配金属液，调节铸件各部位的温度和凝固顺序。另外，浇注系统的金属液通过内浇道对铸件有一定的补缩作用。

3.2.5.1 内浇道在铸件上的布置

内浇道在铸件上的位置和数目的确定应服从所选定的凝固顺序或补缩方法。

（1）对于要求同时凝固的铸件，内浇道应开设在铸件薄壁处，数量宜多，分散布置，使金属液快速均匀地充满型腔，避免内浇道附近的砂型局部过热。

（2）对于要求顺序凝固的铸件，内浇道应开设在铸件厚壁处并设有冒口，如使内浇道通过冒口，让金属液先流经冒口再引入型腔，则更能提高冒口的补缩效果。

（3）对于结构复杂的铸件，往往采用顺序凝固和同时凝固相结合的原则安排内浇道。即对每一个补缩区域依顺序凝固原则设置内浇道，而对整个铸件则按同时凝固原则采用多内浇道分散充型。这样，既可使铸件的各个厚大部位得到充分补缩而避免出现缩孔、缩松，又可减小铸件的铸造应力和变形。

（4）当铸件壁厚相差悬殊、而又必须从薄壁处引入金属液时，则应同时使用冷铁加速厚壁处的凝固，并加放冒口，浇注时采用点冒口等工艺措施，保证铸件的补缩效果。

（5）对于采用实用冒口的铸铁件，则遵守实用冒口的设计原则来布置内浇道和冒口。

3.2.5.2 设计内浇道的注意事项

设计内浇道时，应避免流入型腔时的喷射现象和飞溅，使充型平稳。内浇道的开口方向不要冲着细小砂芯、型壁、冷铁和芯撑，必要时采用切线引入。应注意，切线引入会引起型内金属的回转运动，适用于外表面有粗糙度要求的圆形铸件。当筒形铸件内表面要求严格的条件下，应避免金属液回转，以免夹渣物聚集在铸件的内表面。必要时用顶雨淋或下雨淋式浇注系统。

薄壁铸件可用多内浇道实现补缩，这时内浇道尺寸应符合冒口颈的要求。

内浇道应尽量薄。薄内浇道的好处是：降低内浇道的吸动区，有利于横浇道阻渣；减少进入初期渣的可能性；减轻清理工作量；内浇道薄于铸件的壁厚，在去除浇道时不易损害铸件；对于铸铁件，薄的内浇道能及时封闭，充分利用铸件本身的石墨化膨胀获得致密的铸件。例如，球墨铸铁件的内浇道厚度可按图 3-7 所示选取，内浇道的宽度和长度 4 倍其厚度。

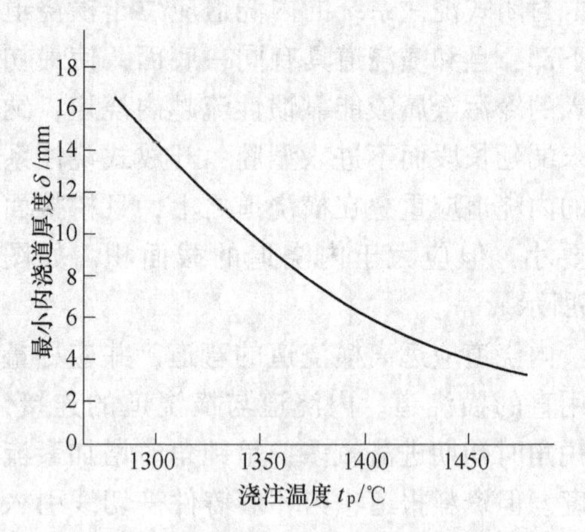

图 3-7　球墨铸铁件内浇道的厚度

以内浇道为阻流段的封闭式浇注系统，金属液流入型腔时有如图 3-8 所示的喷射现象；以直浇道下端或附近的横浇道为阻流段的开放式浇注系统，充型较平稳，开放程度越大则越平稳。因此，轻合金铸件常使用开放式浇注系统。

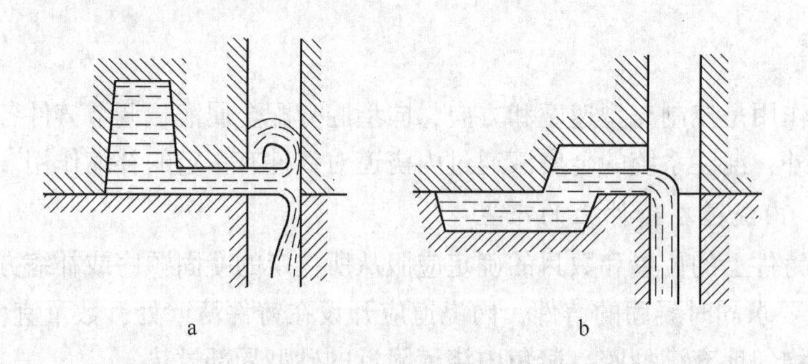

图 3-8　内浇道金属液流入型腔时的两种形态

a—封闭式；b—开放式

同一横浇道上有多个等截面的内浇道时，各内浇道的流量不等。试验表明：一般条件下，远离直浇道的内浇道流量最大，且先进入金属。接近直浇道处流量最小，且后进入金属。在浇注初期，进入横浇道的金属液流向末端时失去动能而使压力升高，金属液首先在末端充满并形成末端压力高而靠近直浇道压力低的态势，故而形成这种流量分布。但是，当总压头小而横浇道很长时，沿程阻力大，也会出现接近直浇道处压力高的情况，这时近处的内浇道流量大。

为了使各内浇道流量均匀，通常采用如下方法：（1）缩小远离直浇道的内浇道截面积。（2）增大横浇道的截面积。（3）严格依照横浇道与内浇道截面积的比值，每流经一个内浇道，使横浇道截面积依比值缩小。（4）设置直浇道窝等。

3.3 浇注系统的分类

浇注系统有两种分类方法：按各组元截面积比和按内浇道与铸件的相对位置分。按浇注系统各组元截面积的比例关系可分为封闭式、半封闭式、开放式及封闭开放式浇注系统；按内浇道的注入位置可分为顶注式、中注式、底注式及分层注入式。

3.3.1 按各组元截面积的比例关系分类

对于常规的浇注系统，将浇口杯、直浇道、横浇道及内浇道等各组元的最小截面积分别表示为 $F_{杯孔}$、$F_{直}$、$F_{横}$和 $F_{内}$。浇注系统中截面积最小部位称为阻流段，其截面积表示为 $F_{阻}$。按浇注系统各组元的最小截面积的比例关系（称为浇口比）对浇注系统进行分类，其结果见表 3-3。

表 3-3 按各组元截面积比例关系分类的浇注系统

类型	截面比例关系	特点及应用
封闭式	$F_{杯}>F_{直}>F_{横}>F_{内}$	阻流截面在内浇道。浇注开始后，金属液容易充满浇注系统，又称"充满式"浇注系统，呈有压流动状态； 挡渣能力较强，但充型液流的速度较快，冲刷力大，易产生喷溅； 一般地说，金属液消耗少且清理方便，适用于铸铁的湿型小件及干型中、大件
开放式	$F_{直上}<F_{直下}<F_{横}<F_{内}$	阻流截面在直浇道上口（或浇口杯底孔）。当各组元开放比例较大时，金属液不易充满浇注系统，呈无压流动状态； 充型平稳，对型腔冲刷力小，但挡渣能力较差； 一般地说，金属液消耗多，不利于清理，常用于非铁合金、球铁及铸钢等易氧化金属铸件，灰铸铁件上很少应用
半封闭式	$F_{横}>F_{直}>F_{内}$	阻流截面在内浇道，横浇道截面为最大。浇注中能充满，但较封闭式晚； 具有一定的挡渣能力。由于横浇道截面大，金属液在横浇道中流速减小，故又称"缓流封闭式"。故充型的平稳性及对型腔的冲刷力都好于封闭式； 适用于各类灰铸铁件及球铁件
封闭-开放式	$F_{杯}>F_{直}<F_{横}<F_{内}$ $F_{杯}>F_{直}>F_{集渣包出口}<F_{横后}<F_{内}$ $F_{直}>F_{阻}<F_{横后}<F_{内}$ $F_{直}>F_{阻}<F_{内}<F_{横后}$	阻流截面设在直浇道下端，或在横浇道中，或在集渣包出口处，或在内浇道之前设置的阻流挡渣装置处； 阻流截面之前封闭，其后开放，故既有利于挡渣，又使充型平稳，兼有封闭式与开放式的优点； 适用于各类铸铁件，在中小件上应用较多，特别是在一箱多件时应用广泛。目前铸造过滤器的使用，使这种浇注系统应用更为广泛

（1）封闭式浇注系统（充满式）：浇注系统的阻流段为内浇道（$F_{阻}=F_{内}$）。在正常浇注条件下，所有组元均为金属液充满。

（2）开放式浇注系统（非充满式）：浇注系统的阻流段为直浇道（$F_{阻}=F_{直}$）。在正常浇注条件下，金属液不能充满所有组元，金属液呈非充满流动。

（3）半封闭式浇注系统：浇注系统的阻流段为内浇道（$F_{阻}=F_{内}$），但横浇道的截面积最大。在正常浇注条件下，金属液是先开放，后封闭，一般为充满状态，但较封闭式晚。

（4）封闭开放式浇注系统：浇注系统的阻流段为横浇道或横浇道上设置的阻流装置（$F_{阻}=F_{横}$），金属液的流动属于先封闭后开放的流动方式。图3-9所示的浇注系统，横浇道上带有阻流装置（阻流片）。

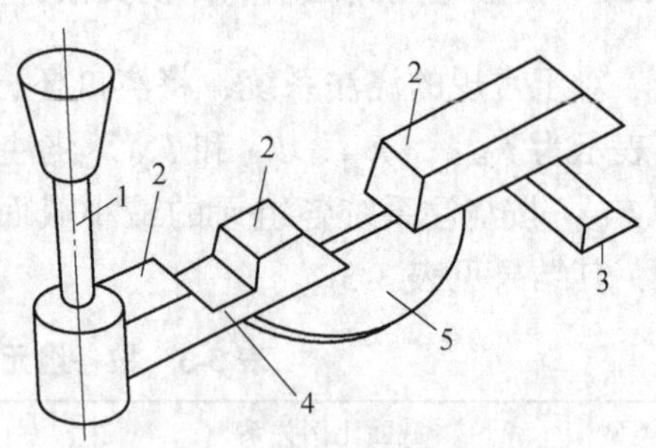

图3-9　带有阻流片的浇注系统
1—直浇道；2—横浇道；3—内浇道；
4—水平阻流片；5—垂直阻流片

传统理论把液态金属视为理想流体，因此“封闭”式就是“充满”式、“开放”式就是“非充满”式浇注系统。而液态金属是实际流体，有黏度，有阻力。在砂型中只有全部浇道的金属液为正压力才呈充满式流动。理论计算和实际浇注试验证明：封闭式是充满式流动，而“开放”式就不一定是非充满式流动。

3.3.2　按内浇道在铸件上的位置分类

内浇道是将金属液引入铸型型腔的最后通道，根据内浇道在铸件上的开设位置，将浇注系统分为顶注式、中注式、底注式和分层注入式。在铸件不同高度上开设多层内浇道的称为阶梯式浇注系统。

3.3.2.1　顶注式浇注系统

内浇道设在铸件顶部，金属液由顶面流入型腔。这种浇注系统，金属液易于充满型腔，可减少浇不足、冷隔等缺陷，始终保持型腔上部温度最高，有利于铸件形成自下而上的凝固顺序，补缩效果好。浇注系统简单，造型及清理方便，金属液消耗少。如果铸件太高（指浇注位置），则会由于金属液的冲击、飞溅、卷气、氧化而易产生砂眼、铁豆、气孔、氧化夹杂等缺陷。

一般用于结构较简单、壁不厚、高度不大的铸件，以及要求铸件致密，采用顶部冒口补缩的中、小型厚壁铸件。易氧化合金一般不宜采用。其他形式的顶注式浇注系统的特点和应用见表3-4。

表3-4　其他形式顶注式浇注系统的特点与应用

搭边浇口	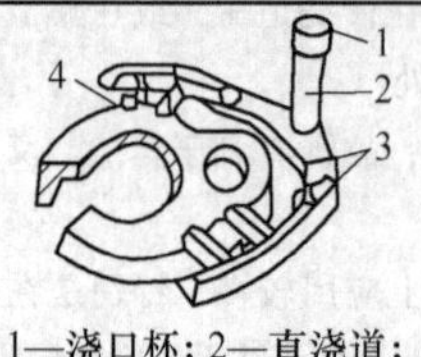 1—浇口杯；2—直浇道； 3—横浇道；4—内浇道	液态合金沿铸型壁导入，充型快而平稳，可防止冲砂； 清除内浇口残根比较费事； 适用于薄壁中空铸件，在纺织机械、小型柴油机铸件上应用较多

续表 3-4

压边浇口		液态合金经过压边窄缝流入型腔，充型慢而平稳，有利于顺序凝固，补缩作用良好； 一般采用封闭式，对于牌号高的铸铁件，可采用封闭-开放式； 结构简单紧凑，操作方便，易于清除，金属液消耗较少； 主要用于壁较厚的中小型铸件
雨淋浇口		液态合金从铸件顶部的许多小孔漏入型腔，撇渣良好，与一般顶注相比，对型腔的冲击较小； 炽热的细小流股不断地冲击金属液面，使型内熔渣及杂物不易黏附在型壁和砂芯上，可造成自下而上的顺序凝固条件，如铸件浇注位置的顶部为冒口段，可充分补缩； 浇注空心套筒类铸件时，如雨淋孔分布均匀且大小得当，可保证铸件内外表面的质量，四周温度分布均匀； 适用于均匀壁厚的筒类铸件及其他要求较高的铸件，但铸件高度不宜太大

3.3.2.2　底注式浇注系统

内浇道设在铸件底部，金属液由底面流入型腔（见图 3-10）。这种浇注系统，金属液充型平稳，排气和挡渣效果好，但型腔内的金属液面易结膜，降温快，不利于顶冒口补缩。当控制不好时，铸件可能产生浇不足、顶面质量差等缺陷。

这种浇注系统适用于易氧化的有色合金及铸钢件，也应用于要求较高或形状复杂的铸铁件，但薄壁铸件不易充满。中大型铸钢件常常采用漏包浇注的底注式浇注系统，采取快浇并点冒口的措施。

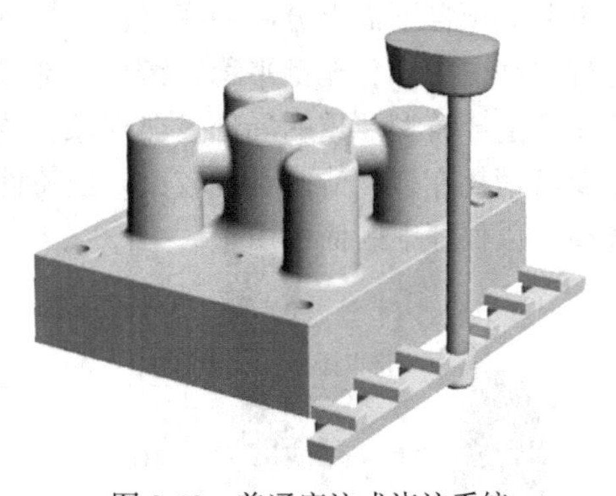

图 3-10　普通底注式浇注系统

其他形式的底注式浇注系统的特点和应用见表 3-5。

表 3-5　其他形式底注式浇注系统的特点与应用

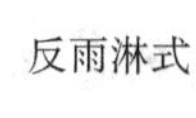 反雨淋式	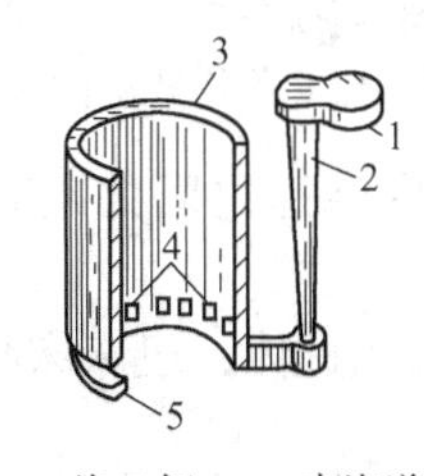 1—浇口杯；2—直浇道； 3—铸件；4—内浇道； 5—横浇道	充型均匀平稳，可减少金属液的氧化； 造型较费事，液态合金消耗亦较多，不利补缩； 适用于要求高的汽缸套、外形及内腔复杂的套筒、大型床身等类铸铁件，以及易氧化的铜套等铸件

续表 3-5

牛角式	1—浇口杯；2—直浇道； 3—牛角内浇道；4—铸件； 5—出气孔	随着浇注的进行，充型很快趋于平稳，如做成向铸件逐渐扩张的牛角内浇道，可减小冲击和氧化； 适用于要求高形状复杂的铸件，如齿轮、轧辊及各种砂芯的圆柱形铸件，在易氧化的有色合金铸件中应用较多

3.3.2.3 中注式浇注系统

如图 3-11 所示，中注式浇注系统的内浇道开设在铸件中部某一高度上，一般从分型面注入，造型简单方便。其在充填下型腔时为顶注式，充填上型腔时为底注式，兼有顶注和底注的特点。

适用于各种壁厚均匀，高度不大的中、小型铸件，生产中应用最普遍。

3.3.2.4 分层注入式浇注系统

分层注入式浇注系统分为阶梯式和垂直缝隙式两种，后者实际是前者的一种特殊形式。

如图 3-12 所示的阶梯式浇注系统，在铸件的几个高度面上都设有内浇道，金属液注入型腔必须自下而上分层顺序进行，故直浇道不能封闭；内浇道分层分散，金属液对型腔底部的冲击力小，充型平稳，铸件上部可获得温度较高的液态合金，有利于顶冒口补缩，又不会造成铸型严重的局部过热现象，故兼有顶部注入和底部注入的优点，但造型复杂，金属液消耗亦多，清理难度较大。当铸件浇注位置的顶面为加工面时，沿顶面应设一层内浇道，以保证上表面的质量。

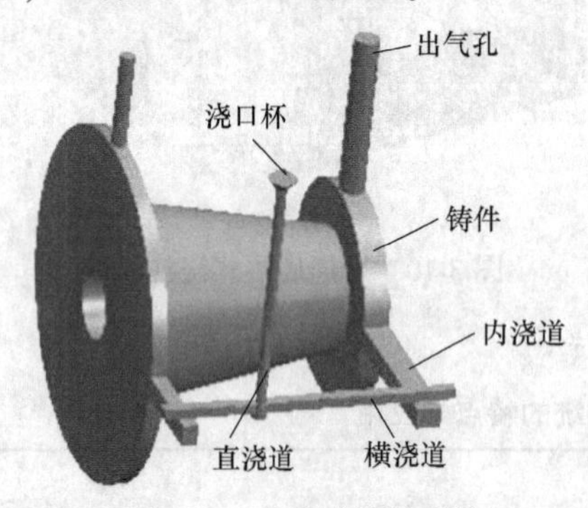

图 3-11 中注式浇注系统

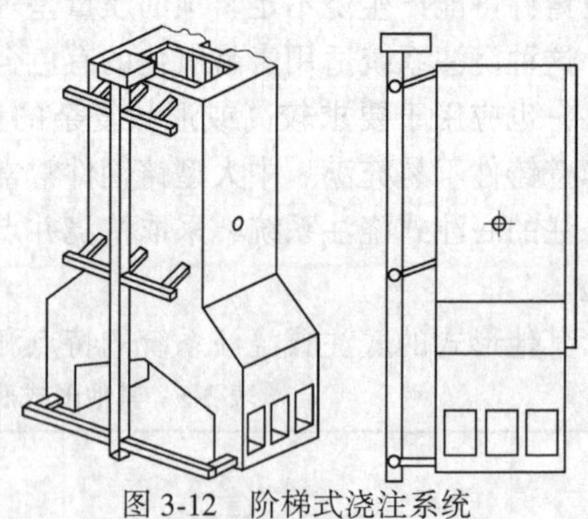
图 3-12 阶梯式浇注系统

应用阶梯式浇注系统时，各层内浇道的截面积、各层内浇道之间的距离等要计算准确，否则将发生充型紊乱。垂直分型的铸件要优先采用。

阶梯式浇注系统适用于高大的、质量要求高的铸件，如汽缸体、机床床身及各种底座类等大型铸铁件、铸钢件。

垂直缝隙式浇注系统的形式见图 3-13，内浇道呈垂直片状沿铸件高度分布，中间直浇道的不封闭性保证了充型液流平稳，防止卷入氧化膜。充型液流自缝隙浇口的下部逐渐上移，造成了有利于顺序凝固和充分补缩的条件，为获得组织致密的铸件创造了条件。与阶梯式一样，浇注系统消耗的液态合金较多，但冒口体积可以减小；造型和浇道切割费工费事。

垂直缝隙式浇注系统多用于小型的、质量要求高的各种有色合金铸件及铸钢件，也适用于较高的铸铁实体件和垂直分型铸件。

选择浇注系统类型时，应根据各种类型浇注系统的特点，综合考虑多种因素：（1）浇注位置和分型面；（2）铸造合金性质（氧化性、流动性、收缩性）；（3）铸件结构尺寸（高度、壁厚）；（4）浇注系统结构复杂程度（影响造型和清理）。

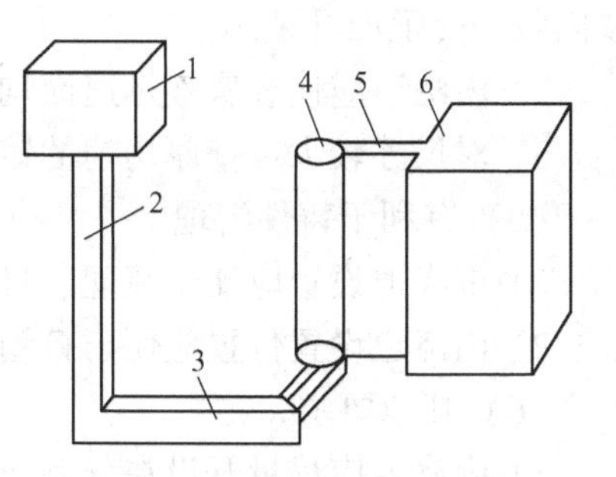

图 3-13 垂直缝隙式浇注系统
1—浇口杯；2—直浇道；3—横浇道；4—中间直浇道；5—缝隙浇口；6—铸件

3.3.3 浇注系统引入位置的确定

浇注系统的引入位置影响到浇注系统结构类型的确定，同时对液态金属充型方式、铸型温度分布、铸件质量影响很大，因此，在浇注系统设计中，对于内浇道的引入位置，要给予充分的考虑。金属液引入位置的选择原则如下：

（1）有利于铸件凝固补缩。

1）要求同时凝固的铸件，内浇道应开设在铸件薄壁处，且要数量多，分散布置。

2）要求顺序凝固的铸件，内浇道应开设在铸件厚壁处。如设有冒口补缩，最好将冒口设在铸件与内浇道之间，使金属液经冒口引入型腔，以提高冒口的补缩效果。有时为避免铸件因温差过大产生较大的收缩应力，内浇道也可开设在铸件次厚壁处。

3）对于结构复杂的铸件，往往采用顺序凝固与同时凝固相结合的所谓“较弱顺序凝固”原则安排内浇道。

4）当铸件壁厚相差悬殊而又必须从薄壁处引入金属液时，则应同时使用冷铁加快厚壁处的凝固及加大冒口，浇注时采取点冒口等工艺措施，保证厚壁处的补缩。

（2）有利于改善铸件铸态组织和提高铸件外观质量。

1）内浇道不得开设在铸件质量要求高的部位，以防止内浇道附近组织粗大。对有耐压要求的管类铸件，内浇道通常开设在法兰处，以防止管壁处产生缩松。

2）内浇道不得开设在靠近冷铁或芯撑处，以免降低冷铁的作用或造成芯撑过早熔化。

3）最好将内浇道开设在铸件要求不高的加工面部位上，而不开设在铸件非加工面上，以免影响铸件外观质量。

（3）有利于金属液平稳地充满铸型。

1）内浇道应避免直冲砂芯、型壁或型腔中其他薄弱部位（如凸台、吊砂等），防止造成冲砂。

2）内浇道应使金属液沿型壁注入，不要使金属液溅落在型壁表面上或使铸型局部过热。

3）内浇道的开设应有利于充型平稳、排气和除渣。从各个内浇道流入型腔中的液体流向应力求一致，避免因流向混乱而不利于渣、气的排除。

（4）有利于减少铸件收缩应力和防止裂纹。

1）对收缩倾向大的合金，内浇道的设置应不阻碍铸件收缩，避免铸件产生较大应力或因收缩受阻而开裂。

2）内浇道应使金属液迅速而均匀地充满型腔，避免铸件各部分温差过大。

3）对尺寸较大、壁厚均匀的铸件，应采用较多的内浇道分散均匀地充型。

（5）有利于铸件清理。

1）内浇道设置应便于清理、打磨和去除浇注系统，不影响铸件的使用和外观要求。

2）内浇道设置位置应便于打箱和铸件清砂。

（6）其他要求。

1）内浇道应尽量开设在分型面上，便于造型操作。

2）在满足浇注要求的前提下，应尽量减少浇注系统的金属消耗，并使砂箱的尺寸尽可能小，以减少型砂和金属液的消耗。

3）内浇道与铸件接口处的横截面厚度一般应小于铸件壁厚的1/2，至多不超过2/3。用封闭式浇注系统时，内浇道的纵截面最好离接口处呈"远厚近薄"状态。在接口处可做出断口槽，以防止清理时造成铸件缺肉。内浇道与铸件连接形式如图3-14所示。

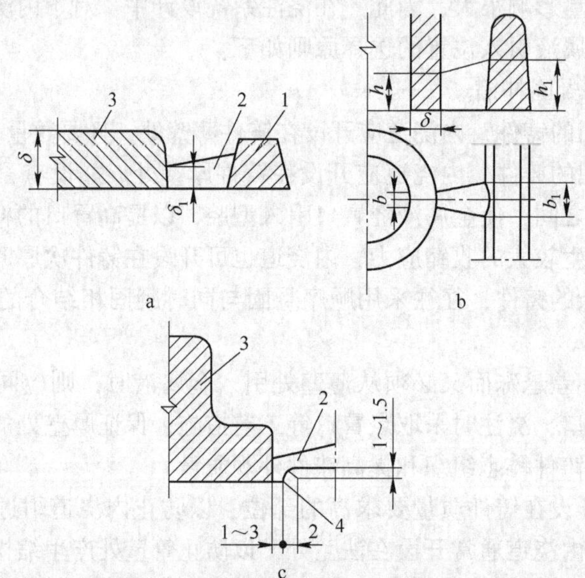

图3-14　内浇道与铸件的连接形式

a—$\delta_1 <$（1/2~2/3）δ；b—$h < h_1$，$b < b_1$；c—可锻铸铁用断口槽

1—横浇道；2—内浇道；3—铸件；4—断口

4）引入位置应有利于充型过程的可控制，避免自由重力流动造成充型过程的随机性。

上述金属液引入位置选择的方法在实际中有时出现冲突和矛盾。因此，在具体设计浇注系统时，应根据具体情况综合分析，灵活应用。

3.4　计算浇注系统阻流断面积的水力学公式

把浇注系统视为充满流动金属液的管道，是用水力学原理计算浇注系统阻流（最小）截面积的基础。

3.4.1 计算模型

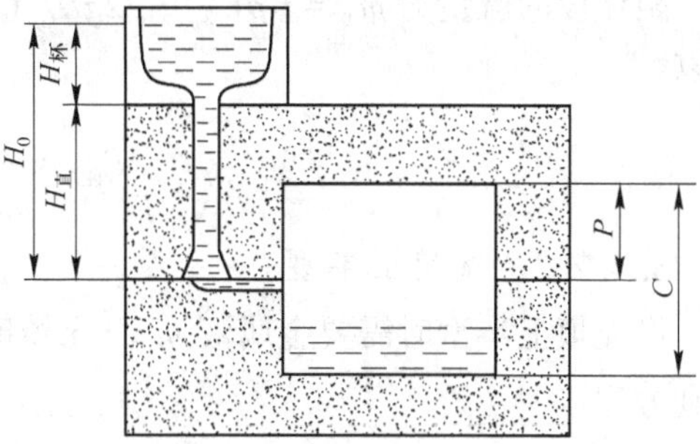

图3-15为计算浇注系统阻流截面积的计算模型，图中的 C 为型腔高度（也就是浇注位置的铸件高度），P 为内浇道平面到型腔顶面的距离（这里等于上型腔高度），$H_{直}$ 为直浇道高度，$H_{杯}$ 为浇口杯高度，H_0 为内浇道出口的金属液充型压力头。

图3-15　浇注系统阻流截面积计算模型

推导计算浇注系统阻流断面积的水力学公式，要假设以下条件：

（1）金属液在浇注系统中的流动为稳定流动，且体积不可压缩，流量沿程不变；

（2）流动过程中，只考虑重力加速度 g 的影响；

（3）浇注系统中的金属液为充满流动，即要求为封闭式浇注系统，或金属液已淹没内浇道的非封闭式浇注系统；

（4）浇口杯金属液面保持不变；

（5）型腔内压力与外界相同，即砂型透气性要好，有排气孔。

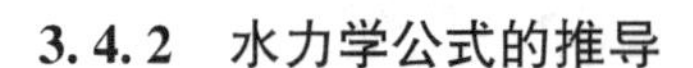

3.4.2 水力学公式的推导

3.4.2.1　充填下半型

设充填下半型时需要金属液 m_1，充填时间为 t_1。以浇口杯液面和内浇道出口建立伯努利方程（能量方程）：

$$H_0 + \frac{P_{杯}}{\rho} + \frac{V_{杯}^2}{2g} = 0 + \frac{P_{腔}}{\rho} + \frac{V_{内}^2}{2g} + \sum h_i$$

因为

$$V_{杯} = 0,\ P_{杯} \approx P_{腔},\ h_i = \xi_i \frac{V_i^2}{2g}$$

式中　h_i ——浇注系统中某段的压头损失；

　　　ξ_i ——浇注系统中某段的压头损失系数。

整理上式得

$$H_0 = \frac{V_{内}^2}{2g}\left(1 + \sum \xi_i\right)$$

所以

$$V_{内} = \frac{1}{\sqrt{1 + \sum \xi_i}}\sqrt{2gH_0} = \mu\sqrt{2gH_0}$$

式中　μ ——流量系数。

因为

$$F_{内} = F_{阻}$$

根据连续性方程有

$$V_{内} = V_{阻}$$

阻流段的流量为 $m_1 = t_1 \rho F_{阻} \mu \sqrt{2gH_0}$（流量=时间×流速×截面积）

所以

$$F_{阻} = \frac{m_1}{\rho \mu t_1 \sqrt{2gH_0}}$$

3.4.2.2 充填上半型

设充填上半型时需要金属液 m_2，充填时间为 t_2。以浇口杯液面和内浇道出口建立伯努利方程：

$$H_0 + \frac{P_{杯}}{\rho} + \frac{V_{杯}^2}{2g} = 0 + \frac{P_{内}}{\rho} + \frac{V_{内}^2}{2g} + \sum h_i + \sum h_j$$

因为 $V_{杯}=0,\ P_{杯} \approx P_{腔},\ P_{内} = P_{腔} + \rho h',\ h_j = \xi_j \frac{V_j^2}{2g}$

式中 h' ——型腔中液面到内浇道平面的距离；

h_j ——型腔中某段的压头损失；

ξ_j ——型腔中某段的压头损失系数。

整理上式得

$$H_0 - h' = \frac{V_{内}^2}{2g}\left(1 + \sum \xi_i + \sum \xi_j\right)$$

所以

$$V_{内} = \frac{1}{\sqrt{1 + \sum \xi_i + \sum \xi_j}} \sqrt{2g(H_0 - h')} = \mu' \sqrt{2gH_{均}}$$

阻流段的流量为 $m_2 = t_2 \rho F_{阻} \mu' \sqrt{2gH_{均}}$，所以

$$F_{阻} = \frac{m_2}{\rho \mu' t_2 \sqrt{2gH_{均}}}$$

式中，$H_{均}$为充型平均静压头。

3.4.2.3 通式

实际应用时都不分上下型，而使用通式：

$$F_{阻} = \frac{m}{\rho \mu t \sqrt{2gH_{均}}} \tag{3-2}$$

式中 $F_{阻}$——浇注系统阻流段的截面积，也就是内浇道的截面形状，cm^2；

m——充填铸型所需金属液总质量，kg；

t ——金属液充填铸型的时间，即浇注时间，s；

ρ ——金属液密度，kg/cm^3；

μ ——流量系数；

g——重力加速度，$g = 981 cm/s^2$；

$H_{均}$——充型平均静压头，cm。

式（3-2）就是著名的奥赞（Osann）公式，是浇注系统计算的基本公式。

3.4.3 公式中相关参数的确定

3.4.3.1 充型平均静压头 $H_{均}$

A 按系统做功相同

假设：（1）金属液从浇口杯液面至流出阻流段所作的功，可用总重量 G、重力加速度 g 和平均计算压力头 $H_{均}$ 的连乘积来表示，即等于 $GgH_{均}$；（2）铸件（型腔）的横截面积沿高度方向不变。

则有：

$$H_{均} = H_0 - \frac{P^2}{2C} \tag{3-3}$$

对于底注式浇注系统，因为 $P=C$，所以 $H_{均}=H_0-P/2$；

对于顶注式浇注系统，因为 $P=0$，所以 $H_{均}=H_0$。

利用该式计算充型平均静压头，其主要优点是计算简单方便。存在的问题是：在推导公式过程中引入的两个假定条件，假定（1）缺乏科学逻辑上的严密性，而假定（2）对于沿高度为非等截面的铸件，与实际情况不符。这都会带来计算误差。

B 按系统浇注时间相同

根据实际系统与计算系统浇注时间相等来确定充型平均静压头，得出：

$$H_{均} = \frac{H_0 C^2}{\left[C - P + 2H_0\left(1 - \sqrt{1 - \frac{P}{H_0}}\right)\right]^2} \tag{3-4}$$

3.4.3.2 浇注时间 t

浇注时间与铸件结构、材质、铸型条件、浇注温度等因素有关，每一个铸件都有一个合理的浇注时间与其对应。浇注时间对铸件质量有重要影响，应根据铸件结构、合金和铸型等方面的特点来选择快浇、慢浇或正常速度浇注。

（1）快浇的特点和适用条件：快浇时，金属液的温度和流动性降低幅度小，易充满型腔，减少皮下气孔倾向，充型期间对砂型上表面的热作用时间短，可减少夹砂结疤类缺陷。对灰铸铁、球墨铸铁件，快浇可用共晶膨胀消除缩孔、缩松缺陷。但快浇时，金属液对型壁有较大的冲击作用，容易造成胀砂、冲砂、抬箱等缺陷；浇注系统的重量稍大，工艺出品率略低。快浇适用于薄壁的复杂铸件、铸型上半部分有薄壁的铸件、具有大平面的铸件、铸件表皮易生成氧化膜的合金铸件、采用底注式浇注系统而铸件顶部又有冒口的铸件及各种中大型灰铸铁件、球墨铸铁件。

（2）慢浇的特点和适用条件：慢浇时，金属液对型壁的冲刷作用轻，可防止胀砂、抬箱、冲砂等缺陷，有利于型内、芯内气体的排除。对体收缩大的合金，当采用顶注式或内浇道通过冒口时，慢浇可减小冒口，浇注系统消耗金属少。但慢浇时，浇注期间金属液对型腔上表面烘烤时间长，容易产生夹砂结疤和黏砂类缺陷。金属液温度和流动性降低幅度大，易出现冷隔、浇不足及铸件表皮皱纹。慢浇还常降低造型流水线的生产率。慢浇适用于有高砂胎或吊砂的湿型；型内砂芯多、砂芯大而芯头小或砂芯排气条件差的情况下铸件；采用顶注式的体收缩大的合金铸件。

由于近年来普遍认识到快浇对铸件的益处，因此浇注时间比过去普遍缩短，特别是灰铸铁和球墨铸铁件更是如此。

确定浇注时间 t 一般依据各种经验公式与图表，无完善的计算公式。这些经验公式可分为四类：

1）$t=f(m)$（m 为铸件重量）

2）$t=f(\delta)$（δ 为铸件壁厚）

3）$t=f(m, \delta)$

4）$t=f(m, \delta$，其他因素)

例如 $t=\varepsilon(1.41+0.0685\delta)\sqrt{m}$ 就是考虑多种因素的经验公式。

在生产实践中总结出的常用经验公式有：

（1）铸件重量≤450kg 的薄壁复杂铸铁件，浇注时间 t(s) 计算公式为：

$$t=S\sqrt{m} \tag{3-5}$$

式中 m——铸型内的金属总重量（kg），包括铸件和浇冒口重量；

S——与铸件材质和壁厚有关的系数，取值见表 3-6、表 3-7。

表 3-6 铸铁件的壁厚与 S 值

铸铁件壁厚 δ/mm	2.5~3.5	3.5~8.0	8.0~15
系数 S	1.63	1.85	2.20

表 3-7 球墨铸铁件的大小与 S 值

球墨铸铁件大小	小件	中件（≈300kg）	大件
系数 S	1.5	1.0	0.65

对于铸钢件，也可按上述公式计算浇注时间，这时的系数 S 按表 3-8 选取。

表 3-8 铸钢件的 S 值

铸件结构与大小	形状复杂的薄壁铸件	形状简单的铸件	1~10t 的大铸件
系数 S	0.5	0.75	0.8~1.2

（2）铸件重量在 100~10000kg 的中大件，浇注时间 t(s) 计算公式为：

$$t=S_1\sqrt[3]{\delta m} \tag{3-6}$$

式中 m——铸型内的金属总重量（kg），包括铸件和浇冒口重量；

δ——铸件平均壁厚（mm），对于宽度大于厚度 4 倍的铸件可取铸件壁厚，对于圆形铸件可取直径或边长的一半，对于形状复杂铸件取重要部分的壁厚；

S_1——经验系数，铸铁件一般情况下取 2，流动性差需要快浇时取 1.7~1.9，薄壁件取 1.3~1.5，铸钢件取 1.2~1.4。

（3）重型铸铁件，浇注时间 t(s) 计算公式为：

$$t=S_2\sqrt{m} \tag{3-7}$$

式中 m——铸型内的金属总重量（kg），包括铸件和浇冒口重量；

S_2——与铸件壁厚有关的经验系数，铸件壁厚<10mm 时取 1.1，壁厚 10~20mm 时取 1.4，壁厚 20~40mm 时取 1.7，壁厚 40~80mm 时取 1.9。

需要注意，浇注时间计算公式中给出的经验系数，是研究者和现场工程技术人员在各自的试验或生产条件下得到的，并不完全适合所有的工厂条件。

3.4.3.3 流量系数μ

流量系数通常是指阻流截面的流量系数。流量系数与浇注系统中各部分的阻力及型腔内流动阻力大小有关，凡是与此有关联的因素，如浇注系统的结构、尺寸和浇口比，铸件复杂程度，铸型条件、合金特性、浇注温度等都对流量系数的值有影响。因此，准确地确定流量系数是件困难的工作。而μ值的准确程度决定阻流截面的大小是否适用。为了确定μ，常用如下两种方法：

对重要的铸件或大量生产的铸件，可用水力模拟试验法，在实验室中测出流量系数；

对于一般铸件根据经验数据确定，其取值范围通常介于 0.3~0.7 之间，并根据其他条件进行修正。对于铸铁件和铸钢件的流量系数可参照表 3 9 确定，并按表 3-10 的情况进行修正。

表 3-9 铸件的流量系数μ值

铸件材质	铸型种类	铸型阻力		
		大	中	小
铸铁	湿型	0.35	0.42	0.50
	干型	0.41	0.48	0.60
铸钢	湿型	0.25	0.32	0.42
	干型	0.30	0.38	0.50

表 3-10 流量系数μ的修正值

影响μ值的因素	μ的修正值
每提高浇注温度 50℃（在大于 1280℃的情况下）	+0.05 以下
有出气口和明冒口，可减少型腔内气体压力，能使μ值增大，当 $(\sum F_{出气口}+\sum F_{明冒口})/\sum F_{阻}=1\sim1.5$ 时	+0.05~0.20
直浇道和横浇道的截面积比内浇道大得多时，可减小阻力损失，并缩短封闭前的时间，使μ值增大，当 $F_{直}/F_{内}>1.6$，$F_{横}/F_{内}>1.3$ 时	+0.05~0.20
浇注系统中在狭小截面之后截面有较大的扩大，阻力减少，μ值增加	+0.05~0.20
内浇道总截面积相同而数量增多时，阻力增大，μ值减小，2 个内浇道时 4 个内浇道时	−0.05 −0.10

续表 3-10

影响μ值的因素	μ的修正值
型砂透气性差且无出气孔和明冒口时，μ值减小	-0.05 以下
顶注式（相对于中注入式）能使μ值增大	+0.10~0.20
底注式（相对于中注入式）能使μ值减小	-0.10~0.20

注：封闭式浇注系统中μ的最大值为 0.75，如计算结果大于此值，仍取 0.75。

3.4.3.4　浇注金属液重量 m

在奥赞公式中的重量，一般应包括铸件重量和浇冒口重量。而在进行浇冒口设计之前这个重量是未知的，所以一般采用经验公式：

$$m = \alpha m_{件} \tag{3-8}$$

式中　α——重量系数，与铸件材质、重量、生产批量及浇冒口形式等有关。

如果铸件重量很大，则计算铸件重量时，应包括型腔扩大量——由于各种原因引起的增重。原因有：木模壁厚偏差，起模时扩砂量，铸型及砂芯干燥过程中的尺寸变化，合箱偏差及浇注时的胀砂等。增重因铸件大小及铸型等工艺条件而异，一般为 3%~7%。考虑铸件增重，不仅使浇注系统计算精确，更重要的是提供了浇注时所需要的金属量。

3.4.4　利用奥赞公式计算浇注系统存在的问题

在推导奥赞公式的过程中，忽略了从包嘴至浇口杯之间的金属液下落动能的影响。这部分影响有时相当大，特别是浇注高度大，而又采用漏斗形浇口杯的情况下。下落动能的一部分，作为流股进入浇口杯液面的阻力损失而转换为热能，而另外一部分动能则作为充型的动力而强化了充型过程使流量增大。最终，会使计算结果和实测结果存在一定的误差。

另外，液态金属在砂型中流动是一个非常复杂的问题，特点有：(1) 型壁的多孔性、透气性和合金液的不相润湿性，给金属液的运动以特殊边界条件。当金属液流内任一截面上各点的压力 P 均大于型壁处的气体压力 P_0时，则呈充满流动；当 P 等于 P_0时，开始呈非充满流动。(2) 金属液和铸型之间有着激烈的热作用、机械作用和化学作用。(3) 浇注过程是不稳定流动过程。(4) 金属液在浇注系统中呈紊流状态。(5) 多相流动。一般金属液总含有某些固相杂质、液相夹杂和气泡，在充型过程中还可能析出晶粒及气体。显然，在推导奥赞公式的过程中，忽略了上述各项的影响，即没有考虑金属液与铸型的相互作用，且把金属液视为单相流体，流动过程为稳定流动。

只要金属液冶金质量合格，浇注温度合理，就能保证金属液和铸型不相润湿、运动黏度比 20℃的水还要低。在充填下半型腔时，近似视为稳定流动过程。公式中的流量系数μ会考虑到一些金属液本身的流动特性及其砂型孔隙对它的影响。经过上述假定、简化和处理，使很复杂的浇注问题能够利用奥赞公式来解决。迄今为止，奥赞公式仍然是各国铸造工作者计算浇注系统的基本公式。

3.4.5　大孔出流理论

针对浇注系统充型过程的研究表明：在砂型透气、浇注系统各单元截面积相近、流向转折急剧的条件下，基于理想流体封闭管路流动的水力学奥赞公式计算的浇注系统误差较大。浇注系统中的金属液流动实质上是“大孔出流”，即

(1) 浇注系统各单元的流速取决于该单元与其上一单元的侧压力高度差。

(2) 各单元的流动侧压力高度取决于浇注系统的单元间截面比和浇注系统总压力高度（静压力高度或几何高度）。

(3) 浇注系统的充型流动是一个各单元相互作用的流体系统，不能孤立研究某一单元（如阻流截面）的流动而忽略其他单元的影响。

大孔出流理论是根据预定的浇口比，计算出内浇道单元处的压力高度值 h_p，用该压力高度 h_p 代替奥赞公式中的充型平均静压头 $H_{均}$，计算出内浇道的截面积。

设 F_1、F_2、F_3 分别为直浇道、横浇道和内浇道的截面积，μ_1、μ_2、μ_3 分别为直浇道、横浇道和内浇道的流量系数，则有

$$k_1 = \frac{\mu_1 F_1}{\mu_2 F_2}, \qquad k_2 = \frac{\mu_1 F_1}{\mu_3 F_3}$$

对于具有浇口杯、直浇道、内浇道部分的 3 单元浇注系统

$$h_p = \frac{k_2^2}{1 + k_2^2}\left(H_0 - \frac{P^2}{2C}\right) \tag{3-9}$$

对于具有浇口杯、直浇道、横浇道、内浇道部分的 4 单元浇注系统

$$h_p = \frac{k_2^2}{1 + k_1^2 + k_2^2}\left(H_0 - \frac{P^2}{2C}\right) \tag{3-10}$$

这样，内浇道的截面积为

$$F_{内} = \frac{m}{\rho\mu t\sqrt{2gh_p}} \tag{3-11}$$

3.5 浇注系统的设计与计算

3.5.1 铸铁件

3.5.1.1 设计浇注系统的步骤

通常在确定铸造工艺方案的基础上设计浇注系统。大致步骤为：

(1) 选择浇注系统类型。根据铸件的材质、结构特点、重量、尺寸大小和性能要求，结合各种浇注系统类型的特点，确定浇注系统类型。

(2) 确定内浇道在铸件上的位置、数目和金属引入方向。内浇道在铸件上的位置和数目的确定应服从所选定的凝固顺序或补缩方法，按 3.3.3 节的要求进行。内浇道的金属液流向应力求一致，防止金属液在型内碰撞，流向混乱而出现过度紊流。应避免流入型腔时的喷射现象和飞溅，使充型平稳。内浇道的开口方向不要冲着细小砂芯、型壁、冷铁和芯撑，必要时采用切线引入。

(3) 确定直浇道位置和高度。直浇道位置应使浇注系统与铸件的分布合理、紧凑。

对于机械化生产线上的造型机，直浇道有几个固定的位置供选择，这时要根据模板上铸件的数量和布置情况来确定使用某一规定的位置。

直浇道的位置多设在横、内浇道的对称中心点上，以使金属液流程最短，流量分布均匀。直浇道距离第一个内浇道应有足够的距离。

实践表明，直浇道过低使充型及液态补缩压力不足，易出现铸件棱角和轮廓不清晰、浇不足、上表面缩凹等缺陷。直浇道高度一般等于上砂箱高度，但应检验该高度是否足够。直浇道的剩余压力角应大于表 3-11 中的数值，或者，剩余压力头应满足式（3-12）的要求

$$H_{\mathrm{M}} \geqslant L\tan\alpha \tag{3-12}$$

式中　H_{M}——最小剩余压头；

L——直浇道中心线到铸件最高且最远部位的水平投影距离；

α——压力角，其大小按表 3-11 中的要求而定。

表 3-11　压力角 α 的最小值

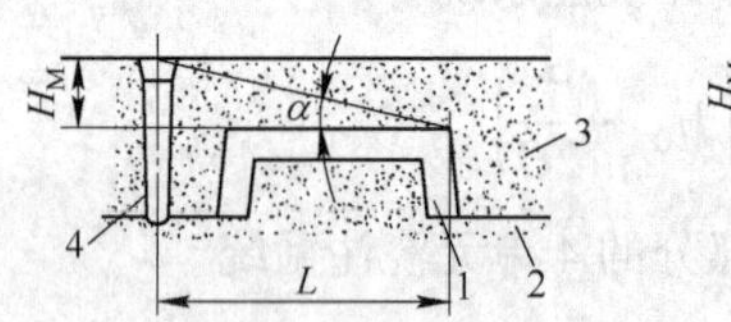

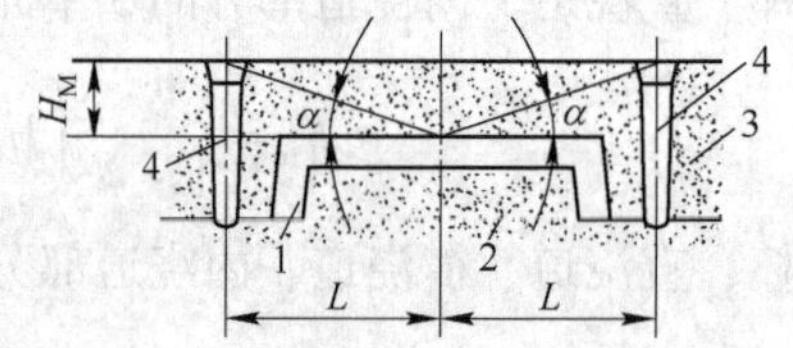

1—铸件；2—下砂型；3—上砂型；4—直浇道

L/mm	铸件壁厚/mm							使用范围
	3~5	5~8	8~15	15~20	20~25	25~35	35~45	
	压力角 α/(°)							
4000	根据具体情况确定	6~7	5~6	5~6	5~6	4~5	4~5	用两个或更多的直浇道浇注金属液
3500		6~7	5~6	5~6	5~6	4~5	4~5	
3000		6~7	6~7	5~6	5~6	4~5	4~5	
2800		6~7	6~7	6~7	6~7	5~6	4~5	
2600		7~8	6~7	6~7	6~7	5~6	4~5	
2400		7~8	6~7	6~7	6~7	5~6	5~6	
2200		8~9	7~8	6~7	6~7	5~6	5~6	
2000		8~9	7~8	6~7	6~7	5~6	5~6	用一个直浇道浇注金属液
1800		8~9	7~8	7~8	7~8	6~7	6~7	
1600		8~9	8~9	7~8	7~8	6~7	6~7	
1400		8~9	8~9	7~8	7~8	6~7	6~7	
1200	10~11	9~10	8~9	7~8	7~8	6~7	6~7	
1000	11~12	9~10	9~10	7~8	7~8	6~7	6~7	
800	12~13	9~10	9~10	8~9	7~8	7~8	6~7	
600	13~14	10~11	9~10	9~10	8~9	7~8	6~7	

注：左图表示用一个直浇道浇注，右图表示用两个直浇道浇注。

一般都将直浇道高度取为上砂箱高度，如果剩余压头不足，可使用浇口杯来补充，这样会减小砂铁比。

（4）计算浇注时间并核算型内金属液面上升速度。根据铸件的材质、重量、壁厚等条件，选择合适的经验公式或图表，确定浇注时间。浇注时间确定之后，要核算型内金属液面的上升速度 $v_{升}$

$$v_{升}=\frac{铸件(或某段)高度C}{t}$$

理论上，$v_{升min}$ 为防止产生浇不足、冷隔、夹砂结疤等缺陷的液面临界上升速度，$v_{升max}$ 为保证型内排气和防止过度紊流的液面临界上升速度。这两个值按经验查表选取。表 3-12 列出了型内金属液面最小上升速度与铸件壁厚的关系。

要求

$$v_{升min}\leqslant v_{升}\leqslant v_{升max}$$

即

$$\frac{C}{v_{升min}}\geqslant t\geqslant\frac{C}{v_{升max}}$$

应当指出，重要的是核算铸件最大横截面处的型内金属液面上升速度。当不满足要求时，则要改变浇注时间 t 或浇注位置（也就是铸件高度 C）。

表 3-12　型内金属液面最小上升速度与铸件壁厚的关系

铸件壁厚 δ/mm	$v_{升}$/cm · s^{-1}
δ>40，水平位置浇注	0.8~1.0
δ>40，上箱为大平面	2.0~3.0
>10~40	1.0~2.0
>4~10	2.0~3.0
1.5~4	3~10

（5）确定阻流段截面积 $F_{阻}$。浇注系统阻流段截面积可通过计算法和查表法确定。计算法是利用奥赞公式（式（3-2））、大孔出流公式（式（3-11））和浇注比速来计算得出 $F_{阻}$；图表法是用索伯列夫图表、诺莫图或一些经验数据表来确定 $F_{阻}$。

（6）确定浇口比并计算各组元截面积。浇注系统中主要组元的截面积比称为浇口比，一般按经验查表选取（见表 3-13）。

表 3-13　浇注系统的浇口比及其应用

截面比例			应　用
$F_{直}$	$F_{横}$	$F_{内}$	
2	1.5	1	大型灰铸铁件砂型铸造
1.4	1.2	1	中、大型灰铸铁件砂型铸造
1.15	1.1	1	中、小型灰铸铁件砂型铸造
1.11	1.06	1	薄壁灰铸铁件砂型铸造
1.5	1.1	1	可锻铸铁件

续表 3-13

截面比例			应　用
$F_直$	$F_横$	$F_内$	
1.1~1.2	1.3~1.5	1	表面干燥型中、小型铸铁件
1.2	1.4	1	表面干燥型重型机械铸铁件
1	2~4	1.5~4	球墨铸铁件
1	2	4	铝合金、镁合金铸件
1.2~3	4.2~2	1	青铜合金铸件
1	1~2	1~2	铸钢件漏包浇注
1.5	0.8~1	1	薄壁球墨铸铁小件底注式

浇口比确定后，根据计算或查表得出的浇注系统阻流段截面积计算出其他组元的截面积。

(7) 确定组元形状，绘出浇注系统图形。浇注系统各组元常用的截面形状为圆形(包括半圆和圆缺)、梯形（有正梯形、高梯形和扁梯形)。通常直浇道的截面为圆形，横浇道的截面为正梯形、高梯形和圆形，内浇道的截面为正梯形、扁梯形、半圆形和圆缺形。对于使用耐火砖管形成浇注系统的中大型铸件，其组元截面均为圆形。

浇注系统截面形状确定后，要根据截面积计算截面形状的具体尺寸，并绘制如图 3-16 所示的相应组元的截面图形。对于含有多个横浇道和内浇道的浇注系统，要注意组元截面积的分配。

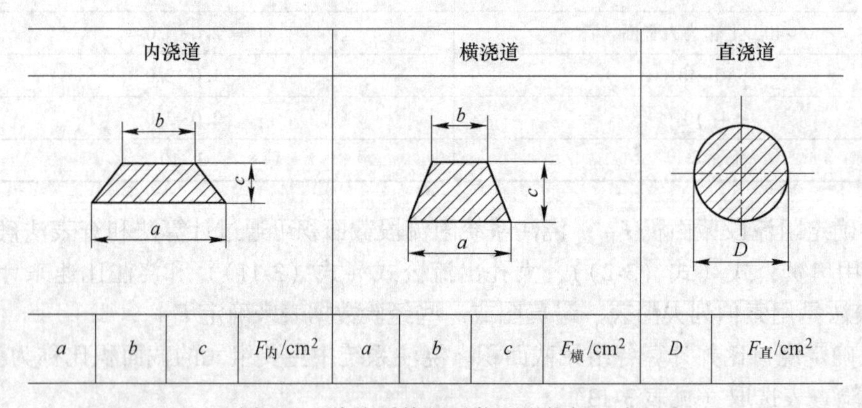

图 3-16　浇注系统组元截面形状与尺寸

3.5.1.2　灰铸铁件的浇注系统

灰铸铁件浇注系统的尺寸可通过计算法和图表法确定。

A　用计算法确定浇注系统尺寸

a　奥赞公式

计算浇注系统，主要是确定最小断面积（阻流断面），然后按浇口比确定其他组元的截面积。以伯努利方程为基础推导的奥赞公式换算成铸铁件浇注系统的近似计算公式如下：

$$F_{内}=\frac{m}{0.31\mu t\sqrt{H_{均}}} \tag{3-13}$$

式中 $F_{内}$——内浇道截面的总面积，cm^2；

m——充填铸型所需金属液的总重量，N；

t——浇注时间，s；

μ——流量系数；

$H_{均}$——充型平均静压力头，cm。

m 值可通过估算、计算、称量的方法得到，t、μ、$H_{均}$按 2.3.4 节叙述的方法选取。

以上数值确定后，即可计算出浇注系统中的内浇道截面积，然后根据所选浇注系统的类型和浇口比，确定其他组元的截面面积和尺寸。经过计算所求得的浇注系统各组元的尺寸，还必须经过生产验证。生产中最小内浇道的截面积为 $0.4cm^2$（特殊情况可为 $0.3cm^2$），直浇道最小直径一般不小于 15mm。

设计实例：一中等复杂程度的铸件，材质为 HT150，铸件毛重 125kg，平均壁厚 18mm。使用湿型黏土砂造型，采用中注封闭式浇注系统，浇注位置的型腔高度为 30cm，上型腔高度为 10cm，浇注系统高度为 20cm。下面用奥赞公式计算该浇注系统的内浇道总截面积。

首先按式（3-6）确定浇注时间 t：已知 $m=125kg$，$\delta=18mm$，S_1 取 2，则

$$t=S_1\sqrt[3]{\delta m}=2\times\sqrt[3]{18\times 125}=26s$$

校核金属液面上升速度：已知 $C=30cm$，则

$$v_{升}=\frac{C}{t}=\frac{30}{26}=1.15cm/s$$

查表 3-12 的金属液面上升速度允许值为 1.0~2.0cm/s，在许可范围。

计算充型平均静压头 $H_{均}$：已知 $H_0=20cm$，$P=10cm$，$C=30cm$，则有

$$H_{均}=H_0-\frac{P^2}{2C}=20-\frac{10^2}{2\times 30}=18.3cm$$

计算内浇道总截面积：按表 3-9 取流量系数 $\mu=0.42$，浇注金属液质量 $m=125\times1.1=137.5kg$，由于是封闭式浇注系统，按式（3-13）计算得

$$F_{内}=\frac{m}{0.31\mu t\sqrt{H_{均}}}=\frac{137.5}{0.31\times0.42\times26\times\sqrt{18.3}}=9.5cm^2$$

所以，该铸件浇注系统内浇道的总截面积为 $9.5cm^2$。

b 大孔出流公式

根据大孔出流公式（式（3-11））计算出内浇道的截面积，然后根据所选浇注系统的类型和浇口比，确定其他组元的截面面积和尺寸。

设计实例：图 3-17 为某 E06 飞轮铸件实体图，该铸件材质为 HT250，零件重量 17.7kg，铸件重量 19.5kg，轮廓尺寸 ϕ315，平均模数 12.4。技术要求本体抗拉强度 $\sigma_b\geqslant$ 250MPa，本体硬度 190~240HBS。使用静压造型机黏土砂造型，砂箱最大轮廓尺寸 900 × 800 × 200/200，一箱布置 4 个件。

选择中注半封闭缓流式浇注系统，金属液通过冒口引入。浇口比为 $F_{直}:F_{横}:F_{内}=$

1.1∶1.5∶1.0。

图 3-17 E06 飞轮

浇注的金属液质量：

$$m = 19.5 \times 4 \times 130\% = 101.4\text{kg}$$

浇注时间 t 按经验公式得

$$t = S\sqrt{m} = 1.6\sqrt{101.4} = 16.1\text{s}$$

流量系数 μ 取 0.5，铸型结构参数：$H_0 = 20\text{cm}$，$C = 7.1\text{cm}$，$P = 2.725\text{cm}$。

对于杯直横内四单元浇注系统，设 F_1、F_2、F_3 分别为直浇道、横浇道和内浇道的截面积，μ_1、μ_2、μ_3 分别为直浇道、横浇道和内浇道的流量系数，则

$$k_1 = \frac{\mu_1 F_1}{\mu_2 F_2} = 0.73,\ k_2 = \frac{\mu_1 F_1}{\mu_3 F_3} = 1.1$$

k_1、k_2 分别为直横浇道和直内浇道的有效截面比。

内浇道单元压头：

$$h_{\text{p}} = \frac{k_2^2}{1 + k_1^2 + k_2^2}\left(H_0 - \frac{P^2}{2C}\right) = 8.59\text{cm}$$

内浇道总截面积 $F_{内}$：

$$F_{内} = \frac{m}{\rho\mu t\sqrt{2gh_{\text{p}}}} = \frac{101.4}{0.007 \times 0.5 \times 16.1 \times \sqrt{2 \times 981 \times 8.59}} = 13.86\text{cm}^2$$

各组元截面积：

$$F_{直} = 15.25\text{cm}^2,\ F_{横} = 20.79\text{cm}^2,\ F_{内} = 13.86\text{cm}^2$$

设计圆形直浇道 1 个，正梯形横浇道 2 个、内浇道 4 个，冒口连接横浇道和内浇道。得到直浇道尺寸：ϕ45mm，横浇道尺寸：28mm/32mm×34mm，内浇道尺寸：28mm/24mm×13mm。

c 浇注比速法

此法可用于各种合金，各类铸件的浇注系统计算，主要用在大型和重型铸件上。对于封闭式浇注系统，浇注比速即单位时间内通过阻流截面单位面积的金属液，其阻流面积 $F_{阻}(\text{cm}^2)$ 的计算公式为

$$F_{阻} = \frac{m}{t \cdot K \cdot L} \tag{3-14}$$

式中 $F_{阻}$——浇注系统中的最小截面的总面积，cm²；

m——充填铸型所需金属液的总质量，kg；

t——浇注时间，s；

L——金属液流动系数，对于铸铁，可取 1.0；

K——浇注比速，kg/(cm²·s)。

浇注比速 K 主要取决于铸件的相对密度 $K_{\text{v}}(\text{kg/dm}^3)$，而

$$K_{\text{v}} = \frac{m}{V} \tag{3-15}$$

式中，V 为铸件的轮廓体积（dm^3）。显然，K_v 值越大，说明铸件结构越简单。铸件壁越薄，K_v 值越小，则铸件结构越复杂。浇注比速 K 与 m 和 K_v 的关系如图 3-18 所示。

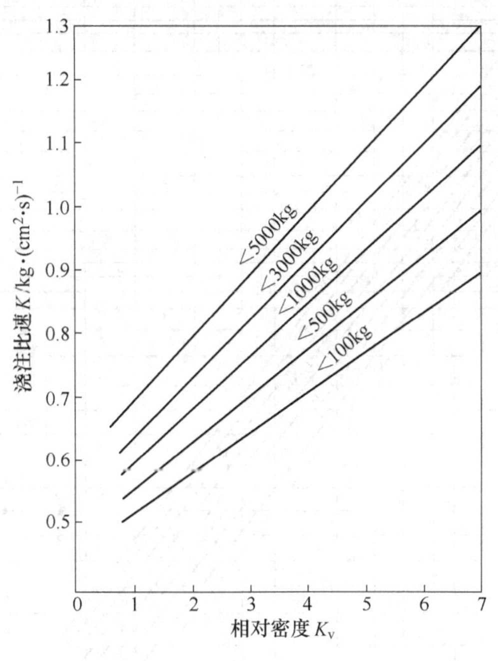

图 3-18　确定浇注比速的图表

当浇注壁厚 δ 小于 35mm 的简单平板铸件时，浇注比速 K 与 δ 的关系见表 3-14。

表 3-14　浇注比速与铸件壁厚的关系

平板厚度 δ /mm	< 10	10～15	15～25	25～30
浇注比速 K	0.6	0.7	0.8	0.9

B　用图表法确定浇注系统尺寸

浇注系统阻流断面尺寸的计算比较复杂，并含有许多经验数据，存在一定的局限性，生产中也可采用方便、直观的图表法。下面推荐几种生产中常用的图表，供参考。

a　索伯列夫图表

索伯列夫（K. A. Собпев）图表是根据水力学公式计算绘制的，如图 3-19 所示。图中铸件重量、壁厚、平均计算压头高度等均按水力学公式中所用方法确定，该图适用于一般机械制造类的大、中型铸铁件（重量大于 200kg）的湿型铸造。当用于干型时，须将查到的内浇道（或阻流截面）面积减少 15%～20%。

b　诺模图

由诺模图查阻流截面积，如图 3-20 所示。这是根据国内某些工厂在生产中应用的经验图表、拉宾诺维奇（Б. В. Рабинович）图线以及卡赛（S. I. Karsay）计算方法确定的，用于 5t 以下铸铁件浇注系统阻流截面的查算。

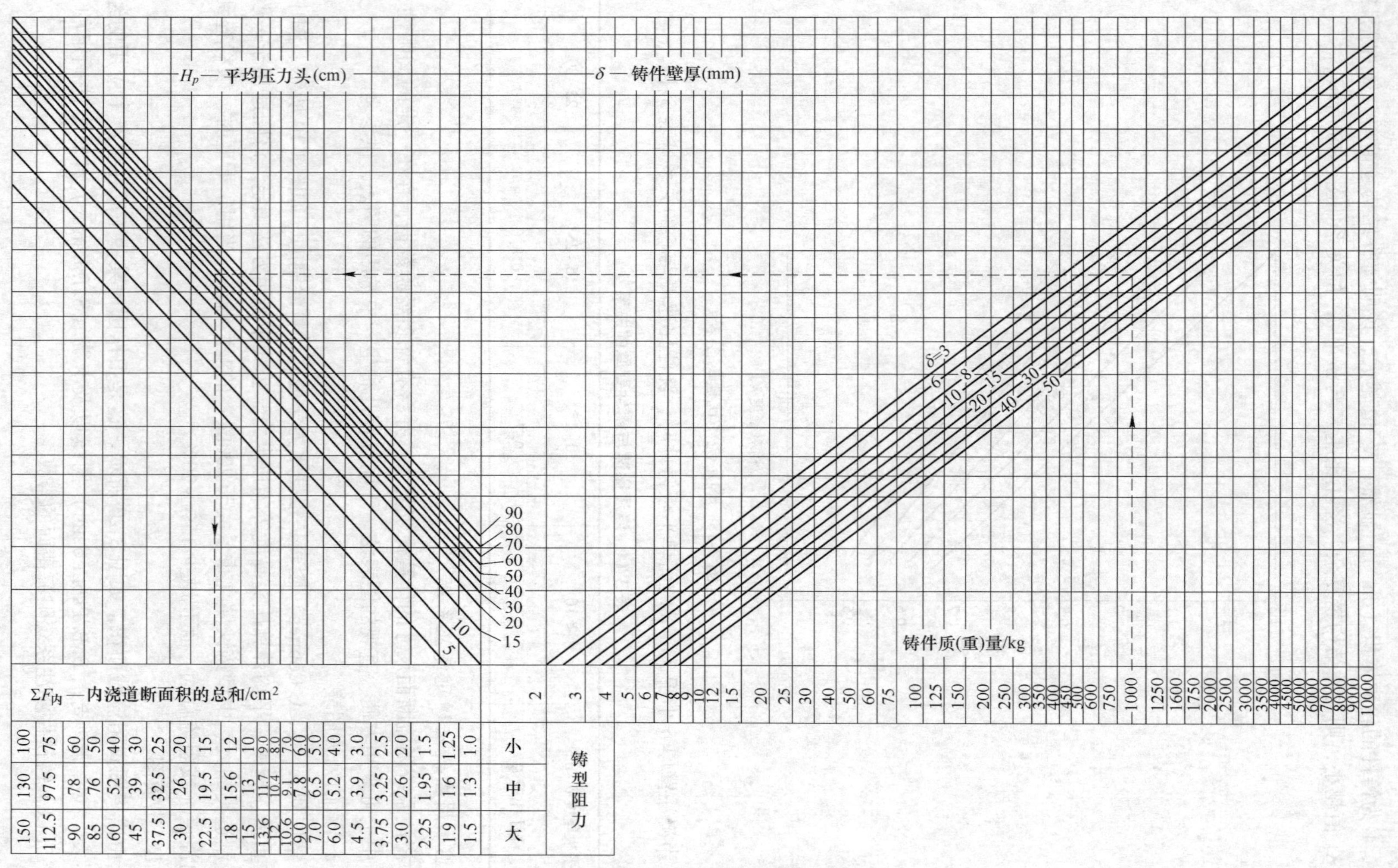

图3-19 内浇道查算的索伯列夫图表

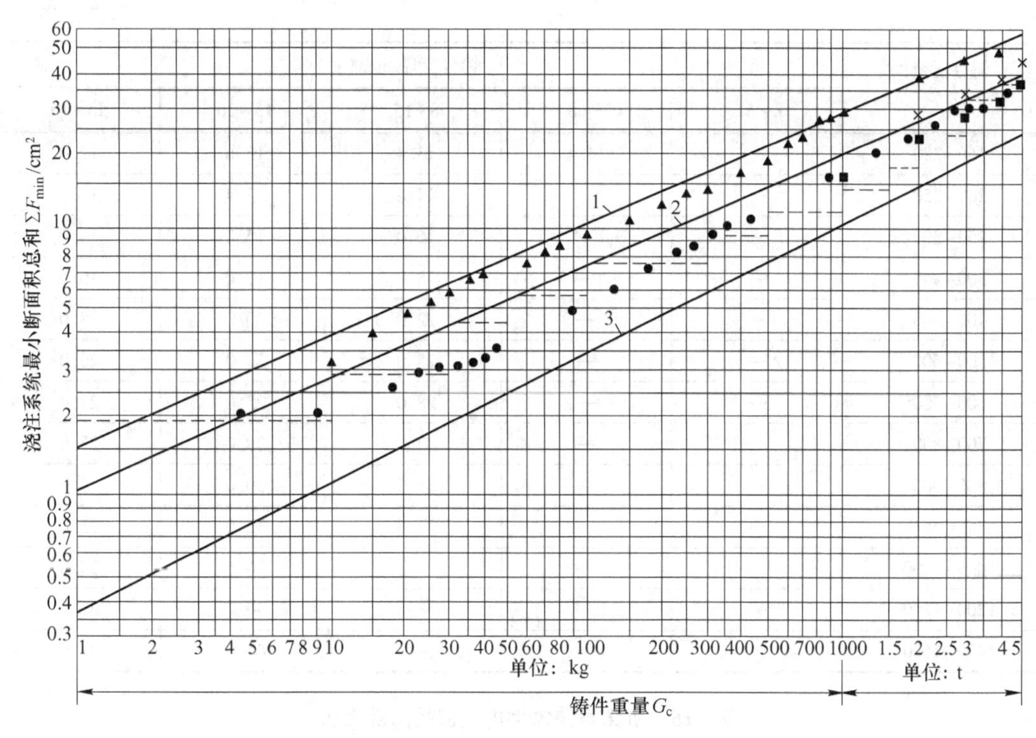

图 3-20　灰铸铁件内浇道查算的诺模图

——拉宾诺维奇；－－－—某柴油机厂；▲—某机械厂；●—卡赛；■—某地区（铸件壁厚 = 31～60mm）；×—某地区（铸件壁厚 = 16～30mm）

C　用经验数据确定浇注系统的尺寸

可以使用针对某类铸件的经验数据确定内浇道的截面积。表 3-15 是适用于一般灰铸铁件的经验数据，表 3-16 是机床类铸铁件的经验数据。

表 3-15　一般灰铸铁件内浇道的总截面积　（cm²）

铸件质量/kg	铸件壁厚/mm				
	<5	5～8	8～15	15～25	25～40
<1	0.6	0.6	0.4	0.4	0.4
1～3	0.8	0.8	0.6	0.6	0.6
3～5	1.6	1.6	1.2	1.2	1.0
5～10	2.0	1.8	1.6	1.6	1.2
10～15	2.6	2.4	2.0	2.0	1.8
15～20	4.0	3.6	3.2	3.0	2.8
20～30	4.4	4.0	3.4	3.2	3.0
30～40	5.0	4.8	4.4	4.0	3.6
40～60	7.2	6.8	6.4	6.0	5.8
60～100	—	8.8	8.4	8.0	7.8
100～150	—	11.0	10.0	9.4	9.0

续表 3-15

铸件质量/kg	铸件壁厚/mm				
	<5	5~8	8~15	15~25	25~40
150~200	—	14.4	13.4	12.6	12.0
200~250	—	—	14.0	13.4	13.0
250~300	—	—	16.0	15.0	14.0
300~400	—	—	18.0	17.0	16.0
400~500	—	—	22.0	20.0	18.0
500~600	—	—	25.0	23.0	20.0
600~700	—	—	28.0	25.0	22.0
700~800	—	—	32.0	28.0	23.0
800~900	—	—	34.0	30.0	24.0
900~1000	—	—	36.0	32.0	25.0
1000~1200	—	—	—	36.0	28.0
1200~1400	—	—	—	40.0	32.0
1400~1600	—	—	—	44.0	36.0

表 3-16 机床类铸铁件内浇道的总截面积

铸件质量/kg	铸件壁厚/mm				
	<5	5~10	10~15	15~25	25~40
	内浇道截面积/cm²				
<2	0.8	0.8	0.6	0.6	0.6
2~5	1.6	1.6	1.2	1.0	0.8
5~10	1.8	1.8	1.6	1.4	1.2
10~20	3.2	3.0	2.6	2.2	2.0
20~40	5.0	4.6	4.0	3.4	3.0
40~60	6.0	5.4	4.6	4.0	3.6
60~100		7.5	6.5	5.5	5.0
100~150		8.0	7.0	6.4	6.0
150~200		10.0	9.0	8.0	7.0
200~300			13.0	11.0	9.0
300~400			14.0	12.0	10.0
400~500			16.0	14.0	12.0
500~600			18.0	16.0	14.0
600~700			19.0	17.0	15.0
700~800			21.0	18.0	16.0
800~1000			23.0	19.0	17.0

续表 3-16

铸件质量/kg	铸件壁厚/mm				
	<5	5~10	10~15	15~25	25~40
	内浇道截面积/cm²				
1000~1500				24.0	22.0
1500~2000				27.0	25.0
2000~4000				37.0	34.0
4000~7000				45.0	40.0
7000~10000				60.0	50.0

注：常用浇口比为 $F_{直}:F_{横}:F_{内}=1.2:1.5:1$。

3.5.1.3 球墨铸铁件的浇注系统

球墨铸铁液经过球化、孕育处理后温度下降较多，要求浇注系统大流量地快速充型，所以球墨铸铁件的浇注系统断面积往往比灰铸铁的大 30%~100%。球墨铸铁易氧化，容易产生夹渣（包括二次氧化夹渣）和皮下气孔等缺陷，所以浇注系统应保证铁液充型平稳通畅又具有撇渣能力，为此，可采用开放式（用拔塞浇口杯、闸门浇口杯、滤网、集渣包等措施撇渣）或半封闭式浇注系统。球墨铸铁液态收缩大，且具有糊状凝固的特性，在铸件上形成缩孔的倾向性大，故多按定向凝固的原则设计浇注系统。当内浇道通过冒口浇入时，可用封闭式浇注系统，既有利挡渣充型较快又平稳。球墨铸铁件浇注系统各单元截面的比例关系可参考表 3-17 选用。

表 3-17 球墨铸铁件浇注系统各组元的截面积比

类 型	截面积比 $F_{内}:F_{横}:F_{直}$	应用范围
封闭式	1:(1.2~1.3):(1.4~1.9)	一般球墨铸铁件
开放式	1:(1.5~4):(2~4)	厚壁球墨铸铁件
半封闭式	1:(1.5~1.85):1.25	薄壁小型球墨铸铁件
	3:8:4	

浇注时间可按球墨铸铁件的相应经验公式确定，对于大件也可参照图 3-21 选择。

比较简便的方法是根据铸件质量，由经验数据确定球墨铸铁浇注系统各组元的尺寸：根据铸件质量按表 3-18 查出浇注系统各组元的截面积、编号及个数，再按编号由表 3-19 查出各浇道尺寸。

3.5.1.4 可锻铸铁件的浇注系统

可锻铸铁件多是薄壁的中、小型铸件，其碳、硅含量低，熔点高而流动性差，收缩量大，易产生缩孔、缩松、裂纹等缺陷。所以，对浇注系统的要求是快浇、利于补缩和撇渣。可锻铸铁件一般采用封闭式浇注系统，要求按定向凝固原则设计，常使用铁液通过冒口从厚壁处注入铸件（见图 3-22）。内浇道的截面积应小于冒口颈的截面积，冒口颈要短，一般为 5~10mm，这样可保证暗冒口只对铸件补缩。远离内浇道的热节，可使用冷铁或另加边冒口补缩。

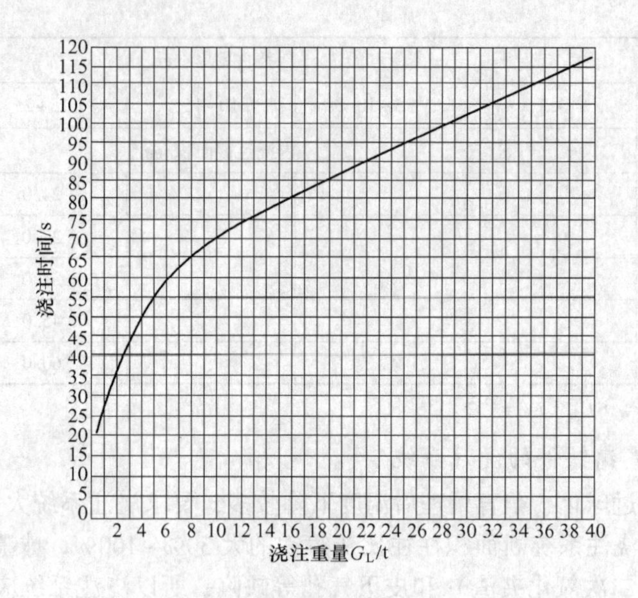

图 3-21 球墨铸铁大件的浇注时间

表 3-18 常用球墨铸铁件浇注系统数据

序号	铸件质(重)量 /kg	内浇道				横浇道		直浇道		
		编号	数目	单个截面积 /cm²	总截面积 /cm²	编号	截面积 /cm²	编号	直径 /mm	截面积 /cm²
1	<2	1	1	1.0	1.0	1	3.0	1	20	3.1
2	2~5	1	2	1.0	2.0	1	3.0	1	20	3.1
		3	1	1.92	1.92					
3	5~10	1	3	1.0	3.0	2	3.6	2	23	4.2
		2	2	1.5	3.0					
		3	1	2.90	2.9					
4	10~20	1	4	1.0	3.0	3	4.8	3	27	5.7
		2	3	1.5	4.5					
		3	2	1.92	3.84					
		6	1	3.8	3.8					
5	20~50	1	5	1.0	5.0	4	5.4	4	29	6.3
		4	2	2.4	4.8					
		7	1	4.8	4.8					
6	50~100	2	5	1.5	7.5	5	8.4	5	35	9.8
		3	4	1.92	7.6					
		4	3	2.4	7.2					

续表 3-18

序号	铸件质(重)量/kg	内浇道				横浇道		直浇道		
		编号	数目	单个截面积/cm²	总截面积/cm²	编号	截面积/cm²	编号	直径/mm	截面积/cm²
7	100~200	2	6	1.5	9.0	6	11.4	6	41	13.3
		4	4	2.4	9.6					
		7	2	4.8	9.6					
8	200~300	2	9	1.5	13.5	7	16.2	7	50	19.0
		4	6	2.4	14.4					
		5	5	2.9	14.5					
		7	3	4.8	14.4					

表 3-19 常用球墨铸铁件浇注系统各组元的尺寸 (mm)

内浇道					横浇道					直浇道		
编号	a	b	c	$F_{内}/cm^2$	编号	a	b	c	$F_{横}/cm^2$	编号	D	$F_{直}/cm^2$
1	18	16	6	1.0	1	18	12	20	3.0	1	20	3.1
2	23	21	7	1.5	2	19	14	22	3.6	2	23	4.2
3	25	23	8	1.92	3	23	15	25	4.8	3	27	5.7
4	28	26	9	2.40	4	24	18	26	5.4	4	29	6.3
5	30	28	10	2.90	5	30	22	32	8.4	5	35	9.8
6	38	35	11	3.80	6	34	23	40	11.4	6	41	13.3
7	42	38	12	4.80	7	40	30	46	16.2	7	50	19.0
8	46	40	13	5.60	8	50	38	50	22.0	8	57	25.5
9	50	45	14	6.70	9	56	45	64	32.5	9	64	32.2
10	52	48	15	7.50	10	64	50	75	43.0	10	77	46.5
11	63	58	18	10.8	11	80	60	80	56.5			

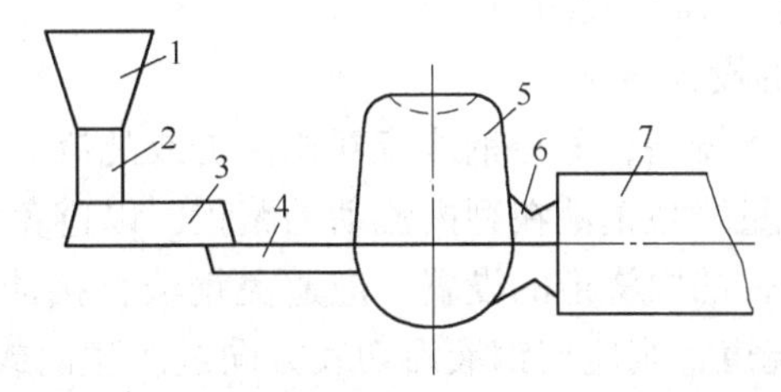

图 3-22 可锻铸铁件浇注系统的一般形式

1—浇口杯；2—直浇道；3—横浇道；4—内浇道；5—暗冒口；6—冒口颈；7—铸件

所以，可锻铸铁件浇注系统的特点是：大断面、厚壁引入、封闭式、内浇道通过暗冒口。

内浇道的截面积可用水力学公式计算，并将计算结果增大20%~30%。也可查表设计（见表3-20）。

表3-20 可锻铸铁件内浇道的截面积

铸件主要壁厚/mm	3~8	5~8	8~20
铸件质（重）量/kg	内浇道总截面积/cm²		
0.3~0.5	1.5	1	1
0.5~0.7	2	1.5	1.5
0.7~1	—	1.5	1.5
1~1.5	—	2	1.5
1.5~2	—	2	2
2~3	—	2.5	2
3~5	—	3	2.5
5~10	—	3	3
10~30	—	4	4
30~50	—	—	5

3.5.2 铸钢件

3.5.2.1 铸钢件浇注系统的特点和设计原则

铸钢的特点是熔点高，流动性差，收缩大，易氧化，而且夹杂物对铸件力学性能影响严重。多数工厂使用保温性能好、阻渣能力强的底注包浇注。底注浇包通常称为漏包或柱塞包。

（1）铸钢件浇注系统的特点

1）铸钢的熔点高，浇注温度高，钢液对砂型的热作用大，且冷却快，流动性差，所以要求用较短的时间以较高的流率浇注。

2）钢液容易氧化，应避免流股分散、激溅和涡流，保证钢液平稳地充满砂型。

3）铸钢件体收缩大，易产生缩孔，需按定向凝固的原则设计浇注系统，并用冒口补缩（壁厚均匀的薄壁件除外）。

4）铸钢件线收缩约为铸铁的两倍，收缩时内应力大，产生热裂、变形的倾向也大，故浇冒口的设置应尽量减小对铸件收缩的阻碍。

（2）铸钢件浇注系统的设计原则

1）保证钢液平稳地注入铸型，避免钢液流互相撞击或乱流。

2）内浇道的位置应尽量缩短钢液在型内流动的路程，以避免铸件产生冷隔等缺陷。

3）形状复杂的薄壁铸件的内浇道的设置，应避免钢液直接冲击型壁或砂芯。如果必须对正型壁或砂芯开设内浇道，则应使钢液沿切线方向进入型内或使内浇道向铸件方向扩大以减小钢液进入型腔时的冲击作用。

4）内浇道应避免开在芯头边界及靠近内冷铁、外冷铁、芯撑的地方。

5）圆筒形铸件的内浇道应沿切线方向开设，使钢液在型内旋转，以利于将钢液内的夹杂浮进冒口。

6）需要补缩的铸件，内浇道应促使其顺序凝固。薄壁均匀、不设冒口的铸件，内浇道应促使其同时凝固。选择内浇道位置时应尽量避免使铸件因产生内应力而导致变形或开裂。

7）对高度超过600mm的铸件，需采用多层内浇道以防止浇不足、冷隔、裂纹和黏砂等缺陷。多层内浇道的设置应保证钢液自下而上地进入型腔。下层内浇道距铸件底面一般为200~300mm，如型腔下部放有内冷铁，距离还可增大。相邻两层内浇道距离一般在400~600mm之间。

8）为了防止钢液过早地从上层内浇道进入型腔，可使上层内浇道向上倾斜（见图3-23）。

9）浇注大的铸件，要使钢液平稳地进入铸型，必须减少浇注时的动压力和静压力，一般采用缓冲式直浇道（见图3-24）。缓冲式直浇道也能防止上层内浇道过早的进入钢液。

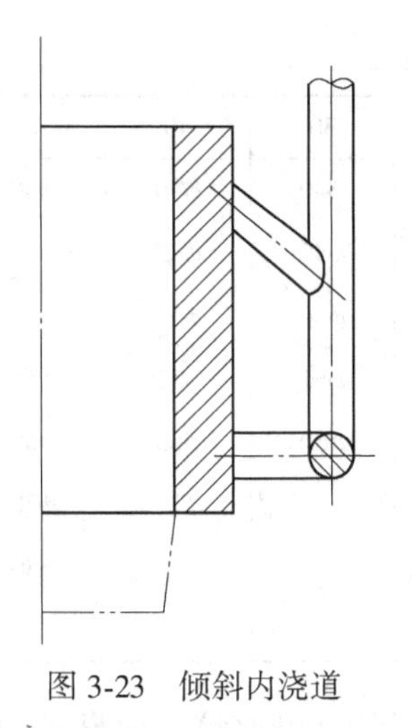

图3-23　倾斜内浇道

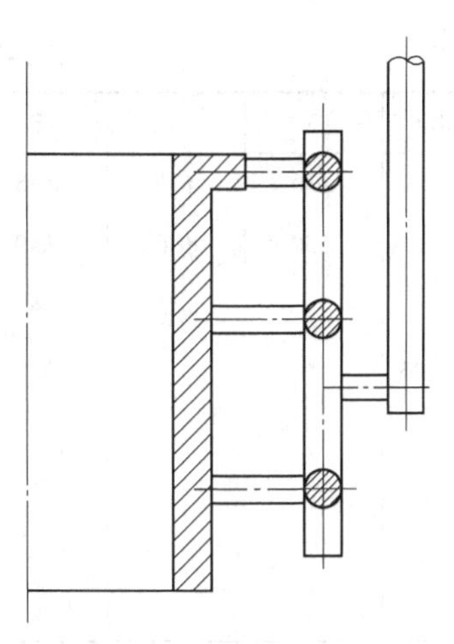

图3-24　缓冲直浇道

3.5.2.2　铸钢件浇注系统的形式

除大批量生产线上及浇注小铸件使用转包外，大多采用漏包浇注（底注包浇注）。漏包保温性能好，流出的钢液夹杂物少，无需采用结构复杂的浇注系统撇渣。用漏包浇注时钢液压头高，对浇注系统的冲刷作用大，故中、大型铸件的直浇道往往使用耐火砖管，当流经每个内浇道的钢液超过1t时，内浇道和横浇道也用耐火砖管。耐火砖管的尺寸是系列化的。

为使漏包浇注能适应各类铸件（不同铸件的平均浇注速度不同），生产中常按非调节性的浇注操作，即全部打开孔塞，实际上包孔为最小阻流截面。这样，浇注系统必须是开放式的。

3.5.2.3　铸钢件漏包浇注的浇注系统

采用漏包浇注时，要求浇注系统的结构简单、截面积大，使充型快而平稳，流股不宜分散，有利于铸件的顺序凝固和冒口的补缩，不应阻碍铸件的收缩。

浇注质量不同的铸件，使用不同容量的浇包、不同直径的包孔，并采用塞杆阻流以调节流量。塞杆阻流有一定限度，依经验，最大塞杆阻流限度时的流量为完全开启塞座孔时的75%左右。超过此限度时钢液流股分散，无法正常浇注。频繁地开闭塞杆会导致堵塞失灵，故应按不调节塞杆法来设计浇注系统。用漏包浇注时，浇注系统必须是开放式的，包孔为阻流段，直浇道不被充满，保证钢液不会溢出浇道以外。为快速而平稳地充型，对一般中小铸件多用底注式，高大铸件常采用阶梯式浇注系统。

漏包浇注的浇注系统设计步骤为：

（1）确定浇注金属液质量 m。一般根据该类铸件的工艺出品率或冒口设计结果确定浇注金属液质量 m。

（2）选择钢包容量和包孔直径。根据炉子的容量和浇注金属液质量确定钢包容量，钢包容量要大于铸件所需金属量。一般都用一包钢水浇注多个铸件，充型能力差的先浇，易充型的后浇。

包孔直径是与钢包容量相对应的。表3-21为常用钢包容量与塞座砖孔直径（即包孔直径）的有关数值。

表3-21 钢包容量与包孔直径

钢包容量/t	3	5	8	10	12	30	40	60	90
塞座砖孔直径/mm	$\phi30$	$\phi35$	$\phi35$	$\phi35$	$\phi55$	$\phi40$	$\phi40$	$\phi40$	$\phi40$
	$\phi50$	$\phi40$	$\phi40$	$\phi40$		$\phi45$	$\phi45$	$\phi45$	$\phi45$
		$\phi45$	$\phi45$	$\phi45$	$\phi60$	$\phi50$	$\phi50$	$\phi50$	$\phi50$
			$\phi50$	$\phi50$		$\phi55$	$\phi55$	$\phi55$	$\phi55$
				$\phi55$		$\phi60$	$\phi60$	$\phi60$	$\phi60$
							$\phi70$	$\phi70$	$\phi70$
								$\phi80$	$\phi80$
									$\phi100$

包孔直径和包内液面高度决定了钢液的平均浇注速度 $v_{均}$(kg/s)，如将包内液面高度的影响简化，则包孔直径与其对应的平均浇注速度 $v_{均}$ 的关系见表3-22。

表3-22 包孔直径与平均浇注速度的关系

包孔直径 ϕ/mm	30	35	40	45	50	55	60	70	80	100
平均浇注速度/$kg \cdot s^{-1}$	10	20	27	42	55	72	90	120	150	190

（3）确定浇注时间，检验金属液面上升速度。中、大型铸钢件，如果浇注时间长、浇注缓慢，铸型长时间处于钢液辐射热的作用下，表面易开裂、脱落、局部过热或造成冲砂形成夹砂、裂纹、包砂等缺陷。浇注速度过低还容易在钢液表面形成凝固金属和氧化物的薄膜，卷入钢液内形成气孔和冷隔、皱纹等缺陷。但是，过快的浇注会产生涡流，卷入气体也容易使铸件产生气孔。因此，每一个铸件都有一个适宜的浇注时间范围和合适的液面上升速度。

浇注时间 t（s）可由下式计算：

$$t = \frac{m}{Nnv_{均}} \tag{3-16}$$

式中 N——浇包数量；

n——一个浇包的包孔数量，一般 $N=1$，$n=1$。

上述所求得的浇注时间是否合适，可用浇注时钢液在型腔内的上升速度 v(mm/s) 来验算：

$$v = \frac{H}{t} \tag{3-17}$$

式中 H——铸件高度，mm；

t——浇注时间，s。

液面上升速度是否合适是获得优质铸件的重要因素之一。验算结果若数值太小，就要调整浇注时间，改变平均浇注速度和包孔直径，或者采取其他工艺措施。表 3-23 为钢液在型腔中允许的最小上升速度。但是，大型铸件钢液在型腔中的上升速度不应大于 30mm/s。表 3-23 中的数值适用于一般铸件，浇注位置较高的铸件上升速度应适当增加；浇注位置较低的铸件，上升速度可适当减少。

表 3-23 钢液在型腔中允许最小的上升速度

铸件质量/t 铸件结构	≤5	>5~15	>15~35	>35~65	>65~100	>100
	最小上升速率/$mm \cdot s^{-1}$					
简单	15	10	8	6	5	4
中等	20	15	12	10	8	7
复杂	25	20	16	14	12	10

立浇砧座的钢液上升速度可按表中复杂件选取，齿轮类铸件的钢液上升速度可按表中简单件选取，平板、平台类铸件的钢液上升速度可按表中简单件数值降低 20%~30%，大型合金钢铸件和汽轮机汽缸体铸件（含其他泵体铸件）的钢液上升速度可按表中复杂的数值增加 30%~50%。

在漏包浇注系统设计中，也可根据经验公式和经验数据（见表 3-24）首先确定浇注时间 t，再计算平均浇注速度 $v_{均}$，根据 $v_{均}$查表 3-22 确定包孔直径。

表 3-24 铸钢件质量与浇注时间的关系

浇注金属质量/kg	500~1000	1000~3000	3000~5000	5000~10000	>10000
浇注时间/s	12~20	20~50	50~80 (40)	40~150 (40~80)	80~150

注：包孔直径 40~70mm，括号内为双包浇注时间。

(4) 确定浇口比，计算其他组元的截面积。用塞杆包浇注铸钢件时，均采用开放式浇注系统，各组元截面积的比例，大体可采用下面比例：

$$F_{孔} : F_{直} : F_{横} : F_{内} = 1.0 : (1.8 \sim 2.0) : (1.8 \sim 2.0) : (2.0 \sim 2.5)$$

式中 $F_{孔}$——包孔的总截面积，cm^2；

$F_{直}$——直浇道总截面积，cm^2；

$F_{横}$——横浇道总截面积，cm^2；

$F_{内}$——内浇道总截面积，cm^2。

生产中为加强冒口的补缩效果，常在每个冒口下部设置内浇道，冒口数量多时，内浇道数量也相应增多，结果使浇注系统更加“开放”。这符合工艺需要，是合理的，而不必受上面浇口比的限制。

为了应用方便，可根据包孔直径从表 3-25 和表 3-26 中查出浇注系统各组元截面的尺寸。

表 3-25　浇注系统各组元的截面积

包孔直径/mm	一个包孔的截面积/cm^2	浇注系统各组元截面积/cm^2			内浇道的截面积/cm^2（≥）
		直浇道	横浇道		
			对称	单向	
35	9.6	17.3~19.2	8.7~9.6	17.3~19.2	19.2
40	12.6	22.6~25.2	11.3~12.6	22.6~25.2	25.2
45	15.9	28.6~31.8	14.3~15.9	28.6~31.8	31.8
50	19.6	35.3~39.2	17.7~19.6	35.3~39.2	39.2
55	23.8	42.7~47.6	21.4~23.8	42.7~47.6	47.6
60	28.3	50~56.6	23~28.3	50~56.6	56.6
70	38.5	69.3~77	34.7~38.5	69.3~77	77
80	50.3	90.5~101.6	45.3~50.8	90.5~101.6	101.6
100	78.5	142~157	71~78.5	142~157	157

表 3-26　浇注系统各组元耐火砖管的直径和数量　（mm）

包孔直径 d	直浇道直径 d_1（≥）	横浇道直径 d_2		内浇道直径 d_3（≥）			
		单向（≥）	对称（≥）	40	60	80	100
				每层内浇道数量/个			
35	60	60	40	2	1	—	—
40	60	60	40	2	1	—	—
45	60	60	40	3	1	—	—
50	80	80	60	3	2	1	—
55	80	80	60	4	2	1	—
60	100	100	60	5	2	1	—
70	100	100	80	6	3	2	1
80	120	120	80	8	4	2	1
100	140	140	100	13	6	3	2

设计实例：石油防磁电测车是用于油田测试油层位置的工具车，制动鼓是它的主要零件。某型号制动鼓的材质为 ZG25Mn18Cr4，重 495kg，图 3-25 为该制动鼓的铸造工艺简图。工艺采用漏包浇注，试设计该制动鼓的浇注系统。

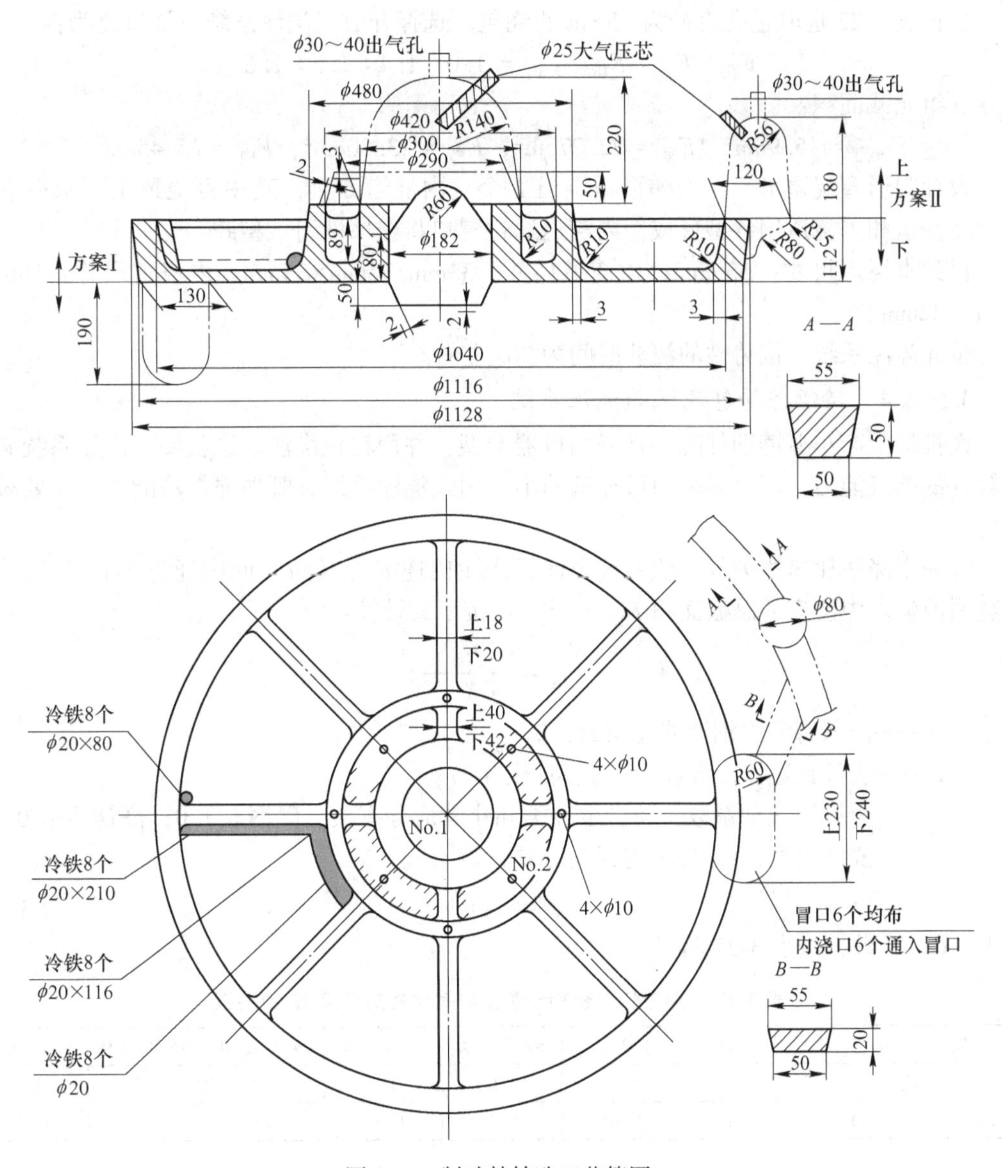

图 3-25 制动鼓铸造工艺简图

首先确定该铸件的浇注金属液质量。根据冒口设计结果和机械加工余量等的选取，工艺出品率大约为 65%，所以该铸件的浇注金属液质量约为 762kg。

按照铸钢件的经验公式（3-6）计算浇注时间（s）：

$$t = S_1 \sqrt[3]{\delta m}$$

式中，系数 S_1 取 1.1（考虑到内浇道从轮缘处引入，使用较多冷铁，故取得小一点），铸件壁厚 δ（已包括加工余量）取 19mm，计算出

$$t = 1.1 \times \sqrt[3]{19 \times 762} = 26.8\text{s}$$

平均浇注速度为：

$$v_{均} = \frac{m}{t} = \frac{762}{26.8} = 28.43\text{kg/s}$$

根据表3-22选取包孔直径为45mm的浇包。选择开放式浇注系统，浇口比为：

$$F_{孔}:F_{直}:F_{横}:F_{内}=1.0:1.4:1.5:1.6$$

各组元截面积：

$$F_{包孔}=15.9\text{cm}^2,\ F_{直}=22.27\text{cm}^2,\ F_{横}=23.86\text{cm}^2,\ F_{内}=25.45\text{cm}^2$$

设计圆形直浇道1个，正梯形横浇道2个、内浇道6个，其中直浇道由耐火砖管形成，横浇道和内浇道用砂型形成，内浇道通过冒口将金属液引入型腔。

得到直浇道尺寸：ϕ55mm，横浇道尺寸：33mm/37mm×35mm，内浇道尺寸：18mm/22mm×22mm。

按此浇注系统，该铸件的浇注时间为20s左右。

3.5.2.4　铸钢件转包浇注的浇注系统

大批量生产小型铸钢件时，常采用机器造型，并用转包浇注。这就要求浇注系统必须有较好的挡渣能力，因此多采用可充满的半封闭式浇注系统，既加强挡渣能力，又要减轻喷射。

常采用浇注比速法进行浇注系统设计，浇注比速 K 是单位时间内通过1cm²阻流截面的金属液量。内浇道的总截面积 $F_{内}(\text{cm}^2)$ 可按下式计算：

$$F_{内}=\frac{m}{t\cdot K\cdot L} \tag{3-18}$$

式中　m——浇入铸型内钢液的总质量，kg；

K——浇注比速，kg/(cm²·s)，见表3-27；

L——金属液流动系数，与合金种类和化学成分有关，碳钢取1.0，高锰钢取0.8；

t——浇注时间，s，按下述经验公式计算

$$t=C\sqrt{m} \tag{3-19}$$

式中　C—系数，查表3-27获得。

表3-27　系数 C、浇注比速 K 与铸件相对密度 K_v 的关系

K_v/kg·dm^{-3}	≤1.0	>1.0~2.0	>2.0~3.0	>3.0~4.0	>4.0~5.0	>5.0~6.0	>6.0
C	0.8	0.9	1.0	1.1	1.2	1.3	1.4
K/kg·(cm²·s)$^{-1}$	0.6	0.65	0.7	0.75	0.8	0.9	0.95

浇注系统各组元截面比例关系为：$F_{直}:F_{横}:F_{内}=(1.1\sim1.2):(0.8\sim0.9):1.0$。

3.5.3　有色金属铸件

3.5.3.1　轻合金铸件

轻合金是铝、镁合金的统称，其特点是：密度小、熔点低、容积热容量小而热导率高，致使在流动过程中温度迅速降低；化学性质活泼，极易氧化和吸收气体，且氧化物的密度高于铝液、镁液，混入铝液、镁液中的氧化物难以浮起；凝固体积收缩大。

该类合金铸件常见的铸造缺陷有：非金属夹杂物（由泡沫、熔渣和氧化物组成）、浇不足和冷隔、气孔、缩孔、缩松以及裂纹、变形等。

轻合金的浇注温度低，对型砂的热作用较轻。如果出现夹砂结疤、黏砂缺陷，常是因型砂质量太差引起的。过热的铝合金有很高的氢的溶解度，因而应严格控制熔炼温度，脱

氢和变质处理应精心，否则易引起析出性气孔。改善充型过程无助于解决此类缺陷。

轻合金降温快，宜快浇。有的轻合金结晶范围宽，凝固收缩大，易出现缩孔、缩松、变形甚至开裂等缺陷。有的糊状凝固特性强，难以消除缩松，浇注系统的设计应注意发挥冷铁、冒口的作用，要求有较大的纵向温度梯度才能消除缩松缺陷。

轻合金液化学性质极为活泼，一旦接触空气或水分，表面立即被氧化，因此，液流表面总是覆盖着极薄的一层氧化膜。这层膜的高温强度很低，若流速高或流向急剧改变，都会使氧化膜破裂。紊流运动促使氧化膜、空气混入合金内部，所形成的氧化夹杂物的密度常比金属液的密度大，难以清除。因此，要求合金在浇注系统中流动平稳，不产生涡流、喷溅，以近乎层流的方式充型。

A 轻合金铸件浇注系统形式

轻合金铸件对浇注系统的要求是：保证充型过程平稳，不发生涡流、飞溅和冲击现象，最好能以近乎层流的方式充型；尽可能缩短充型时间，撇渣能力要强，并有利于补缩。因此，轻合金铸件通常采用开放式浇注系统，且多为底注式或垂直缝隙式，对某些大型复杂件采用联合式，对低于100mm的矮铸件或不重要的小件才可用顶注式。为了良好地撇渣，采用缓流或带滤网缓流式浇注系统。为了减少冲击，防止吸气，有时把直浇道做成10°~15°的倾斜式或蛇形。高大铸件可使用阶梯式浇注系统。图3-26为几种常用的浇注系统。

B 轻合金铸件浇注系统各组元常用截面积

轻合金铸件浇注系统各组元常用截面比为：

小于20kg铸件 $F_{直}:F_{横}:F_{内}=1:2:(2\sim4)$

20 ~ 50kg铸件 $F_{直}:F_{横}:F_{内}=1:3:(4\sim5)$

大于50kg铸件 $F_{直}:F_{横}:F_{内}=1:4:(5\sim6)$

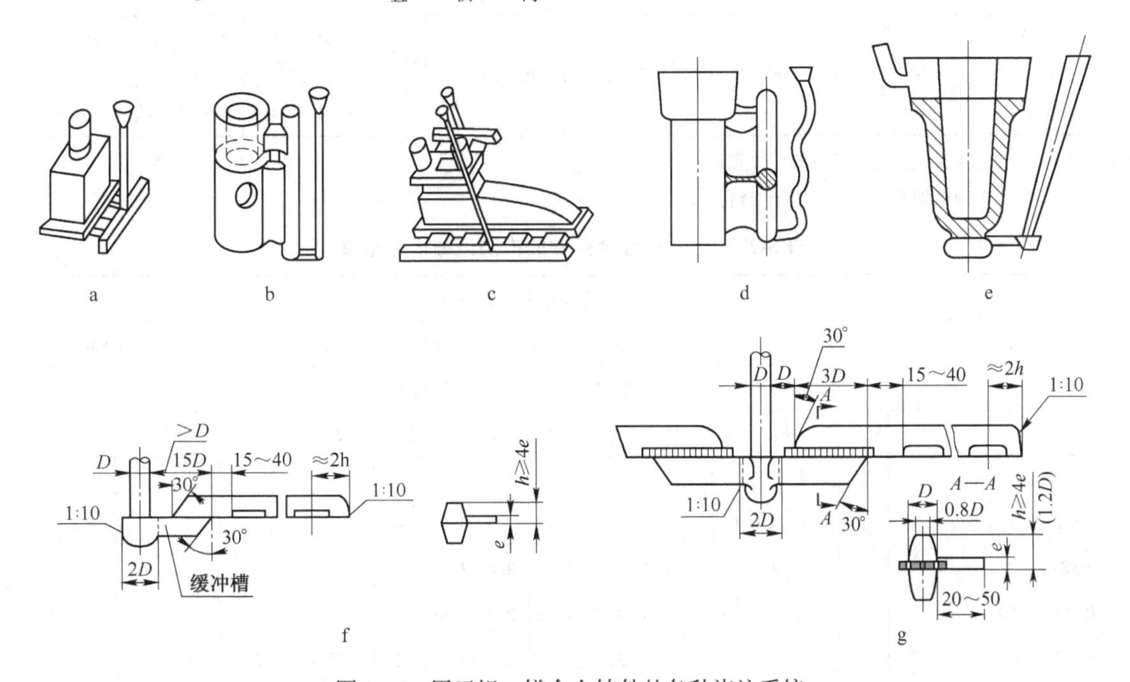

图3-26 用于铝、镁合金铸件的各种浇注系统

a—底注式；b—缝隙式；c—联合式；d—蛇形直浇道；e—倾斜直浇道；f—单向缓流式；g—双向带滤渣网缓流式

对于采用滤渣网的浇注系统，滤渣网网眼总面积可按如下比例求得：

$$F_{直}:F_{网}=1:(0.6\sim0.8)$$

滤渣网可用薄铁片制成，其厚度为0.3~0.8mm，网孔直径为1.5~2.5mm，孔洞率≥30%。滤渣网也可用镀锌钢丝制成，对铝镁合金，网孔直径0.8~1.0mm，其他铝合金网孔直径1.0~2.0mm。滤网要干净，喷上涂料，使用前经200℃预热15~20min。滤渣网放在横浇道的搭接处或横浇道内（见图3-27），并与液流成一定角度。

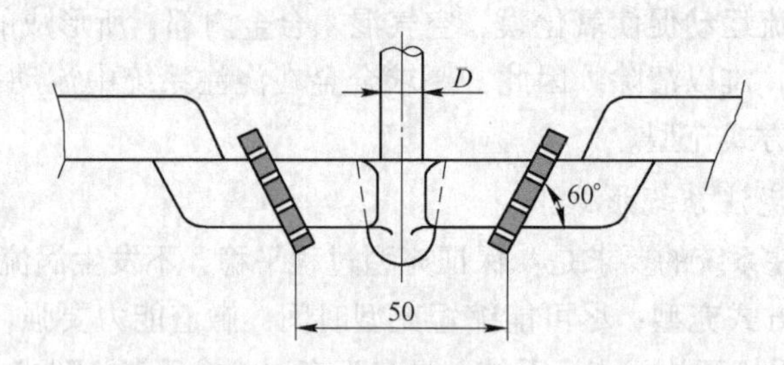

图3-27　滤渣网的安放位置

根据上述浇口比及表3-28和表3-29的经验数据，可计算出浇注系统各组元的尺寸。

表3-28　铝、镁合金铸件的浇注重量与直浇道总截面积的关系

浇注重量/kg	≤5.0	5.0~10.0	10.0~15.0	15.0~30.0	30.0~50.0	50.0~100.0	100.0~250.0	250.0~500.0	≥500.0
直浇道总截面积 $F_{直}$/cm²	1.5~3.0	3.0~4.0	4.0~5.0	5.0~7.0	7.0~10	10~15	15~20	20~30	>30
直浇道直径/mm	14~20	20~22	22~25	25~30	30~35	(25~30)×2	(30~35)×2 或 (22~25)×4	(35~45)×2 或 (25~30)×4	>45×2 >30×4

注：1. 浇注重量指带浇冒口的铸件重量；

2. 表列数据系有关生产统计资料，仅供参考。

表3-29　铝、镁合金铸件的内浇道截面积选择

铸件重量/kg	铸件水平面积/cm²											
	≤30		31~70		71~120		121~200		201~500		501~1000	
	内浇道总截面积（cm²）及其数量（个）											
	$\Sigma F_{内}$	数量	$\Sigma F_{内}$	数量	$\Sigma F_{内}$	数量	$\Sigma F_{内}$	数量	$\Sigma F_{内}$	数量	$\Sigma F_{内}$	数量
<0.1	0.5~1.0	1	0.8~1.5	1								
0.1~0.2	0.7~1.5	1	1.0~2.0	1	1.2~2.3	1~2	1.8~3.0	1~2				
0.2~0.35			1.2~2.3	1~2	1.5~2.7	1~2	2.0~3.2	2				
0.35~0.50			1.5~2.5	1~2	1.8~3.0	1~2	2.3~3.6	2				
0.50~0.65					2.0~3.2	2	2.5~4.0	2	2.7~4.5	2~3		
0.65~0.80					2.5~3.8	2	3.0~4.5	2~3	3.5~5.0	2~3		

续表 3-29

铸件重量/kg	铸件水平面积/cm²											
	≤30		31~70		71~120		121~200		201~500		501~1000	
	内浇道总截面积（cm²）及其数量（个）											
	$\Sigma F_内$	数量	$\Sigma F_内$	数量	$\Sigma F_内$	数量	$\Sigma F_内$	数量	$\Sigma F_内$	数量	$\Sigma F_内$	数量
0.8~1.0							3.5~5.0	2~3	4.0~5.5	2~3	6.0~7.5	3~4
1.0~1.5							4.0~5.5	2~3	4.5~7.0	2~4	6.8~8.0	3~4
1.5~2.5									5.0~8.0	2~4	7.5~10	3~6
2.5~5.0									6.5~10	3~6	9.0~15	4~6

3.5.3.2　铜合金铸件

A　铜合金铸件浇注系统的形式

铜合金按铸造性能分两大类：一类是锡青铜和磷青铜；另一类是无锡青铜和黄铜。其性能特点、浇注系统形式和适用范围见表 3-30。

表 3-30　铜合金浇注系统的形式和适用范围

合金种类	性能特点	浇注系统形式	适用范围
锡青铜和磷青铜	结晶温度范围宽，易产生缩松；氧化倾向较小	雨淋式	大型长套类铸件
		压边式	短小圆套、圆盘及轴瓦类铸件
		滤渣网式	大、中型复杂件
无锡青铜和黄铜	结晶温度范围窄，易产生缩孔，易氧化	多采用底注式，呈开放式，并常设有滤渣网或集渣包，内浇道做成喇叭状	各类铸件

B　铜合金铸件浇注系统的设计

铜合金铸件的浇注系统一般用查表法确定。根据铸件重量，由图 3-28 查出直浇道直径，再由表 3-31 所示的浇口比确定浇注系统各组元的尺寸。

铜合金铸件浇注系统的直浇道截面形状为圆形，横浇道和内浇道为梯形。

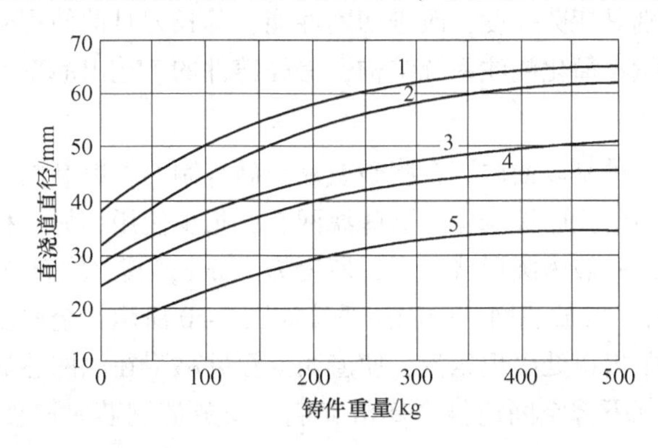

图 3-28　铜铸件重量与直浇道直径的关系

1—适于锡青铜壁厚 3~8mm 的铸件；2—适于锡青铜壁厚 8~30mm 的铸件；
3—适于锡青铜壁厚>30mm 的铸件；4—适于无锡青铜、黄铜；5—适于特殊黄铜

表 3-31 铜合金铸件浇注系统断面比例及适用范围

合金种类	各部分截面积比例	适用范围
锡青铜	$F_{直}:F_{横}:F_{内}=1:(1.2\sim2):(1.2\sim3)$ $F_{直}:F_{网}:F_{横}:F_{内}=1:0.9:(1.2\sim2):(1.2\sim3)$	复杂的大、中型铸件。采用底部注入式，且内浇道处不设暗冒口
	$F_{直}:F_{横}:F_{内}=1.2:(1.5\sim2):1$	阀体类铸件。采用雨淋式浇口，且内浇道处设暗冒口补缩
	$F_{直}:F_{网}:F_{横}:F_{内}=1.2:1:1.5:(2\sim3)$	阀体类铸件。采用带滤渣网的浇注系统
无锡青铜及黄铜	$F_{直}:F_{网}:F_{横}:F_{内}=1:0.9:1.2:(3\sim10)$	复杂的大型铸件
	$F_{直}:F_{网}:F_{横}:F_{内}=1:0.9:1.2:(1.5\sim2)$	中、小型铸件
特殊黄铜	$F_{直}:F_{直出}:F_{横}:F_{网}:F_{内}=1:0.8:(2\sim2.5):1:(10\sim30)$	螺旋桨

注：$F_{直出}$为直浇道出口处的总截面积；$F_{网}$为滤渣网眼的总截面积。

3.6 提高挡渣效果的浇注系统

分析液态合金在浇道中流动状况可知，当金属液的流动速度有变化，如浇道断面积突然改变（扩大或缩小）、流动方向变化或金属液流受到冲击时，将有惯性力产生，因此合理地改变浇道结构，既能利用惯性力加强浇道的撇渣效果，又可以减小金属液对砂型砂芯的冲刷作用。在浇注系统中加设滤渣网和离心集渣包，采用阻流、缓流等特殊形式的浇注系统，是生产中经常使用的方法。

3.6.1 带滤网的浇注系统

浇注系统中设置有过滤装置，滤网的作用是挡渣。滤网种类依材料大体分为：滤网芯、纤维过滤网、多孔陶瓷过滤片。

采用过滤技术的作用有：减少金属中的非金属夹杂物，防止铸件夹渣缺陷；改善铸件本体的力学性能，特别是疲劳强度；改进切削性能，延长刀具的使用寿命；提高铸件的表面品质，减小加工余量；简化浇注系统结构，提高铸件的工艺出品率。

3.6.1.1 滤网芯

滤网芯有两种，一种是以油砂、合脂砂或黏土砂等制芯材料制成，烘干后使用。由于油砂、合脂砂和黏土砂干型已被淘汰，这些滤网芯已很少使用；另一种是用耐火材料烧结而成的陶瓷滤网芯片。一般为圆形或矩形，厚度为10mm，其上均布$\phi3\sim8$mm 圆孔，圆孔呈倒锥形（见图 3-29）。安放滤网芯的浇注系统如图 3-30 所示，金属流过滤网芯时，由于断面突然扩大，在孔眼出口处出现紊流，使渣团上浮并粘附在滤网芯的底部。为了使滤网芯底部能粘附熔渣，其下部空间应被金属液充满，安放滤网芯时应使孔眼呈上小下大的状态。

3.6.1.2 纤维过滤网

以过滤金属为目的的耐火纤维过滤网具有更小的孔眼。纤维过滤网是在玻璃纤维布上

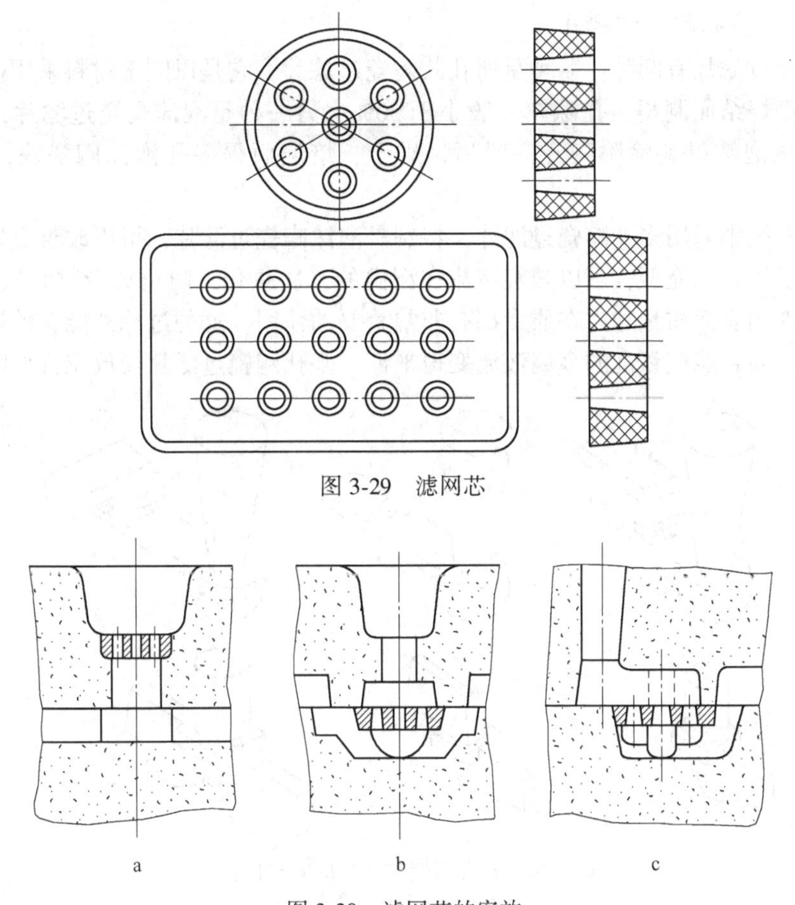

图 3-29 滤网芯

图 3-30 滤网芯的安放

a—滤网放在直浇道上端；b—滤网放在直浇道下端；c—滤网放于横浇道中

涂覆酚醛树脂或陶瓷材料（如氧化铝粉）涂料而制成，常用网孔尺寸为：0.6mm×0.6mm、1.0mm×1.0mm、1.3mm×1.3mm、1.65mm×1.65mm，厚度为0.3~0.5mm，适用于轻合金铸件和一般小型铸铁件。这种过滤网很薄，造型时不必考虑预留空间，可按需要剪成任意形状和尺寸，直接铺放在分型面上或砂芯配合面上，不影响下芯和合箱操作。如图3-31所示，纤维过滤网一般安放在分型面上的直浇道底部、横浇道的截面上或横浇道与内浇道的搭接处。

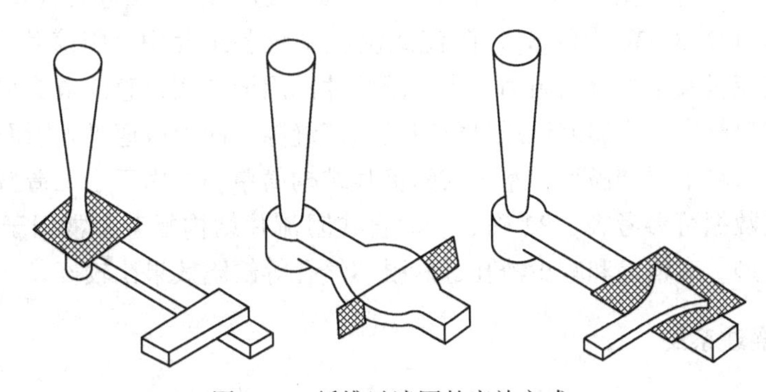

图 3-31 纤维过滤网的安放方式

3.6.1.3　多孔陶瓷过滤片

多孔陶瓷过滤片有两种：一种是通孔式陶瓷过滤片，它是以刚玉材料采用模具挤压制成网格，再经烧结而制得，孔隙率一般小于50%；另一种是泡沫陶瓷过滤片，它是以有机海绵或有机泡沫材料涂附陶瓷涂料后，烘干、焙烧而得多孔泡沫陶瓷块，孔隙率为85%~90%。

在浇注系统中采用多孔陶瓷过滤片，特别是泡沫陶瓷过滤片，可以改善金属液流的状态，使其以层流状态充型，可以减轻液流在型内的二次氧化，防止夹杂物和气泡的卷入，对于提高铸件的表面质量和内在质量都有非常重要的作用。这种过滤片能有效地滤除各种尺寸的杂质，而且能使紊乱的金属液流变得平稳。多孔陶瓷过滤片安放位置见图3-32。

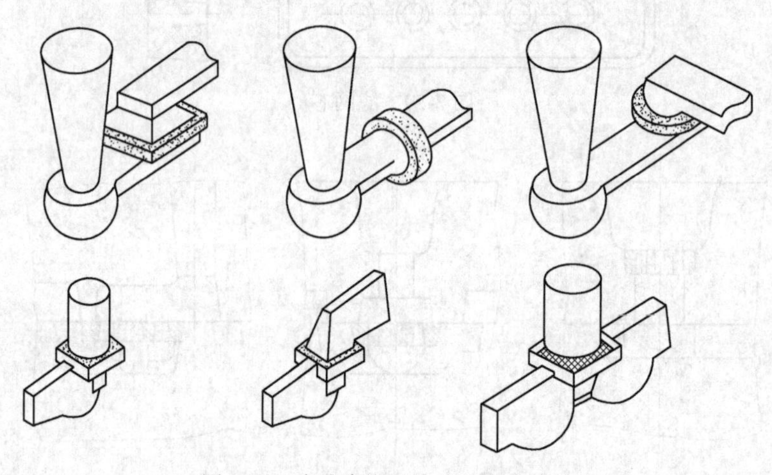

图3-32　多孔陶瓷过滤片的安放位置

多孔陶瓷过滤片的材质，要按铸造合金的特性选用。选用的原则一般是：用于有色合金铸件的为高铝质；用于铸铁件的为高铝质或碳化硅质；用于铸钢件的为高铝质或氧化锆基耐火材料。陶瓷过滤片中，通常还加有氧化钙、氧化钇、或尖晶石等材料，以改善其耐热冲击的能力。

3.6.2　阻流式浇注系统

阻流式（节流式）浇注系统，其结构的特点是在直浇道下部（或横浇道中）有一个垂直的缝隙（称阻流片，图3-33a中的5），或于横浇道前端（靠近直浇道处）设置一段水平的狭窄通道（图3-33b中的6）。阻流式浇注系统各组元中，阻流片的断面积最小，靠它来控制液流流量及增加流动阻力。由于阻流片的阻流作用，直浇道能很快充满，有利于渣滓留存在浇口杯中。金属液流通过狭窄的阻流缝隙，向上减速进入断面积宽大的横浇道中，也有利于渣粒上浮和撇渣。水平式阻流片结构简单，适用于手工造型，水平阻流式浇注系统各组元数据可参考表3-32确定。垂直式阻流片结构复杂，常用于大量中、小型铸铁件的机器造型，对消除和减少渣孔、砂眼、气孔等缺陷效果比较好。

3.6.3　缓流式浇注系统

对于压头很大的浇注系统，使用滤网容易形成冲砂缺陷，这时可考虑应用缓流式浇注

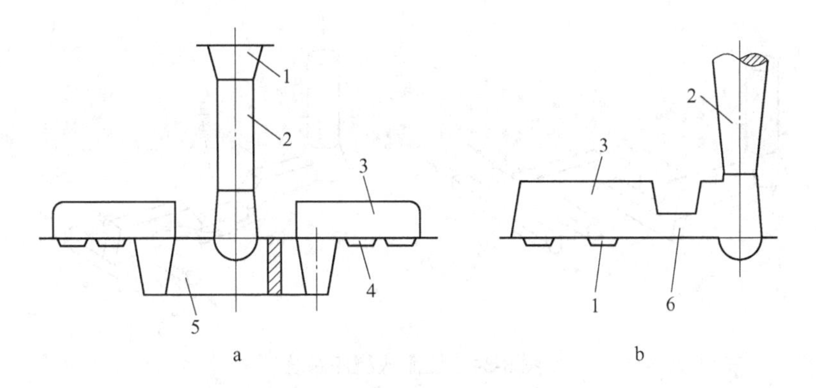

图 3-33 阻流式浇注系统
a—垂直阻流式；b—水平阻流式
1—浇口杯；2—直浇道；3—横浇道；4—内浇道；5—垂直阻流片；6—水平阻流片

表 3-32 水平阻流式浇注系统的要素

铸件重量 /kg	铸件壁厚 /mm	直浇道直径 /mm	直浇道截面积 /cm^2	横浇道截面积 /cm^2	内浇道截面积 /cm^2	水平阻流片截面积 /cm^2
<10	5~8	20	3.1	6.2~7.8	5.0~5.6	1.9
10~30	5~10	25	4.9	9.9~12.2	7.8~8.8	2.9
30~50	6~10	30	7.1	14.2~17.7	11.3~12.8	4.3
50~100	6~12	35	9.6	19.2~24	15.3~17.3	5.8
100~300	7~14	40	12.6	25.2~31.5	20.2~22.7	7.6
300~500	7~16	45	15.9	31.8~39.8	25.4~28.6	9.5
500~1000	8~18	50	19.6	39.2~49	31.4~35.6	11.8
1000~1500	8~20	55	23.8	48~60	38~43	14.3
1500~2000	9~22	60	28.3	57~71	45~51	17
2000~2500	9~24	65	33.2	66~83	53~60	19.9
2500~3000	10~26	70	38.5	77~96	62~69	23.1
3000~4000	10~28	75	44.2	88~101	71~80	26.5
4000~5000	11~30	80	50.3	101~126	80~91	30.2
5000~6000	11~32	85	56.7	113~142	91~102	34
6000~7000	12~34	90	63.6	127~159	102~114	38.2
7000~8000	12~36	95	70.9	142~177	113~128	42.5
8000~10000	14~40	100	78.5	157~196	126~141	47.1

系统（见图 3-34），其特点是利用横浇道中设置拐弯来改变液流的方向，增加局部阻力，降低流速，使铁水平稳地充型并撇渣。主要用于较复杂的中、小型铸件。其拐弯结构由分布在上、下砂型中的横浇道搭接而成。这种结构的浇注系统应严格控制浇道截面尺寸，特别是搭接面积。

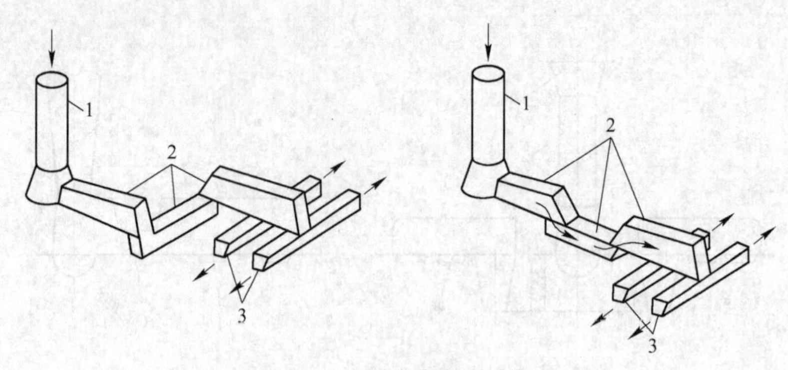

图 3-34 缓流式浇注系统
1—直浇道；2—横浇道；3—内浇道

缓流式浇注系统分单向缓流式和双向缓流式两种结构（见图 3-35），分别用于体积较小的铸件和体积较大的铸件。

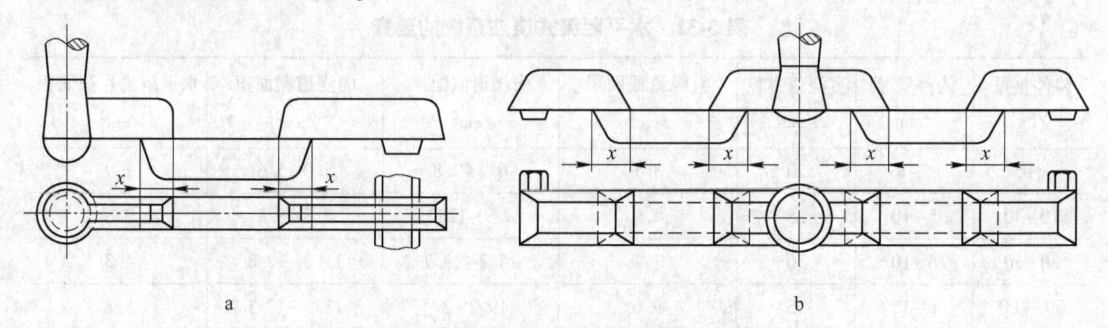

图 3-35 单向和双向缓流式浇注系统
a—单向；b—双向

3.6.4 带集渣包的浇注系统

当铸件质量要求较高，铸件浇注的质（重）量流率较高又不能采用截面很大的横浇道进行挡渣的情况下，可采用带集渣包的浇注系统。这种浇注系统主要用于重要的大中型铸件上，特别是可锻铸铁件和球墨铸铁件上应用比较多。

集渣包形式分为锯齿形集渣包和离心式集渣包两种，锯齿形集渣包大都设在横浇道上，又分为顺齿和逆齿两种，逆齿的挡渣效果比顺齿的好，见图 3-36。离心式集渣包一般设在横浇道末端，直接同内浇道相连，其出口方向必须与金属液流的旋转方向相反，其具体形式和尺寸见表 3-33。

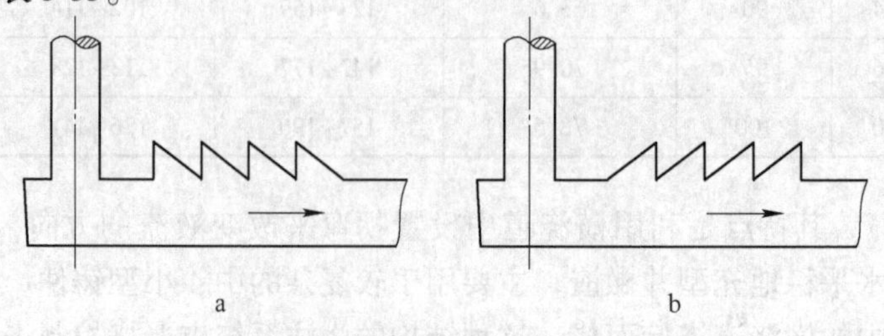

图 3-36 锯齿形集渣包浇注系统
a—逆向；b—顺向

表 3-33　离心式集渣包的浇注系统尺寸

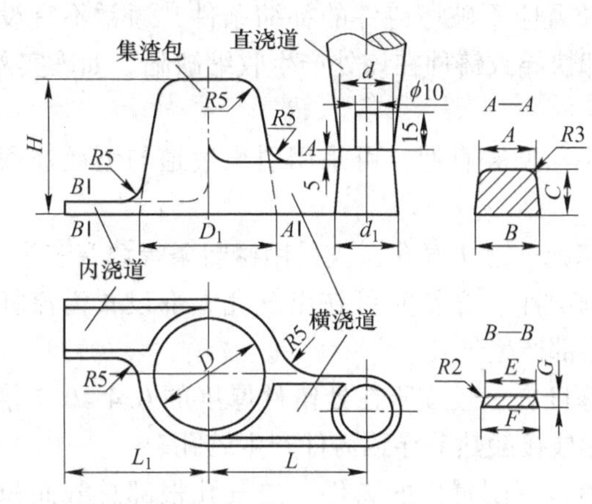

铸件质（重）量/kg	直浇道面积 /cm²	横落道面积 /cm²	内浇道面积 /cm²	直浇道直径	d_1	d	横　浇　道		
							A	B	C
≤10	3.1	2.7	0.85	20	25	22	14	16	18
10~20	4.9	3.4	2.0	25	30	26	16	18	20
21~30	7.1	4.0	2.6	30	37	32	16	20	22
31~40	9.6	6.2	3.8	35	43	37	20	24	28

铸件质（重）量/kg	内　浇　道			D	D_1	H	L	L_1
	E	F	G					
≤10	20	22	4	40	50	50	60	50
10~20	24	26	8	45	55	55	70	60
21~30	24	28	10	50	60	60	80	65
31~40	27	35	12	55	65	65	90	70

3.7　出气孔的设计

出气孔是型腔出气冒口、砂型和砂芯排气通道的总称。

3.7.1　出气孔的作用及设置原则

3.7.1.1　出气孔的作用

铸型的出气孔具有下列作用：

（1）排出铸型中型腔、砂芯以及由金属液析出的各种气体；

（2）减小充型时型腔内气体压力，改善金属液充型能力；

（3）排出先行充填型腔的低温金属液和浮渣；

（4）对于明出气孔，便于观察金属液充填型腔的状态及充满程度。

3.7.1.2　出气孔设置原则

在设计出气孔时，要考虑下列原则：

（1）出气孔一般设置在铸件浇注位置的最高点，充型金属液最后到达的部位，砂芯发气和蓄气较多的部位，以及型腔内气体难以排出的“死角”。

（2）出气孔的设置位置应不破坏铸件的补缩条件，通常不宜设置在铸件的热节和厚壁处，以免因出气孔冷却快导致铸件在该处产生收缩缺陷。如确实需要，可采用引出式出气孔。

（3）出气孔应尽量不与型腔直通，可采用引出过道与型腔连通，以防止因掉砂等原因导致散砂落入型腔。

（4）为防止金属液堵死砂芯出气孔，应采用密封条等填塞芯头。

（5）直接出气孔不宜过小，必要时可在出气孔上部设置溢流杯，既可排出脏的金属液，又可防止在出气孔根部产生气孔。

（6）出气孔根部的厚度，一般按所在处铸件厚度的 0.4～0.7 倍计算，凝固体收缩大的合金取偏小值，防止形成接触热节导致铸件产生缩孔。

（7）一般认为，没有设置明冒口的铸件，出气孔根部总截面积最小应等于内浇道总截面积，以保证出气孔能顺畅地排出型腔中的气体。

3.7.2 出气孔的分类、结构及尺寸

3.7.2.1 出气孔的分类及结构

按照出气孔是否与型外大气相通分为明出气孔和暗出气孔，如图 3-37 所示。按照出气孔与铸件是否直接相通分为直接出气孔和引出式出气孔，如图 3-38 所示。

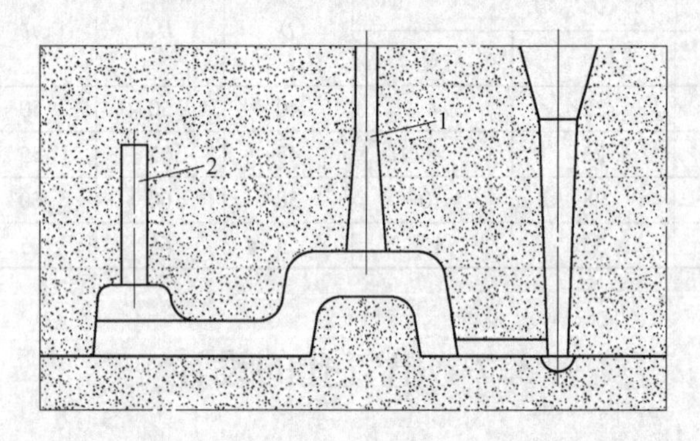

图 3-37 明出气孔与暗出气孔结构

1—明出气孔；2—暗出气孔

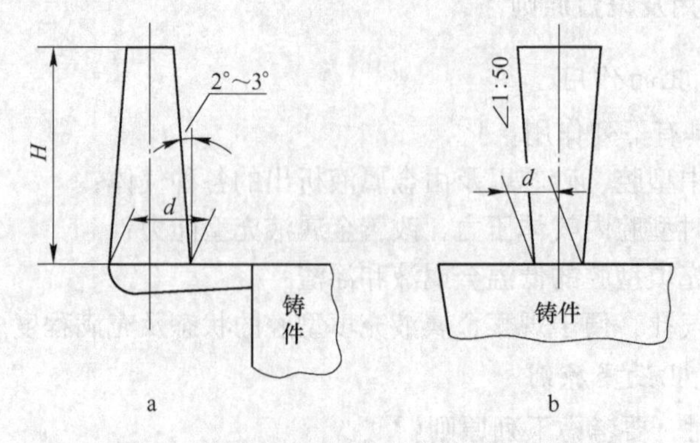

图 3-38 直接出气孔与引出式出气孔结构

a—引出式出气孔；b—直接出气孔

3.7.2.2　出气孔的尺寸

出气孔的截面形状有圆形和扁形。

（1）圆形出气孔尺寸：直接出气孔截面尺寸不宜过大，其底部尺寸一般等于铸件该处壁厚的1/2~3/4；引出式出气孔尺寸可大些，见图3-38。对于中小型铸件，常用圆形出气孔，截面尺寸为ϕ8mm、ϕ10mm、ϕ12mm等；对于重、大型铸件，截面尺寸为ϕ14~ϕ25mm左右，其高度视具体情况而定。

（2）扁形出气孔尺寸见表3-34。

（3）出气针与出气片尺寸：用机器造型生产的薄壁复杂铸件，如气缸体、气缸盖等，常采用出气针或出气片等来排出铸件易产生气孔缺陷部位的气体。出气针一般设在铸件凸台、螺栓凸台等处，见表3-35，出气片一般设在铸件法兰处，见表3-36。

3.7.2.3　出气孔应用实例

以汽油机缸体为例，说明出气孔的应用，见图3-39。该缸体为直列六缸，净重150kg，外廓尺寸为833mm×301mm×382mm。采用湿型砂高压多触头造型线生产。

（1）明出气孔1：用于排出8号~13号曲轴箱缸筒砂芯的气体。与明出气孔1相连的2为减压排气室，3、4为连接通道。

（2）明出气孔5：用来排出缸筒型腔部位的气体，这部分气体全来自浇注中卷入的气体、铁液中的气体及8号~13号芯外表面与5号水套芯产生的气体。与明出气孔5相连的6为排气过桥，它对排出气缸筒中气体的作用极大。

（3）暗出气孔7：用于排出水套盖板法兰螺栓凸台处的气体。

（4）明出气孔8：用于排出5号水套芯的气体，它与水套芯的排气道相通。

（5）出气片9：用于排出水套盖板法兰平面的气体。

（6）出气片10：用于排出曲轴箱法兰处的气体。

表3-34　扁形出气孔尺寸

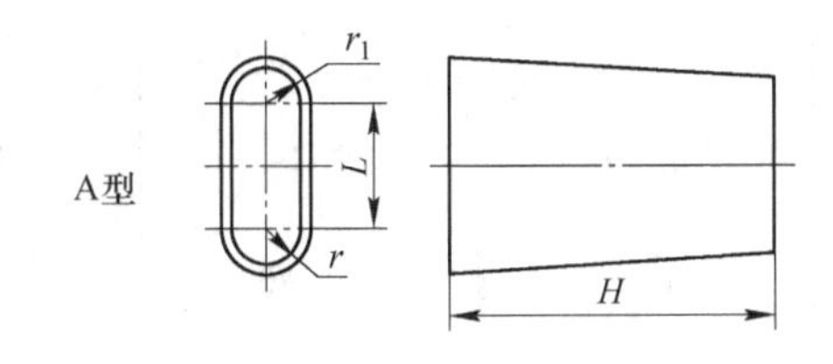

编号	截面积/cm²	r/mm	r_1/mm	L/mm	H/mm	每厘米长铁液重量/kg
1	6.27	7.5	10	30	500	0.04
2	9.14	10	15	30	500	0.08
3	17.41	12.5	17.5	50	600	0.158
4	22.06	15	25	50	600	0.195
5	28.56	20	30	40	500	0.225
6	39.63	25	35	40	500	0.33

续表 3-34

B型

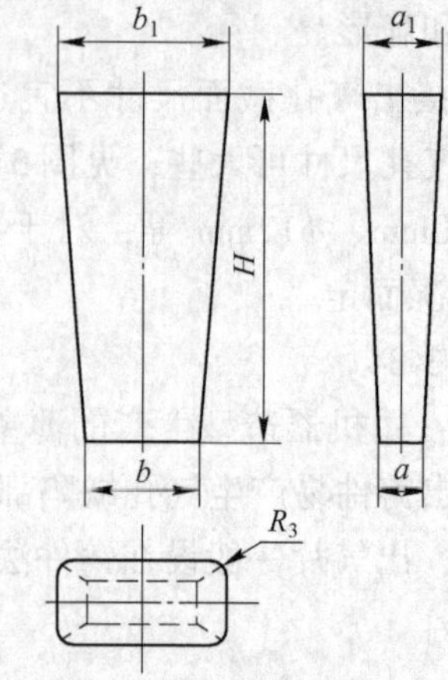

编号	a/cm^2	b/mm	a_1/mm	b_1/mm	H/mm
1	5	25	15	30	150
2		35		40	200
3	10	30	20	35	200
4		40		45	200
5	15	30	25	35	200
6		40		45	200
7	20	40	30	45	200
8		50		55	200
9	25	45	35	50	200
10		55		60	240

表 3-35 出气针尺寸 （mm）

图 例	R	d	H	r
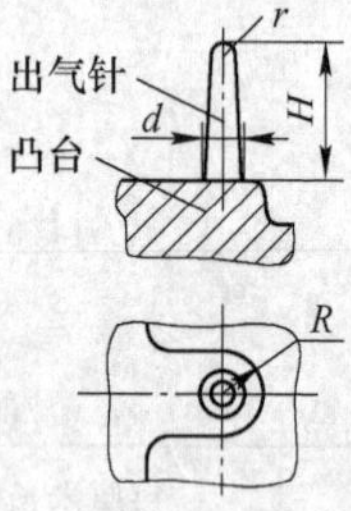	5	6	30~60	2
	6~10	8~14	40~80	3~5
	11~20	10~20	50~90	3.5~7
	21~30	12~35	70~100	4~14

表 3-36 出气片尺寸

图 例	厚 度		a/mm	b/mm	h/mm	$\alpha/(°)$	l/mm
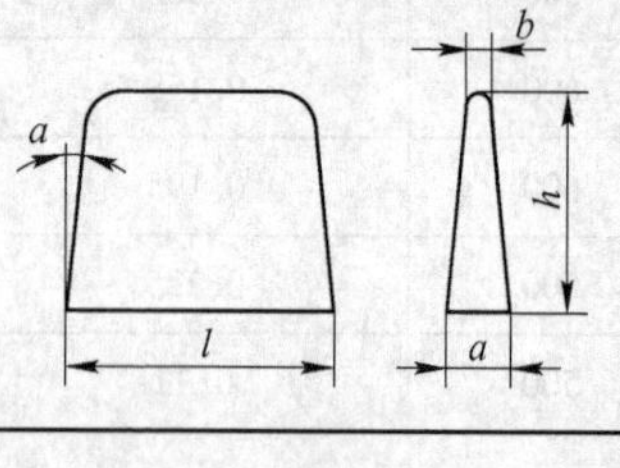	铸件肋条	8	5	3	50	5	30~60
		10	6	4	60	5	40~80
		15	8	5	70	7	50~90
	铸件壁厚	5~6	4~5	2~3	50	5	30~60
		7~10	5~8	3~5	60	5	40~80
		11~15	6~10	4~6	70	7	50~90

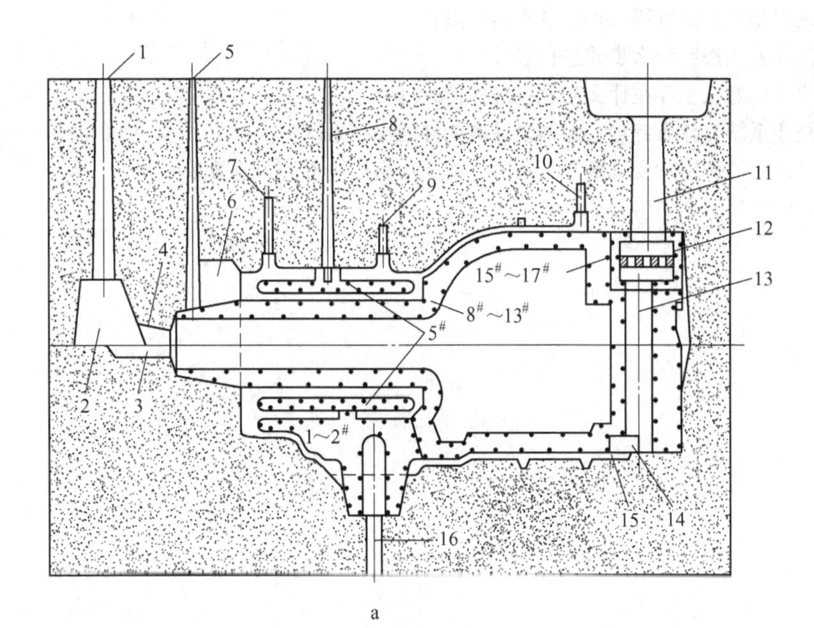

a

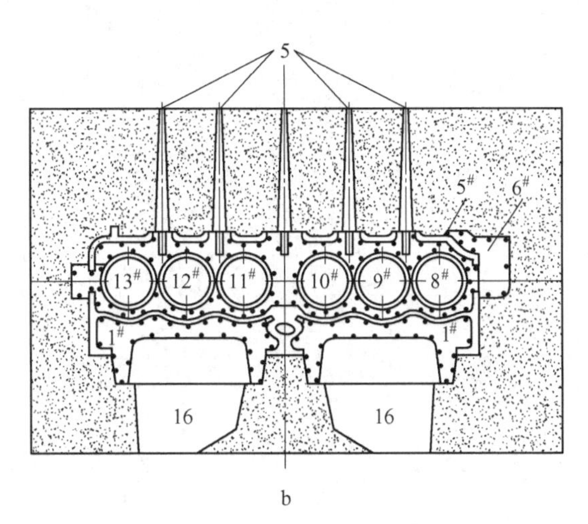

b

图 3-39　汽油机缸体出气孔布置简图

a—沿缸筒轴线方向剖面；b—沿缸体水套方向剖面

（7）明出气板 16：用于排出 1 号、2 号砂芯（气门室砂芯）产生的气体。因为该芯被铁液包围，且位于下箱底部，故采用排气板，使之与铸型运输小车台面的排气槽相接，通过铸型底面将气体排出。图 3-39 中其余部分分别为：11—直浇道、12—过滤器、13—分配直浇道、14—横浇道、15—内浇道。

复习思考题

3-1　说明浇注系统的基本组成及各组元的作用。

3-2 浇注系统的基本类型有哪几种？各有何特点？

3-3 铸铁件浇注系统按照什么步骤进行设计？

3-4 奥赞公式有何意义？存在什么问题？应如何改进？

3-5 铸钢件浇注系统有什么特点？怎样设计铸钢件的浇注系统？

3-6 横浇道发挥挡渣作用时要具备什么条件？如何提高横浇道的挡渣效果？

3-7 出气孔有何作用？是如何分类的？

4 冒口、冷铁设计

金属液浇入铸型后，由于冷却凝固，从液态转变为固态，产生体积收缩。当体积收缩后得不到金属液的补充，则凝固后铸件内热节较大的部位就会产生缩孔和缩松（见图4-1、图 4-2）。对于那些体积收缩较大的铸造合金，如铸钢、球墨铸铁、可锻铸铁以及有些非铁合金铸件，这种缺陷经常发生。缩孔和缩松影响铸件的致密性、减少铸件的有效截面积，使力学性能大大降低，因此，必须设法控制凝固，防止该类缺陷产生。在铸件工艺设计和造型操作过程中，设计和使用冒口、补贴、冷铁，是控制凝固的最基本、最重要、最有效的工艺措施。措施不当就会使铸件产生缩孔、缩松、裂纹等铸造缺陷，甚至报废。因此，铸件补缩系统的设计和凝固过程的工艺控制，直接影响铸件质量、能源节约和经济效益。

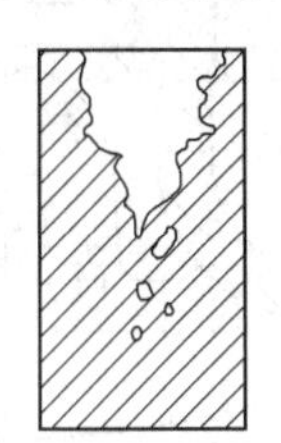
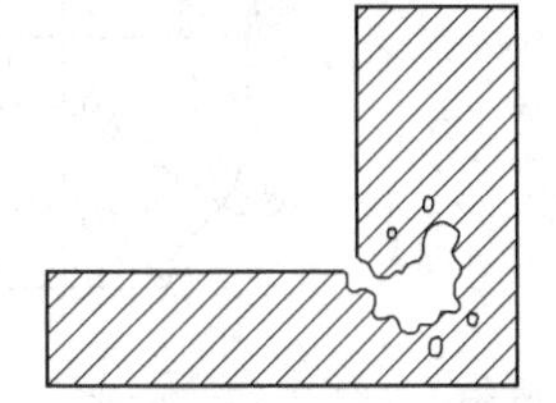
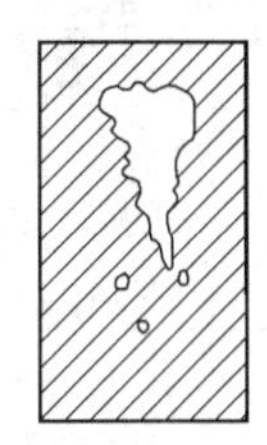
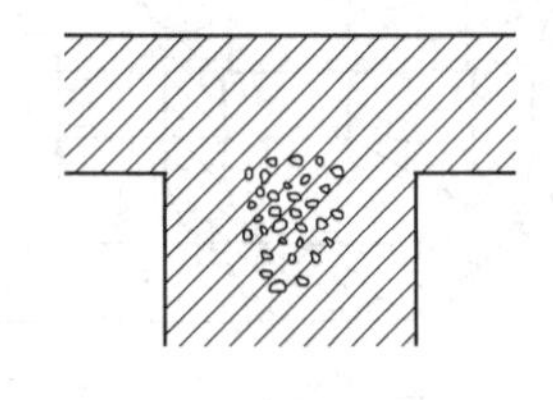

图 4-1　铸件的缩孔和缩松缺陷示意图

图 4-2　球墨铸铁的缩松

4.1 概　　述

铸件冒口设计就是为控制铸件凝固过程，防止缩孔缩松缺陷而进行的冒口、补贴和冷铁设计，是铸造工艺设计的一项重要内容。

4.1.1　冒口的作用和意义

冒口是指在铸型内储存供补缩铸件的熔融金属的空腔，也指铸件浇注后该空腔中的充填金属。图 4-3 所示为压实缸体铸钢件，为保证缸体上部 $\phi550$ 缸壁厚大主体的致密性，在其上部设计了一个 ϕ700mm×700mm 的环形冒口；为保证底部缸底的致密性，在其侧面设计了一个 ϕ450mm×700mm 的暗冒口。

冒口的最主要作用是铸件凝固过程的补缩，以防止铸件产生缩孔和缩松。此外，冒口还有排气（浇注时型腔内的大量气体通过冒口顺利地排出型外）、集渣（位于铸件顶部的冒口，可容纳上浮的熔渣）、判断浇注情况（明冒口可显示金属液充填铸型的情况）和调整铸件凝固过程的温度分布的作用。合理地设计冒口的位置、数量和尺寸，对获得组织致密的合格铸件具有重要意义。

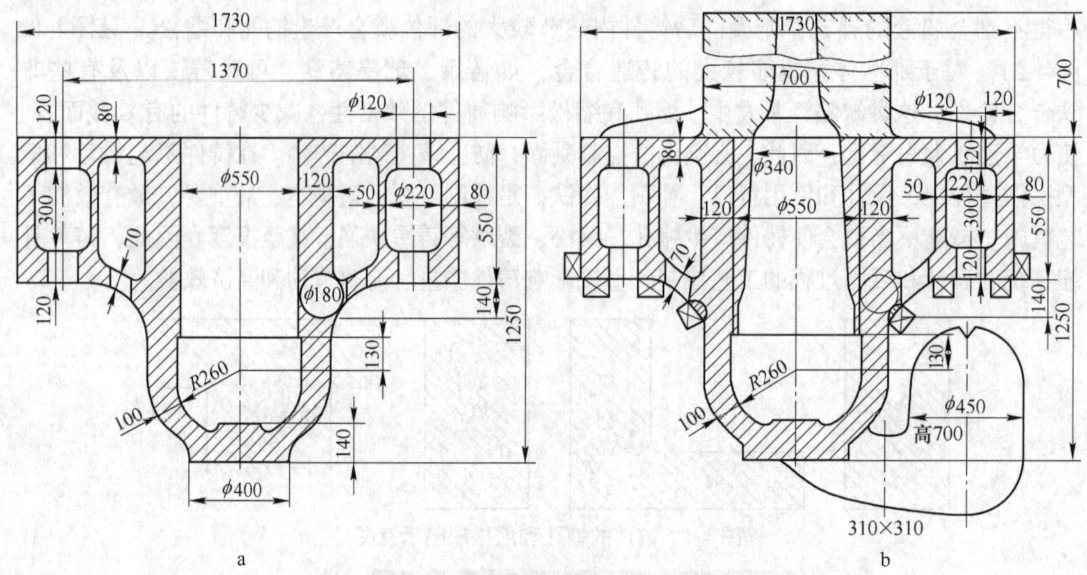

图 4-3　压实缸体

a—零件图；b—铸造工艺图（简图）

4. 1. 2　冒口的种类及其特点

冒口分为通用冒口和铸铁件实用冒口两大类，具体种类见图 4-4。

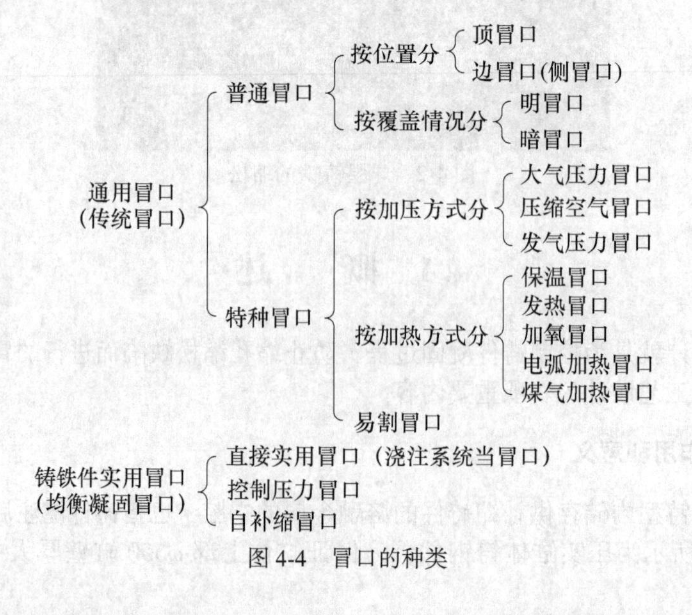

图 4-4　冒口的种类

普通冒口的形式如图 4-5 所示，易割冒口的形式如图 4-6 所示，各种冒口的特点见表 4-1。

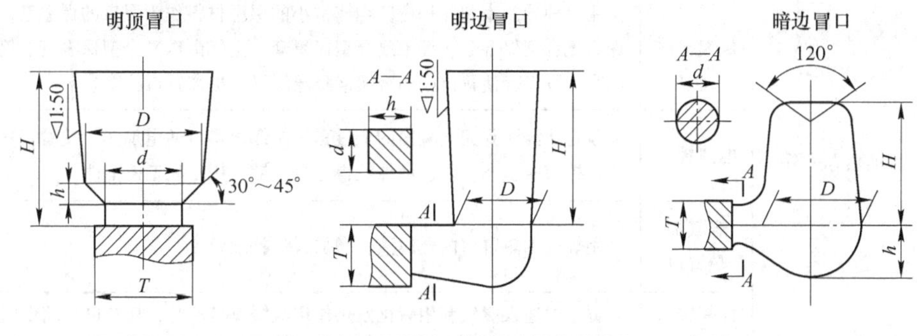

图 4-5 常用普通冒口的形式

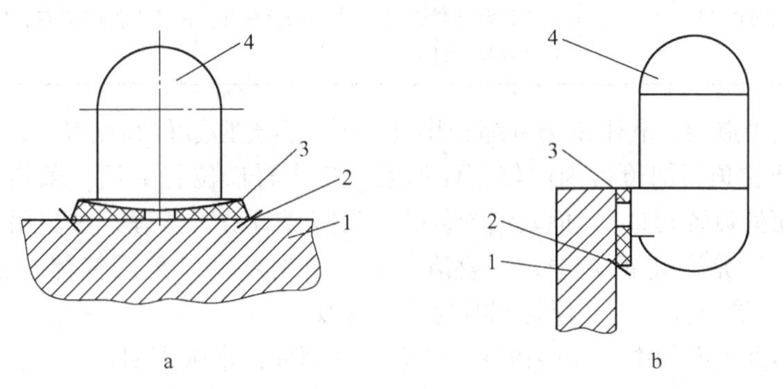

图 4-6 常用易割冒口的形式

a—圆形顶冒口易割片使用示意图；b—边冒口易制片使用示意图

1—铸件；2—钉子；3—易割片；4—冒口

表 4-1 通用冒口的特点

分类方法			特 征
普通冒口	按在铸件上的位置分	顶冒口	直接安放在铸件顶部的最厚部位，靠金属液重力作用来补缩
		边冒口	铸件要补缩的热节不在最高处而在侧边或下半型时应用
	按冒口与大气是否相通分	明冒口	顶冒口多属明冒口
		暗冒口	边冒口多属暗冒口
特殊冒口	按加压方式分	大气压力冒口	冒口顶部插 1~2 根伸入冒口内腔小砂芯，当铸件和冒口表层结壳后，外边空气通过小砂芯压入冒口中，增加补缩压力。比自重压力冒口补缩好
		压缩空气冒口	是通入压缩空气来增加钢液补缩压力的冒口，它附带有氧化发热作用，使钢液缓慢冷却，从而增加了冒口补缩作用
		气弹冒口	在冒口内侧壁上固定一个气弹，当受金属液压力和高温作用，弹壳里装的发气剂（如苏打，石灰石粉等）分解产生气体并膨胀，将冒口内钢液压入铸件
	按加热方式分	发热冒口	冒口用发热材料造型，钢液进入冒口与发热材料接触，发生化学放热反应，加热冒口中的钢液

续表 4-1

分类方法			特　征
特殊冒口	按加热方式分	保温冒口	用一种导热率和容积密度均非常小的保温材料作为冒口的保温套。如珍珠岩复合型保温套、纤维复合型保温套、空气微珠复合型保温套、陶粒保温套。冒口套使冒口中的金属液降温缓慢，提高冒口补缩效率
		电热冒口	就是从浇注到完全凝固的全过程中始终对冒口通电加热。使冒口中金属液保持熔融状态，保证铸件获得充分补缩，用于大型铸钢件
		煤气加热冒口	用煤气加热冒口内金属液，增加冒口补缩效率
		加氧冒口	冒口中通入氧气利用氧化发热作用减缓冒口冷却，使冒口补缩作用加强
	易割冒口		易割冒口是在铸件与冒口之间，放一块强度高而薄的隔片，隔片中有一个直径等于 0.39 冒口直径的补缩孔。由于厚度薄易热，使钢液不易凝固、有利补缩，且便于切除冒口

明顶冒口便于造型，利于重力补缩和排气，可观察充型过程和点冒口，但其散热面大（顶面），通常要在顶面加覆盖剂或使用保温套。暗边冒口位置灵活，散热慢，便于机器造型（在分型面处设置冒口），但其结构复杂。易割冒口易于清理，主要用于材质导热性差的铸件上，特别是高锰钢铸件。一般情况下，铸钢件冒口都用气焊割除（小的用锤打），高锰钢铸件导热性差，气焊切割时易产生裂纹。

对于单件小批生产的中、大型铸件，特别是铸钢件，常采用明顶冒口，这样利于补缩和点冒口。对于成批、大量生产的中、小型铸件，特别是铸铁件，常采用暗边冒口，这样利于机器造型。对于同一铸件，有时不同部位可选择不同种类的冒口。

4.1.3　冒口的补缩效率

使用特种冒口（除易割冒口外）的目的是提高冒口的补缩效率。如图 4-7 所示，冒口的补缩效率为：

$$\eta = \frac{V_{孔}}{V_{冒}} \times 100\%$$

式中　η——补缩效率；

$V_{孔}$——冒口缩孔体积；

$V_{冒}$——冒口本身体积。

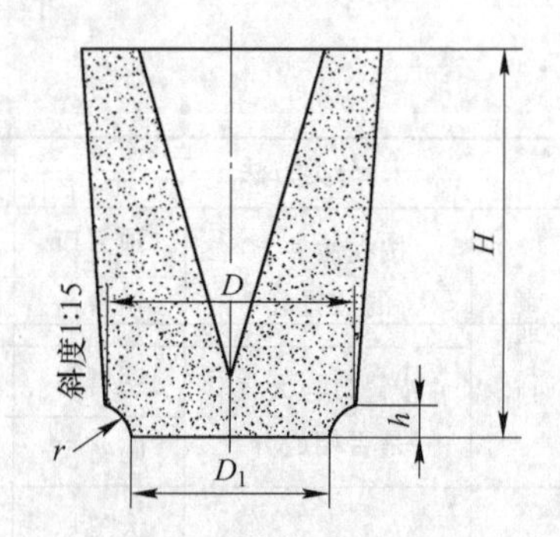

图 4-7　冒口凝固后的缩孔

各种冒口的补缩效率见表 4-2。冒口补缩效率提高，意味着在保证无缩孔情况下，用于冒口的金属液消耗减少，从而提高了工艺出品率。

表 4-2　各种冒口的补缩效率

冒口种类或工艺措施	圆柱形或腰圆柱形冒口	球形冒口	补浇冒口时	浇口通过冒口时
η/%	12～15	15～20	15～20	30～35
冒口种类或工艺措施	发热保温冒口	大气压力冒口	压缩空气冒口	气弹冒口
η/%	25～30	15～20	35～40	30～35

体收缩较大的合金，如钢、球墨铸铁等，它们的冒口重量约为铸件重量的50%～100%，也就是说，铸造车间生产的金属液有1/3～1/2是用于冒口的。冒口虽可以回炉，但这部分金属要耗用大量的人力和物力（燃料、电力、设备和材料等）才能得到，并且清除冒口也要消耗大量电力和材料（如氧气、电石等）以及增加清理劳动量。因此，在保证铸件质量的前提下，提高冒口补缩效率，减少冒口体积，使冒口便于清理，对铸造车间节约金属和能源、降低成本、提高产量、改善劳动条件等具有很大经济意义。

提高冒口补缩效率的主要途径是：

（1）增加冒口内金属液的补缩压力。例如，采用大气压力冒口、发气压力冒口、压缩空气冒口、气弹冒口等。

（2）延长冒口内金属液的凝固时间。例如，在明冒口顶面覆盖保温剂或发热剂；采用保温冒口套、发热冒口套，氧气或电弧加热冒口等。

（3）采用控制铸件凝固的各种工艺措施：正确使用冷铁和选用适当补贴、实现顺序凝固、增加冒口有效补缩距离，采用顶注式浇注系统、内浇道设在冒口根部、捣冒口和点冒口，针对铸件和冒口使用不同蓄热系数的造型材料。

4.1.4 冒口的形状

生产中常用的冒口形状如图4-8所示，有圆柱形、腰圆柱形、球顶圆柱形、球顶腰圆形、球形等，以球形冒口最好，其次是圆柱形。因为它们表面积最小，散热最慢，凝固时间最长。但选择冒口形状要根据铸件热节处的形状而定。

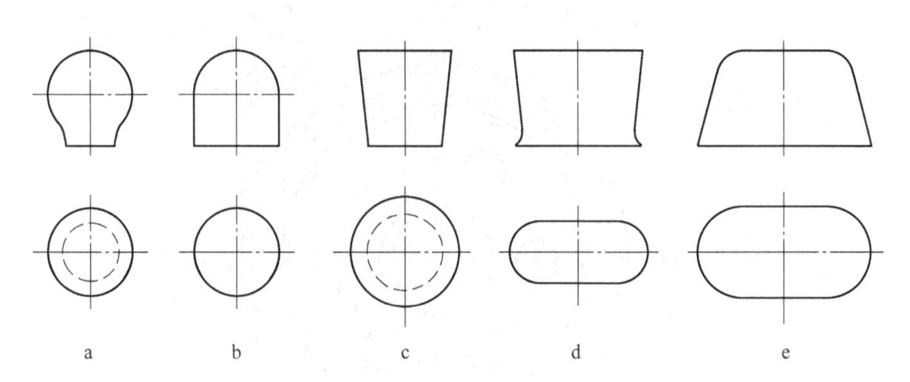

图4-8 常用的冒口形状

a—球形；b—球顶圆柱形；c—圆柱形；d—腰圆柱形（明）；e—腰圆柱形（暗）

4.2 冒口设计步骤及补缩条件

4.2.1 冒口设计步骤和原则

设计冒口时，一般按下列顺序进行。

（1）分析设置冒口的必要性：在进行冒口设计时，首先要根据铸件材质的合金特性、铸件结构和性能要求来分析设置冒口的必要性。比如铸钢件、可锻铸铁件的体收缩较大，一定要设冒口；而对于球墨铸铁件，由于有共晶石墨化的膨胀过程，若想要顺序凝固就要设置冒口，若想利用自身补缩，在达到一定条件时就可不设冒口；对于灰铸铁件，高牌号（HT250、HT300、HT350）就要设置冒口，低牌号（HT100、HT150、HT200）就不设冒口；对于合金铸铁，由于合金元素的加入会使合金的体收缩增大，一般都要设置冒口。另外，对于质量要求不高，壁厚均匀的铸件，可以考虑不设冒口，使其形成分散缩孔（缩松）。

可以不设冒口的则不设，以便减少造型工作量，提高工艺出品率，减少生产成本。分析完设置冒口的必要性后，如果需要设置冒口，就要进行下列步骤。

（2）划分补缩区：根据铸件结构特点，分析和划分补缩区。铸件中热节变化不大的相连部位形成一个补缩区。如图 4-9 所示的轮类铸件，以轮辐为界限划分为中心和周边两个补缩区。如图 4-10 所示的三通阀体铸件，以法兰为核心划分为三个补缩区。

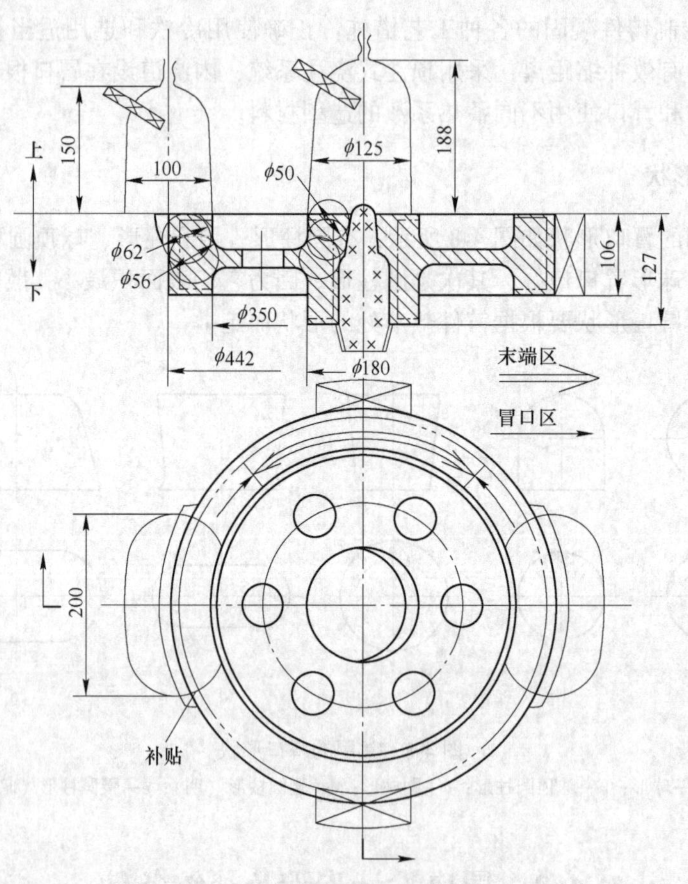

图 4-9　轮类铸件的冒口设置

（3）确定冒口位置：在确定冒口位置时，应掌握下列原则：

1）冒口位置要遵循顺序凝固原则。铸件补缩系统的凝固顺序为：铸件远离冒口部位→铸件靠近冒口部位→冒口。即铸件补缩区域的热节点随着凝固的进行逐步移进冒口。

2）尽量利用重力补缩。冒口应放在铸件热节的上方（顶冒口）或热节的侧旁（边冒口），应尽量设在铸件的最高、最厚的部位。

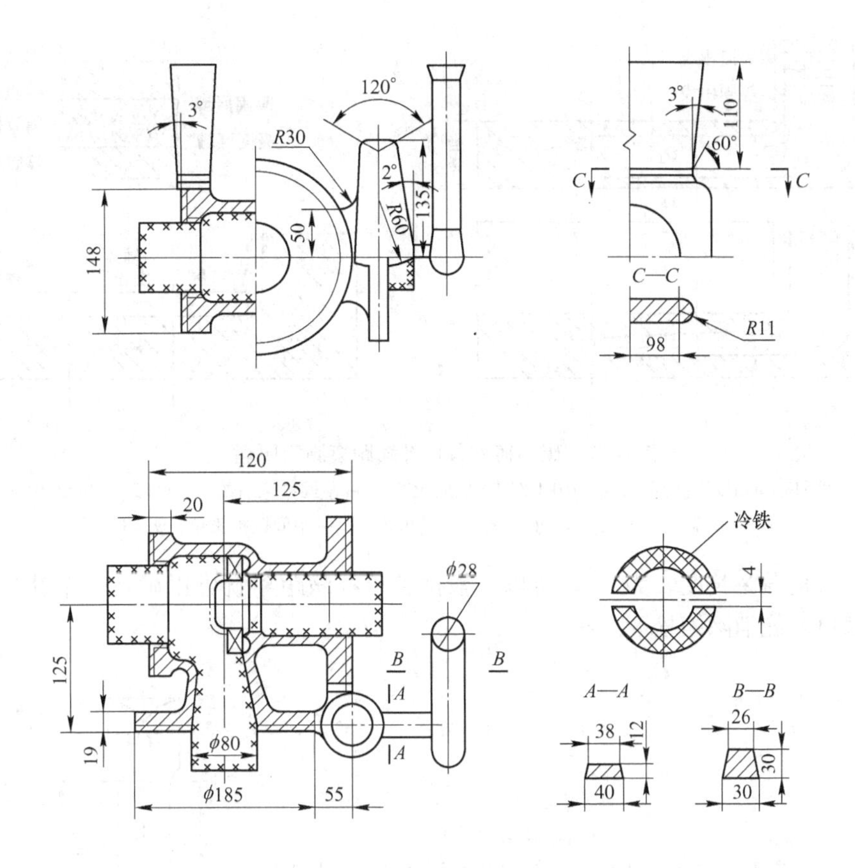

图 4-10　三通阀体铸件的冒口设置

3）设在不重要、凝固应力小、易于清理部位。防止晶粒粗大，避免影响力学性能；防止阻碍凝固收缩，避免产生裂纹；冒口尽可能设在铸件的加工面上，而不设在非加工面上，以减少精整冒口根部的工作量和节约能耗。

4）避免冒口的联合作用。当铸件需要在不同高度上都设冒口，或部分设置冒口时，每个冒口要有特定的补缩区域，必要时采用冷铁将各个冒口补缩区隔开。

5）为加强冒口补缩效果，冒口设置应与内浇道、冷铁、补贴的设置及加保温剂、点冒口工艺操作综合考虑。

6）冒口的设置应保证切除冒口方便。

（4）确定冒口数量：冒口数量要根据冒口（有效）补缩距离来确定。图 4-11 为碳钢铸件冒口补缩距离测定原理图，根据铸钢的凝固特性，利用冒口补缩铸件，可将铸件划分为 4 个区域（见图 4-12a）或 3 个区域（见图 4-12b）：

1）冒口覆盖区（图 4-11d）——对于顶冒口而言。

2）冒口作用区（图 4-11c）——靠冒口的补缩形成致密区。

3）缩松区（图 4-11f）——冒口补缩不到的部位，形成缩孔或缩松。

4）末端区（图 4-11e）——在末端激冷作用下形成温度梯度，凝固形成致密区。

用冒口补缩铸件，就是要消除缩松区。冒口补缩距离 b 就是冒口（作用）区长度 c+末端区长度 e，一个冒口的有效补缩范围等于冒口补缩距离 b+冒口覆盖区长度 d（对于立

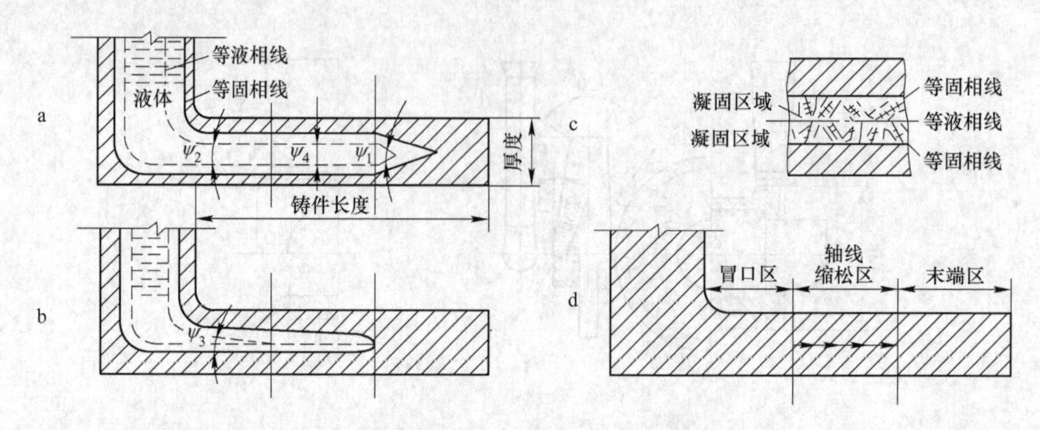

图 4-11 碳钢铸件冒口补缩距离测定原理

a、b—等液相线和等固相线移动情况；c—中间凝固区域放大图；d—凝固结束后的三个区域（中间产生轴线缩松）

ψ_1—末端区扩张角；ψ_2，ψ_3—冒口区扩张角；ψ_4—中间区扩张角，$\psi_4=0$

式铸件，冒口覆盖区长度 d 为 0）。所以，根据冒口补缩距离就可以确定一个补缩区内应安放多少冒口才能消除缩松区。

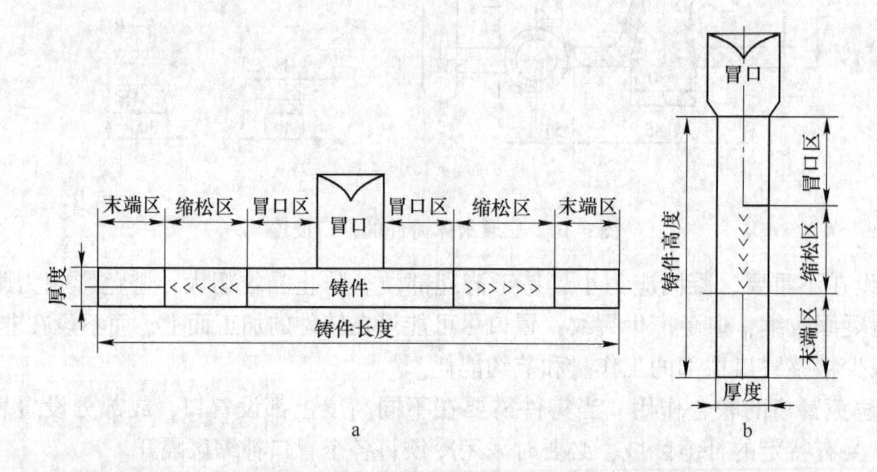

图 4-12 反映铸件致密程度的 4 个区域（或 3 个区域）

a—冒口补缩水平铸件；b—冒口补缩立式铸件

冒口补缩距离与铸件结构、合金特性、冷却条件、致密度要求有关，一般都用经验数据确定。图 4-13 所示为等厚度碳钢铸件（含碳量 0.20%~0.30%）的冒口有效补缩距离，宽厚比接近 1 时为杆件，远离 1 时为板件。可以看出，冒口区长度和末端区长度都随铸件厚度增大而增加，且随铸件截面的宽厚比减小而减小。说明薄壁铸件比厚壁铸件更难于消除轴线缩松，而杆件比板件补缩难度大。一般碳钢（含碳量 0.20%~0.50%）铸件冒口水平方向的有效补缩距离见表 4-3 和表 4-4。

灰铸铁件通用冒口的补缩距离如图 4-14 所示，共晶度越高，冒口的有效补缩距离越长。高牌号灰铸铁的共晶度低，结晶温度范围宽，共晶转变前析出奥氏体阻碍补缩，故冒口补缩距离较小。

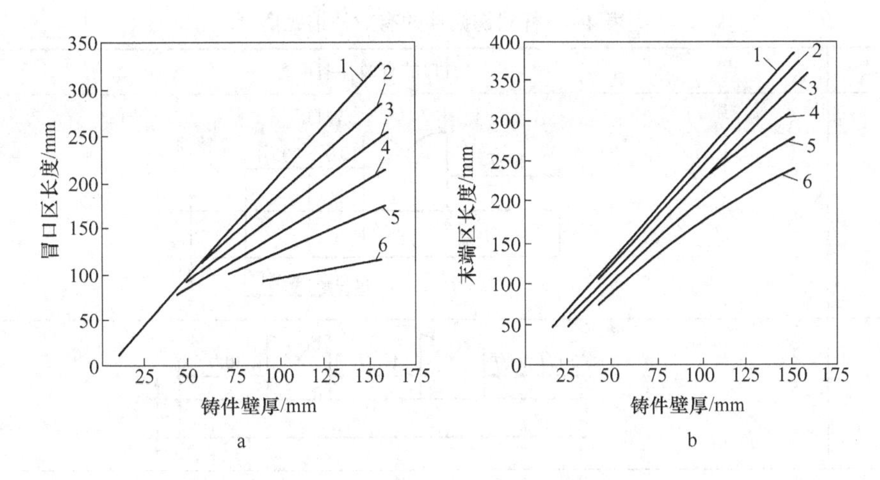

图 4-13 普通碳钢铸件的冒口补缩距离

a—冒口区长度；b—末端区长度

1—铸件截面宽厚比为 5∶1；2—铸件截面宽厚比为 4∶1；3—铸件截面宽厚比为 3∶1；
4—铸件截面宽厚比为 2∶1；5—铸件截面宽厚比为 1. 5∶1；6—铸件截面宽厚比为 1∶1

表 4-3 板状铸钢件的有效补缩距离

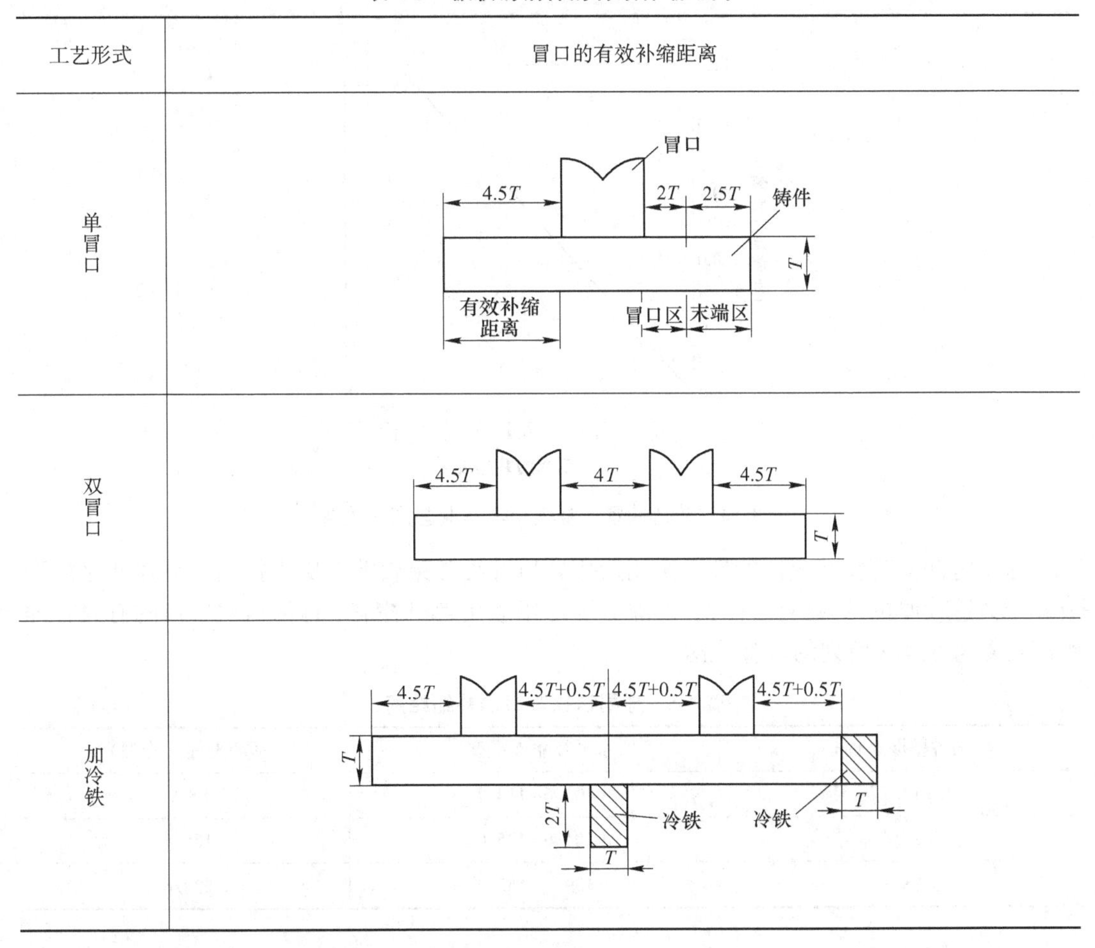

工艺形式	冒口的有效补缩距离
单冒口	
双冒口	
加冷铁	

表 4-4　杆状铸钢件的有效补缩距离

工艺形式	冒口的有效补缩距离
单冒口	冒口；铸件；$30\sqrt{T}$；$10\sqrt{T}$；$20\sqrt{T}$；T；冒口区；末端区
双冒口	$20\sqrt{T}$；$10\sqrt{T}$；$20\sqrt{T}$；$30\sqrt{T}$；T
加冷铁	$30\sqrt{T}$；$30\sqrt{T}+T$；$30\sqrt{T}+T$；$30\sqrt{T}+T$；T；$2T$；冷铁；冷铁；T；T

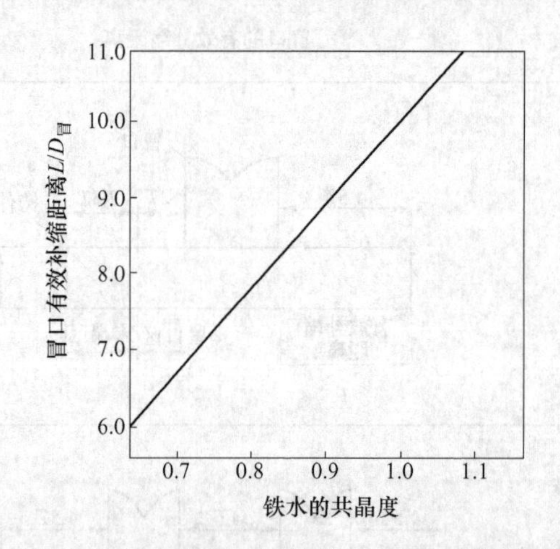

图 4-14　灰铸铁冒口补缩距离与共晶度的关系

球墨铸铁具有糊状凝固特性，采用通用冒口补缩效果较差。应当指出，只在使用湿型或壳型铸造较厚的球墨铸铁件时，才有必要使用通用冒口补缩。球墨铸铁冒口的有效补缩距离可参考表 4-5 所列的试验数据。

表 4-5　球墨铸铁冒口的补缩距离　（mm）

铸件壁厚 δ/mm	水平补缩（湿型）	垂直补缩（壳型）
12.7	101.6~114.3	88.9
25.4	101.6~125.0	165.1
38.1	139.7~152.4	228.6

增加冒口补缩距离的方法：

1）放置外冷铁，制造人为末端区。铸件端面与砂型接触而形成的末端区称为自然末端区，而通过放置激冷材料而形成的末端区称为人为末端区。在两个冒口之间安放冷铁，相当于在铸件中间制造了激冷端，使冷铁两端向着冒口方向的温度梯度扩大，形成两个人为末端区，显著地增大了冒口的有效补缩距离。

由表4-3可以看出，无冷铁的板状铸钢件，一个冒口的有效补缩距离为板厚的4.5倍，可形成长度为9倍板厚+冒口直径的致密水平铸件。当设置2个冒口时，就可形成长度为13倍板厚+2倍冒口直径的致密水平铸件；在2个冒口之间放一块冷铁时，就可形成长度为19倍板厚+2倍冒口直径的致密水平铸件，使铸件致密区长度增加了6倍板厚。所以，设置冷铁会显著增加冒口的有效补缩距离，且冷铁设在两冒口之间效果更好。

2）加补贴，扩大冒口补缩通道。在靠近冒口的铸件壁厚上补加的倾斜的金属块称为补贴。冒口附近有热节或铸件尺寸超出冒口补缩距离时，利用补贴可造成向冒口的补缩通道，实现补缩。应用补贴可消除铸件下部热节处的缩孔，还可延长补缩距离，减少冒口数目。

去除冒口金属补贴会增加铸件清理和机械加工的工时，为克服金属补贴的这一缺点，可以应用加热补贴和发热（保温）块补贴，如图4-15所示。加热补贴的耐火隔片至少要被钢液加热到1480℃才有效。发热（保温）块补贴的应用具有良好的经济效益。

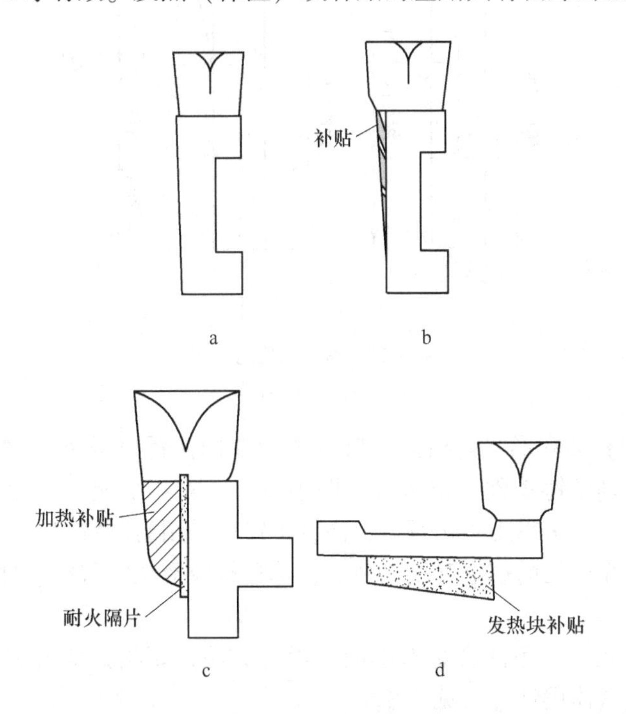

图4-15　补贴种类

a—无补贴；b—金属补贴；c—加热补贴；d—发热（保温）块补贴

按在铸件上的位置，补贴又分为水平补贴（见图4-16）和垂直补贴（见图4-17）。实际生产中，补贴的具体参数可查相关材质的试验图表来确定。

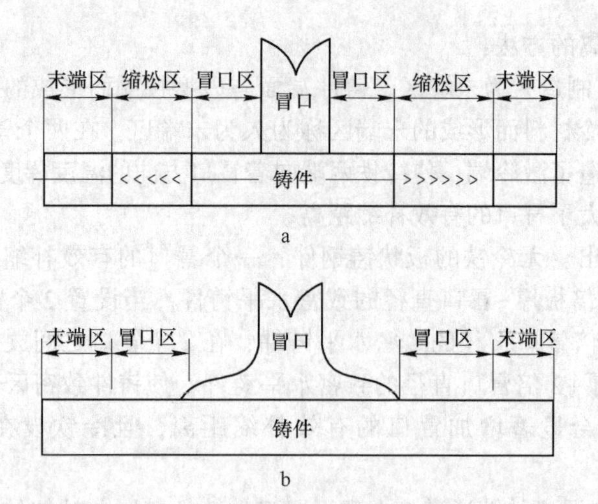

图 4-16 水平补贴示意图

a—无补贴；b—有补贴

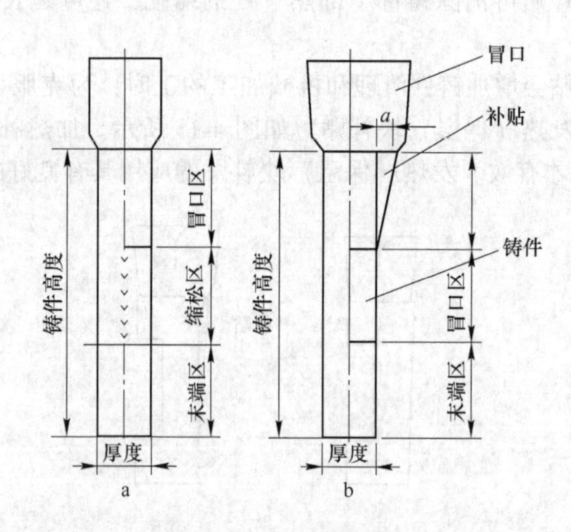

图 4-17 垂直补贴示意图

a—无补贴；b—有补贴

（5）确定冒口种类和形状：根据冒口分类特性选择冒口类型，对于单件小批生产的中、大型铸件，特别是铸钢件，较多采用明顶冒口；对于成批、大量生产的中、小型铸件，特别是铸铁件，较多采用暗边冒口；高锰钢铸件采用易割冒口。

根据铸件被补缩部位的壁厚和结构特点，选择相应形状的冒口。球形冒口的保温效果最好。

（6）设计冒口尺寸：不同合金有不同的设计方法，要根据铸件材质，选择合适的方法计算冒口尺寸。具体设计方法见 4.3 节。

（7）检验冒口补缩效果：对于完成的设计结果，要利用计算机工程分析软件对铸件凝固过程进行数值模拟和工艺分析，根据分析结果修正设计参数，改进冒口位置和尺寸大小，保证铸件质量和工艺出品率，之后投入生产。对于无把握铸件应进行试生产，切割冒口检验实际效果，分析修正后确定最终补缩工艺。

4.2.2 冒口补缩的基本条件

要实现通用冒口的正常补缩，获得完整致密的铸件，必须满足下述的基本条件：

(1) 保证凝固时间。冒口的凝固时间要大于或等于铸件（或补缩区）的凝固时间，即冒口模数要大于或等于铸件（或补缩区）模数。

(2) 补给量足够。在铸件凝固过程中，要有足够的液态金属补给铸件的液态收缩、凝固收缩和型腔扩大部分。

(3) 补缩通道畅通。在铸件凝固过程中，要保证冒口与铸件（或补缩区）之间的液态金属的流动性，即存在畅通的补缩通道。

4.3 冒口的设计与计算

冒口的设计方法主要有：模数法、周界商法、三次方程法、补缩液量法、缩管法、比例法，以及铸铁件实用冒口设计技术和均衡凝固技术。凝固数值模拟方法是近几年发展起来的利用计算机设计冒口的一种新型计算方法和优化手段。本节按铸件材质情况介绍相应的冒口设计和计算方法。

4.3.1 铸钢件冒口设计

铸钢件冒口属于通用冒口，其计算原理适用于实行顺序凝固的一切合金铸件。通用冒口的计算方法很多，现仅介绍几种常用的冒口计算方法。

4.3.1.1 模数法

A 模数 M 的定义

对于铸造过程，模数 M 也称为凝固模数、热模数，其定义为：

$$M = \frac{V}{S} \tag{4-1}$$

式中 V——铸件体积；

S——铸件散热表面积。

根据平方根定律（Chworinov 公式），铸件的凝固时间（s）：

$$t = \left(\frac{M}{k}\right)^2 \tag{4-2}$$

式中 k——铸件的凝固系数，它与铸件材质、铸型材料、浇注温度等有关。

常见的碳钢铸件在不同铸型中的 k 值见表 4-6。由此，将模数 M 也称为当量厚度。简单几何形状铸件的模数计算见表 4-7。

表 4-6 铸钢在不同造型材料铸型中的凝固系数

铸型材料	石英砂干型	石英砂湿型	铬铁矿砂型	金刚砂芯	铸铁金属型	铜金属型
$k\times10^{-3}$ ($m/s^{0.5}$)	1.23	1.29	1.32	2.17	2.72	3.87

表 4-7 简单几何形状模数的计算

名 称	图 形	计算公式
板状件	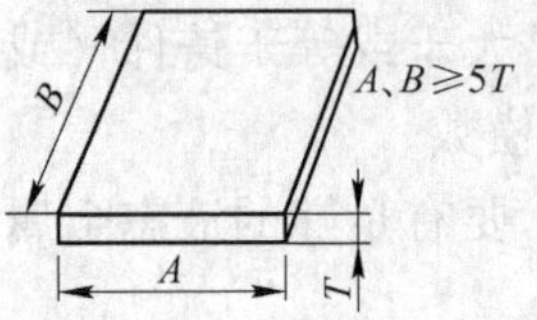 B; A、B≥5T; A; T	$M = \frac{T}{2}$
杆状件	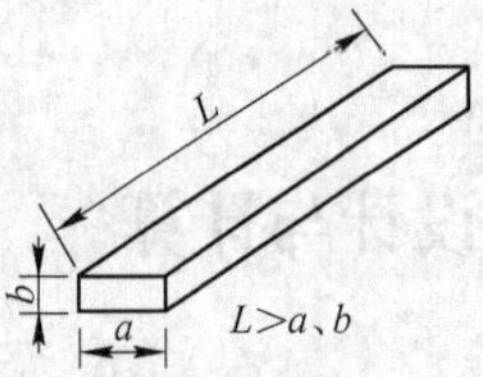 L; b; a; L>a、b	$M = \frac{ab}{2(a+b)}$
圆柱件	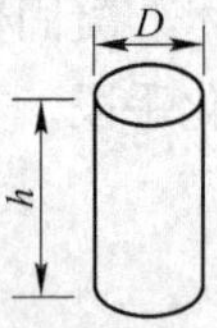 D; h	$M = \frac{D}{4}(h > 2.5D)$ $M = \frac{D \cdot h}{2(D+2h)}(h \leqslant 2.5D)$
球体、正立方体或正圆柱体	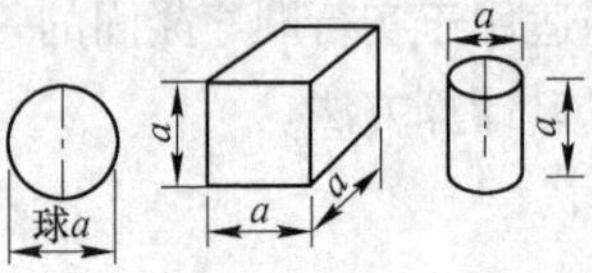 球a; a; a; a; a; a	$M = \frac{a}{6}$
环状和空心圆柱体	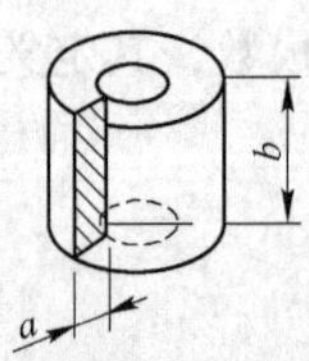 b; a	$M = \frac{ab}{2(a+b)}(b < 5a)$ $M = \frac{a}{2}(b \geqslant 5a)$

B 计算原理

a 满足冒口补缩的凝固时间条件

按照顺序凝固的基本条件，冒口的凝固时间要大于或等于铸件被补缩部位的凝固时间，即要求

$$t_r \geqslant t_n \geqslant t_c \tag{4-3}$$

式中的下标 r 表示冒口、n 表示冒口颈、c 表示铸件。式（4-3）满足冒口补缩基本条件中的凝固时间条件。

根据式（4-2）得

$$\left(\frac{M_r}{k_r}\right)^2 \geqslant \left(\frac{M_n}{k_n}\right)^2 \geqslant \left(\frac{M_c}{k_c}\right)^2$$

如果浇注环境相同，即采用普通冒口，则

$$k_r = k_n = k_c$$

所以

$$M_r \geqslant M_n \geqslant M_c \tag{4-4}$$

在冒口补给铸件的过程中，冒口中的金属液逐渐减少，顶面形成缩孔使散热表面积增大，因而冒口模数不断减小；铸件由于得到炽热金属液的补充，模数相对地有所增大。根据试验，冒口模数相对减小值约为原始模数的17%左右。所以，针对式4-4要赋予一个模数扩大系数，冒口模数扩大系数一般取1.2，冒口颈模数扩大系数一般取1.1。模数扩大系数过大，将使冒口尺寸增大，浪费金属，加重铸件热裂和偏析倾向。

生产经验表明，对于碳钢、低合金钢铸件，其冒口、冒口颈和铸件的模数关系应符合下列关系：

顶冒口：$M_r : M_c = 1 \sim 1.2 : 1$

边冒口：$M_r : M_n : M_c = 1.2 : 1.1 : 1$

内浇道通过冒口：$M_r : M_n : M_c = 1.2 : 1 \sim 1.03 : 1$

b　满足冒口补缩的补给量条件

冒口必须能提供足够的金属液，以补偿铸件和冒口在凝固完毕前的体收缩和因型壁移动而扩大的容积，使缩孔留在冒口内而不进入铸件中。为满足此条件应有

$$\varepsilon_V(V_c + V_r) + V_e \leqslant \eta V_r \tag{4-5}$$

式中　V_c，V_r，V_e——铸件、冒口和型腔扩大部分的体积；

ε_V——金属液的体收缩率，%；

η——冒口的补缩效率，各种冒口的补缩效率见表4-2。

型腔扩大部分的体积，对舂砂紧实的干型近似为零，对受热后易软化的铸型或松软的湿型，应根据实际情况确定。普通碳钢的体收缩率见图4-18，合金钢的体收缩率为：

$$\varepsilon_V = \varepsilon_0 + \sum k_i \cdot x_i \tag{4-6}$$

式中　ε_V——合金钢的体收缩率；

ε_0——与合金钢相同碳量碳钢的体收缩率；

x_i——合金元素的含量，%；

k_i——合金元素的修正系数，见表4-8。

在模数法中，通常用式（4-4）确定冒口尺寸，用式（4-5）校核冒口补缩能力，修正冒口尺寸。

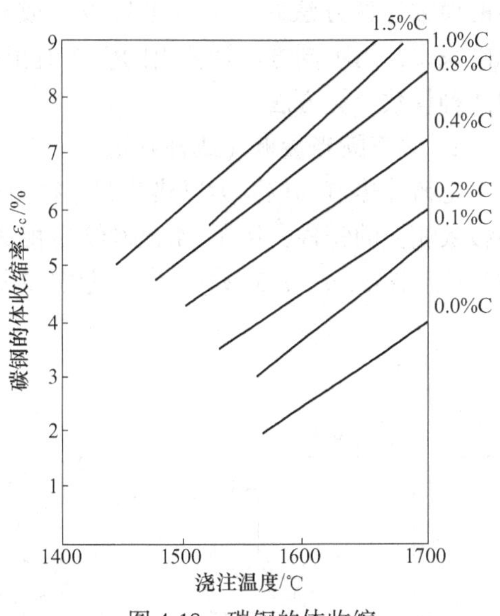

图4-18　碳钢的体收缩

表4-8　每1%合金元素对体收缩的修正系数

合金元素	W	Ni	Mn	Cr	Si	Al
修正系数 k_i	-0.53	-0.0354	0.0585	0.12	1.03	1.70

C 设计步骤

模数法设计冒口的步骤如下：

（1）划分冒口补缩区，计算各区的 M_c 。如果铸件只有一个热节，则直接计算铸件模数。

（2）选择冒口类型，计算 M_n、M_r 。一般 $M_n = 1.1M_c$，$M_r = 1.2M_c$。

（3）根据铸件冒口位置的形状和使用的砂箱结构，确定冒口的形状。根据冒口模数查找有关标准冒口数据，确定冒口的具体尺寸。对于有冒口颈的补缩系统，冒口颈尺寸为：

冒口颈长度 $L=2.4M_c$

当冒口颈截面为矩形时，设颈宽为 a、颈高为 h，选定一个高宽比（h/a），按下式求出冒口颈的宽和高：

$$\frac{ah}{2(a+h)} = M_n$$

当冒口颈截面为圆时，设颈的直径为 d，则：

$$d = 4M_n$$

（4）根据冒口的有效补缩范围，确定冒口数量。

（5）根据铸件化学成分和冒口类型，查找铸件的体收缩率和冒口的补缩效率，再根据式 4-5 来校核冒口的补缩能力。

D 铸件模数的计算

复杂铸件总是由简单几何体与其相交节点所构成。所以，只要掌握简单几何体和其相交节点的模数计算方法，对任何复杂铸件均可应用模数法计算出冒口尺寸。生产中应用较多的模数计算方法有热节圆当量板（或杆）法、一倍厚度法、实体造型数值计算法等。总的来说，用不同方法计算出的模数值相近，皆能满足工艺设计的精度要求。下面简单介绍两种模数计算方法。

a 热节圆当量板（或杆）法

把铸件热节部位视为以热节圆直径为厚度的板（或杆）件。例如，对于图 4-19a 所示的板板相交的铸件，用 1∶1 比例绘出相交节点处的图形。板壁相交处圆角半径取壁厚的 1/3 即已足够，$r=a/3$ 或 $r=b/3$。考虑砂尖角对凝固时间的影响时，作图时让热节圆的圆

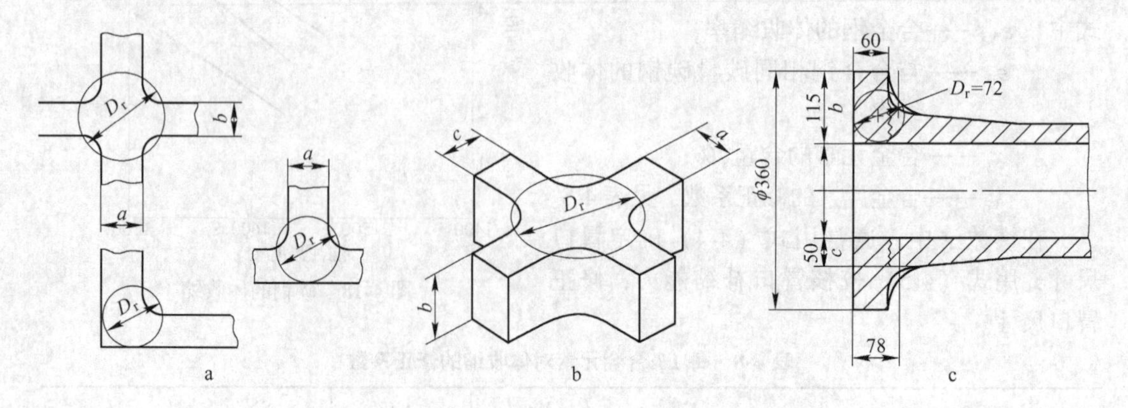

图 4-19 铸件壁的几种相交形式

a—板板相交（+字形、L 形、T 形）；b—杆杆相交；c—管与法兰相交

周线通过 r 的中心，量出热节圆的直径 D_r，把热节部位视为以热节圆直径为厚度的板件，则铸件模数

$$M = \frac{D_r}{2}$$

对于图 4-19b 所示的杆杆相交的铸件，用上述作图方法求出热节圆直径 D_r，把热节部位视为以热节圆直径为厚度的杆件，则铸件模数

$$M = \frac{D_r b}{2(D_r + b)}$$

对于图 4-19c 所示的管与法兰相交的铸件，用上述作图方法求出热节圆直径 D_r，把法兰视为厚度为 D_r 的 L 形杆件，再用扣除非散热面法计算热节模数，则铸件模数

$$M = \frac{D_r b}{2(D_r + b) - c}$$

b　一倍厚度法

如图 4-20 所示的铸件结构，温度测定试验表明，离热节处一倍壁厚以外的温度，基本与壁体的温度相同。因此，以图示的阴影区作为计算热节模数的依据，则铸件模数

$$M = \frac{2a^2 + ab + b^2}{4a + 3b}$$

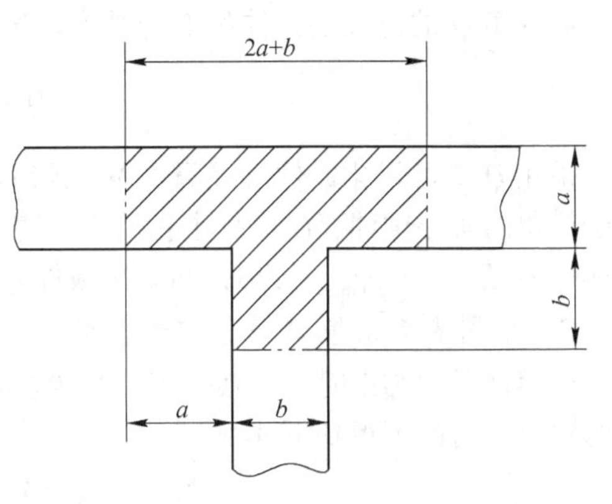

图 4-20　一倍壁厚法求 T 形热节的模数

模数计算实例：压实缸体铸钢件，简图如图 4-21 所示。分区计算模数如下：

缸底：直径 ϕ400mm，侧面为非冷却面，可视为厚 140mm 的板件，$M = 14/2 = 7$cm；

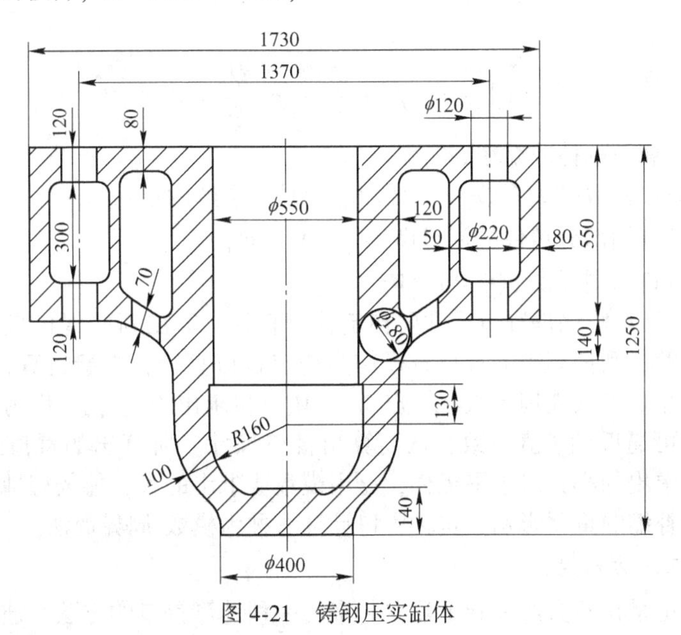

图 4-21　铸钢压实缸体

帽状部分视为板件，厚 100mm，$M=5\text{cm}$；

缸体主壁部分：视为厚 120mm 的板件，$M=6\text{cm}$；

上部平板部分：厚 80mm，板件，$M=4\text{cm}$；

$\phi120\text{mm}$ 孔的四周部分：视为板件，厚 80mm，$M=4\text{cm}$；

热节：缸体主壁与斜壁相交处，热节圆 $\phi180\text{mm}$，视为厚 180mm 的当量板，$M=18/2=9\text{cm}$。

4.3.1.2 模数-周界商法

A 铸件（冒口）形状对凝固时间的影响

以平方根定律（Chworinov 公式）为基础的模数法忽略了铸件（冒口）形状对凝固时间的影响，而实际上，在其他条件（模数、合金、铸型等）相同时，球体件凝固时间最短，圆柱体次之，平板件凝固时间最长。铸件凸形表面的凝固层增长速度高于平面和凹形表面。这说明铸件（冒口）形状对其凝固和补缩有重要影响。为此，出现了周界商法。

B 周界商

周界商 Q 的定义是，体积 V 与其模数的三次方（M^3）之比值，即

$$Q=\frac{V}{M^3} \tag{4-7}$$

采用 Q 值可量化铸件（及冒口）的形状。Q 值可以表明铸件形状的特征：形状越接近于简单的实心球体，Q 值越小；反之，铸件形状越接近展开的大平板，Q 值越大。实心球体件 Q 值最小，$Q_{min}=113$，而大平板件 Q 值非常之大。

C 用周界商求冒口模数扩大系数

当铸件凝固结束时，令残余冒口的模数正好等于被补缩铸件的模数，则这个冒口是最小的冒口。由此可得到下式

$$\frac{V_r-(V_c+V_r)\varepsilon_V}{A_r}=\frac{V_c}{A_c}=M_c \tag{4-8}$$

经推导可得

$$(1-\varepsilon_V)f^3-f^2-\varepsilon_V\frac{Q_c}{Q_r}=0 \tag{4-9}$$

式中 ε_V ——金属液的体收缩率，%；

f——冒口模数扩大系数，$f=M_r/M_c$，是要求解的量；

Q_c——被补缩部分铸件的周界商，$Q_c=V_c/M_c^3$；

Q_r——冒口的周界商，$Q_r=V_r/M_r^3$；

用式（4-9）计算铸钢件冒口尺寸要初定冒口直径，算出新的冒口直径后与初定直径相比较，如不相符，则把算得的冒口直径作为初定冒口直径，重新运算，逐步代换逼近，直到直径一致为止。一般先用模数法求出 M_c、M_r，再求出 Q_c、Q_r，作为初定参数，只需 1~2 次运算，即可逼近到 f 值一致，从而算出冒口尺寸。所算出的冒口尺寸：对于球形件，比用模数法求出的小；对于平板件，比用模数法求出的大，能较好地反映铸件、冒口形状对其凝固和补缩的重要影响。这种冒口计算法称为模数-周界商法。

4.3.1.3 三次方程法

三次方程法也是在模数法基础上建立起来的一种计算冒口的方法，通过求解关于冒口

直径的三次方程最终获得冒口直径，这种方法非常适合计算机编程计算冒口。

当铸件凝固结束时，理想的情况是残余冒口的模数正好等于被补缩铸件的模数，这时

$$\frac{V_r-(V_c+V_r)\varepsilon_V}{A_r}=\frac{V_c}{A_c} \tag{4-10}$$

式中 V_c，V_r——铸件、冒口的体积；

A_c，A_r——铸件、冒口的散热表面积；

ε_V——金属液的体收缩率（%）；

式中的 V_r、A_r 均为冒口直径 d_r 的函数。当选定冒口形状并给出高径比后，就可以建立起冒口直径与铸件模数（铸件体积和散热表面积）之间的三次方程关系。例如，对于圆柱形冒口，设高径比 $B=h_r/d_r$，则有

$$V_r=\frac{\pi Bd_r^3}{4}$$

$$A_r=\pi d_r^2(B+1/4)$$

将上式代入到式（4-9）中并整理，则有

$$d_r^3-K_1M_cd_r^2-K_2V_c=0 \tag{4-11}$$

式中，K_1、K_2为常数，与冒口形式和金属液的体收缩率有关，对于圆柱形冒口，$K_1=4[(B+1/4)(1+\varepsilon_V)/B]$，$K_2=4\varepsilon_V/(\pi B)$。

式（4-10）就是关于计算圆柱形冒口直径的三次方程式，对于其他形状的冒口，可用类似方法推导出关于冒口直径的三次方程式。

4.3.1.4　补缩液量法

假定：（1）铸件的凝固速度和冒口的凝固速度相等，在相同的凝固时间，凝固层的厚度一样；（2）冒口内供补缩用的金属液体积（缩孔体积）为直径 d_0的球。当铸件完全凝固时，冒口的凝固层厚度为铸件厚度的一半，中间未凝固部分的钢液作为补缩铸件体收缩之用，如图 4-22 所示。

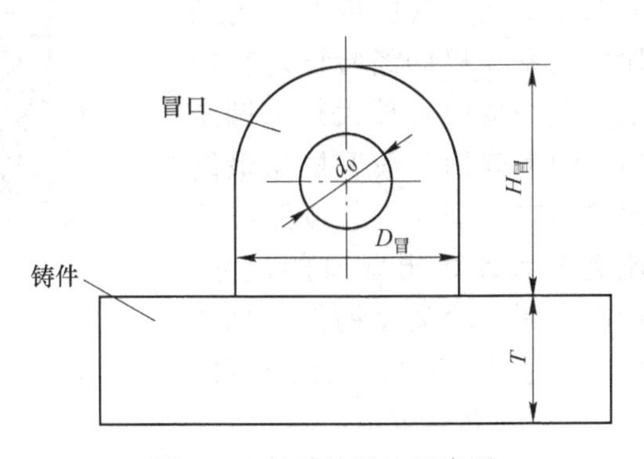

图 4-22　补缩液量法示意图

从图中可以看出：

$$d_0=D_冒-T$$

$$D_冒=d_0+T \tag{4-12}$$

式中 d_0——冒口内未凝固部分的直径，mm；

$D_冒$——冒口直径，mm；

T——铸件厚度，mm。

如果冒口能满足补缩，就要求直径为 d_0的球体的体积应等于铸件（被补缩部分）的总体收缩量，即

$$\frac{\pi d_0^3}{6}=\varepsilon_V V_c$$

$$d_0 = \sqrt[3]{\frac{6\varepsilon_V V_c}{\pi}} \tag{4-13}$$

式中 V_c——铸件（被补缩部分）体积；

ε_V——金属液的体收缩率，%。

计算出铸件（被补缩部分）体积，就可利用式（4-12）得出补缩球直径 d_0，然后用式（4-11）求出冒口直径 $D_冒$。在实际生产中，为使冒口补缩可靠，常使冒口高度 $H_冒$ 大于冒口直径 $D_冒$，一般取

$$H_冒 = (1.15 \sim 1.8)D_冒 - T$$

注意：冒口中补缩球的体积还应包括冒口本身的体收缩容积，而式（4-12）中未计入此值；冒口在实际凝固过程中，中间未凝固部分不可能呈球形，而呈倒葫芦形，顶部凝固层厚度远小于1/2铸件壁厚；冒口内凝固层厚度由上向下逐渐增厚，冒口用于补缩的体积大于球形体积。由此可见，这种计算方法，从假定到推算是有一定误差的。但实际应用中冒口高度都大于其直径，故安全系数足够大，补偿了计算的误差。根据一些工厂实践，使用效果良好，简单易算。

4.3.1.5 比例法

比例法又称热节圆法，是在分析、统计大量工艺资料的基础上，总结出的冒口尺寸经验确定法。各工厂根据长期实践经验，归纳出冒口各种尺寸相对于热节圆直径的比例关系，汇编成各种冒口尺寸计算的图表。比例法简单易行，广为采用。

比例法设计冒口的基本过程是首先计算出冒口要补缩部分的热节圆，然后再按一定的比例关系（根据经验设定）向上（重力场中）放大热节圆至铸件的上表面，最后根据最终确定的热节圆尺寸，按照经验比例关系计算出冒口的尺寸。现以常用的轮类铸钢件（见图4-23）为例，其通过比例法确定冒口尺寸的步骤如下：

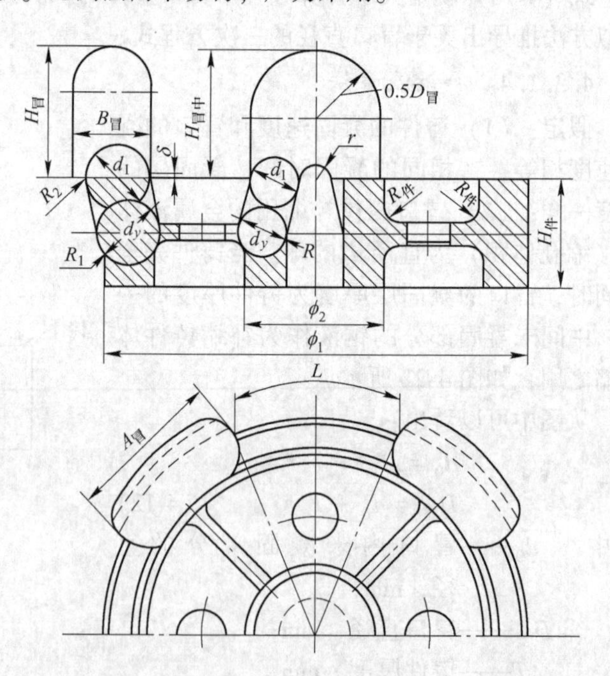

图4-23 轮类件用比例法确定冒口尺寸的图例

（1）确定补缩部位的热节圆直径 d_y：在加上加工余量、收缩率、工艺补正量的铸件图或1∶1的草图上，在铸件热节处绘出热节圆，并测量出相应的热节圆直径 d_y。考虑砂型尖角作用，一般

$$d_y = d_{内切} + (10 \sim 30)\ (\text{mm})$$

（2）确定冒口补贴尺寸：根据经验总结出的比例关系，向上滚动热节圆，绘出补贴的轮廓线。

1）对于轮缘：

$$d_1 = (1.3 \sim 1.5)d_y\ (\mathrm{mm})$$
$$R_1 = R_{件} + d_y + (1 \sim 3)\ (\mathrm{mm})$$
$$R_2 = (0.5 \sim 1.0)d_y\ (\mathrm{mm})$$
$$\delta = 5 \sim 15\ (\mathrm{mm})$$

2）对于轮毂：

$$d_1 = (1.1 \sim 1.3)d_y\ (\mathrm{mm})$$

一般补贴为 d_1、d_y 两圆的公切线。

（3）确定冒口尺寸和数量：根据经验比例关系确定冒口高度、冒口直径（或宽度、长度），常用的比例关系为：

1）对于轮缘，采用腰圆形冒口：

暗冒口宽度 $B = (2.2 \sim 2.5)d_y(\mathrm{mm})$

明冒口宽度 $B = (1.8 \sim 2.0)d_y(\mathrm{mm})$

冒口长度 $A = (1.5 \sim 1.8)B(\mathrm{mm})$

冒口高度 $H = (1.15 \sim 1.8)B(\mathrm{mm})$

冒口补缩距离 $L = (6 \sim 8)d_y(\mathrm{mm})$，由此确定冒口数量。

也有用冒口延续度确定冒口数量的，冒口延续度=冒口根部长度/铸件被补缩部位长度×100%。冒口延续度反映了冒口的补缩距离，延续度愈小，则补缩距离愈长。根据生产经验的总结，各种冒口的延续度都有一定值，可查表选取。

2）对于轮毂，采用圆柱形暗冒口：

冒口直径 $D = \psi_2 - (15 \sim 20)(\mathrm{mm})$，$\psi_2$ 为轮毂的外径

冒口高度 $H = (2 \sim 2.5)d_1 + r\ (\mathrm{mm})$

（4）校核工艺出品率：

$$铸件工艺出品率 = \frac{铸件重量}{铸件重量 + 浇冒口重量} \times 100\%$$

实际生产证明，对于一定的冒口形状和冷却条件、铸件结构和壁厚，工艺出品率都有一个合适值（见表4-9）。如果计算出的工艺出品率偏大，说明冒口过小，铸件有可能存在缩松；如果过小，说明冒口过大，浪费钢水。如果出现这两种情况，应重新设计冒口尺寸。

表 4-9 碳钢和低合金钢铸件的工艺出品率

铸件组别名称		铸件毛重/kg	铸件大部分壁厚 T/mm	冒口金属消耗系数		工艺出品率/%	
				明冒口	暗冒口	明冒口	暗冒口
小铸件	加工量大	~100	~20	0.47	0.43	65	67
			20~50	0.56	0.52	61	63
			50 以上	0.65	0.60	58	60
	加工量小	~100	~20	0.47	0.37	65	70
			20~50	0.52	0.43	63	67
			50 以上	0.60	0.50	60	64

续表 4-9

铸件组别名称		铸件毛重/kg	铸件大部分壁厚 T/mm	冒口金属消耗系数		工艺出品率/%	
				明冒口	暗冒口	明冒口	暗冒口
中型铸件	加工量大	100~500	~30	0.45	0.41	66	68
			30~60	0.52	0.45	63	66
			60 以上	0.60	0.50	60	64
	加工量小	100~500	~30	0.43	0.37	67	70
			30~60	0.47	0.41	65	66
			60 以上	0.52	0.45	63	58
大铸件	加工量大	500~5000	~50	0.43	0.39	67	69
			50~100	0.50	0.43	64	67
			100 以上	0.55	0.47	62	65
	加工量小	500~5000	~50	0.41	0.37	68	70
			50~100	0.45	0.39	66	69
			100 以上	0.50	0.41	64	68
特大铸件	加工量大	5000 以上	~50	0.41	0.37	68	70
			50~100	0.47	0.41	65	68
			100 以上	0.52	0.45	63	66
	加工量小	5000 以上	~50	0.39	0.35	69	71
			50~100	0.43	0.37	67	70
			100 以上	0.45	0.39	66	69

注：1. 冒口金属消耗系数=冒口重量/铸件毛重；

2. 工艺出品率中，浇注系统的金属消耗占铸件毛重的 4%；

3. 机械加工量小的铸件是指加工面小于 20%。

4.3.2 铸铁件通用冒口设计

4.3.2.1 灰铸铁

普通灰铸铁件在凝固过程中，因析出石墨并伴随相变膨胀，有很强的自补缩能力，因而形成缩孔、缩松的倾向性小，对于模数 $M \leqslant 1\text{cm}$ 的铸件，可利用浇注系统当冒口铸出健全的铸件。灰铸铁件冒口尺寸主要靠经验方法来确定，表 4-10 列出常用冒口的形状和参数，可供设计冒口时参考。

表 4-10 灰铸铁件常用冒口的形状和参数

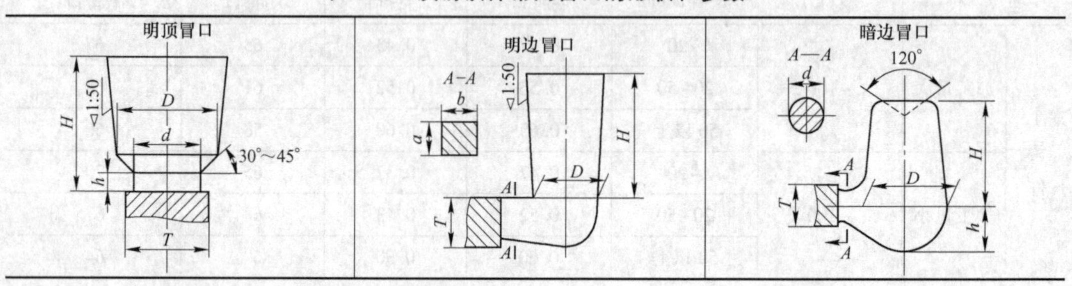

续表 4-10

$D = (1.2 \sim 2.5)T$ $H = (1.2 \sim 2.5)D$ $d = (0.8 \sim 0.9)T$ $h = (0.3 \sim 0.35)D$	$D = (1.2 \sim 2.5)T$ $H = (1.2 \sim 2.5)D$ $a = (0.8 \sim 0.9)T$ $b = (0.6 \sim 0.8)T$	$D = (1.2 \sim 2.0)T$ $H = (1.2 \sim 1.5)D$ $h = 0.3H$ 浇口通过冒口时：$d = (0.33 \sim 0.5)T$ 浇口不通过冒口时：$d = (0.5 \sim 0.66)T$

注：1. T 为铸件的厚度或热节圆直径；

2. 明冒口高度 H 可根据砂箱高度适当调整；

3. 随明顶冒口直径 D 增大，冒口颈处的角度取小值。

灰铸铁件通用冒口的补缩距离与共晶度有关，共晶度越高，冒口的有效补缩距离越长（见图 4-14）。

4.3.2.2　球墨铸铁

球墨铸铁具有糊状凝固特性，球墨铸铁件的缩孔体积，在普通砂型条件下，要比灰铸铁件大，故一般都设置冒口。但利用球墨铸铁在凝固过程中，由于石墨化产生的较大的收缩前膨胀，采用提高铸型刚度，保证铸件同时凝固，合理选择合金成分等措施后，有可能实现小冒口或无冒口铸造。

球墨铸铁生产中以暗冒口应用最广，而且一般设计成浇道通过冒口进入铸件的浇冒口系统，以利补缩。使用湿型或壳型铸造较厚的球墨铸铁件时，球墨铸铁冒口的有效补缩距离见表 4-5 所列数据。一般球墨铸铁件的冒口补缩距离见表 4-11。

表 4-11　球墨铸铁冒口的有效补缩距离

补缩条件	简　图	补缩距离 L
单面补缩		有效补缩距离 $L = 4.5T$ 末端冷却区 $L_1 = 2.5T$
双面补缩		有效补缩距离 $L = 3T$ 末端冷却区 $L_1 = 2.5T$

注：1. 一般适用于铸件壁厚 10~150mm 的条件，当铸件壁厚>50mm 时，有效补缩距离 L 可适当增加。

2. L_1 为末端区距离，一般可取 $2.5T$。

3. 表图中：1—冒口；2—铸件。

A　模数法

冒口直径的计算公式为

$$D_m = 4.6M_c + B$$

式中 D_m——冒口直径，cm；

M_c——铸件模数，cm；

B——经验常数，cm，当采用边冒口且铁液经过冒口浇入型腔时取 2.5~3.5，上限仅适用于快浇，下限适用于慢浇。

参考图 4-24，冒口的其余尺寸为：$D_1 = (0.8 \sim 0.9)D_m$，$H_m = (1.0 \sim 1.4)D_m$，h 一般比铸件壁厚小 3~5mm，$r_1 = D_1/4$，$r_2 = 3 \sim 10$mm。

冒口颈模数为铸件模数的 0.7 倍，过大或过小都可能使铸件在冒口颈处产生缩松。冒口颈的截面最好是梯形，也可以用圆形或正方形。冒口颈的长度为冒口直径的 0.25~0.3 倍。冒口工艺出品率按 70%左右核算，不得大于 80%。

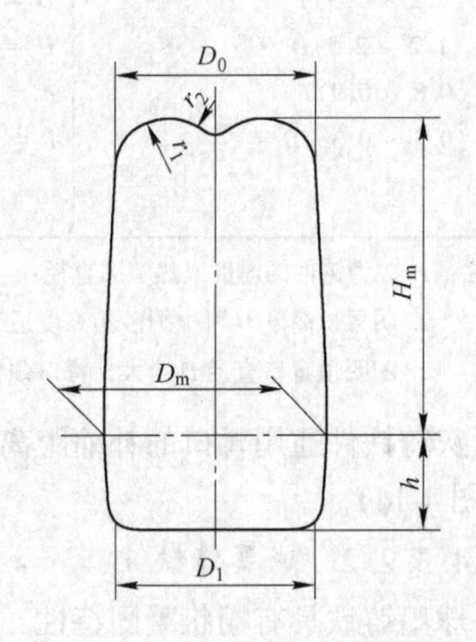

图 4-24 球墨铸铁暗冒口的尺寸

B 热节圆法

根据铸件热节处的热节圆直径 T 确定冒口各部分的尺寸（见表 4-12）。

表 4-12 球墨铸铁冒口的尺寸

明冒口	边冒口	半球状冒口	环形冒口
$D_R = (1.2 \sim 3.5)T$ $H_R = (1.2 \sim 2.5)D_R$ $B = (0.4 \sim 0.7)D_R$ $h = (0.3 \sim 0.35)D_R$	$D_R = (1.2 \sim 3.5)T$ $H_R = (1.2 \sim 2.5)D_R$ $A = (0.8 \sim 0.9)T$ $S_1 = (0.8 \sim 1.2)T$ $L = (0.4 \sim 0.5)D_R$ $h = (0.4 \sim 0.5)D_R$ $R = (0.5 \sim 0.7)D_R$ $S = (3/4)D_R$	$H_R = (1.5 \sim 4)T$ $D_R = 2H_R$ $\alpha = 30° \sim 40°$ $\phi = 25 \sim 35$ $R = (0.25 \sim 0.4)H_R$	$H_R = (0.5 \sim 1)H_C$ $b_R = (0.5 \sim 1)T$ α 取值如下： $H_R = 0.5H_C$，$\alpha = 30°$ $H_R = 0.8H_C$，$\alpha = 45°$ $H_R = H_C$，$\alpha = 60°$

注：1. 一般壁厚的铸件取 $D_r = T+50$；

2. 圆柱体、立方体等取 $D_r = (1.2 \sim 1.5)T$。

C 缩管法（补缩液量法）

通过对大量的球墨铸铁和可锻铸铁冒口的解剖发现，冒口中缩孔的形状类似一管状，该管容积所含的金属液都用于补缩铸件。只要保证该管的体积大于或等于补缩所需体积，且管底高度大于或等于补缩压头，则能形成该缩管的冒口是一个能良好补缩的冒口。

如图 4-25 所示，设定铸件厚度为 T，冒口凝固层厚度为 W，冒口高度为 H_r、直径为 D_r，缩管高度为 H_p、直径为 D_p。

假定铸件凝固层增长速度与冒口凝固层增长速度相同，则

$$W = \frac{T}{2}$$

缩管内的金属液全部用于补缩铸件和冒口的凝固收缩，则缩管的体积 V_p 要满足下式

$$V_p = \frac{\pi}{4}D_p^2\left(H_p - \frac{D_p}{2}\right) + \frac{\pi}{12}D_p^3 \geqslant \varepsilon(V_c + V_r)$$

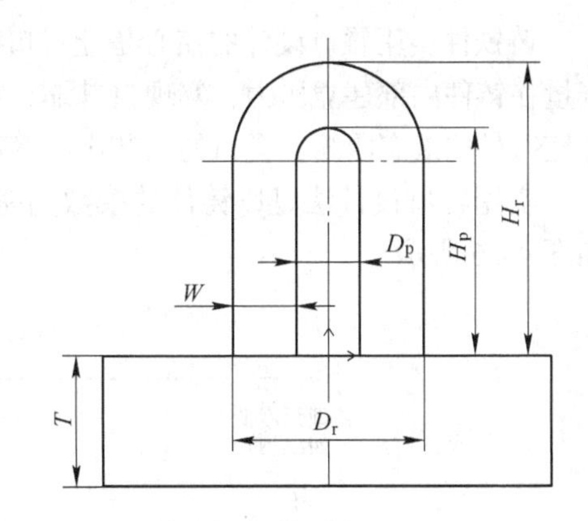

图 4-25　缩管法示意图

利用上式就可求出缩管直径 D_p 和高度 H_p（$H_p \geqslant D_p$），进而求出冒口直径 D_r 和高度 H_r。缩管的高径比 H_p/D_p 一般为 2.0~3.0（对于顶冒口）和 2.5~4.0（对于边冒口）。

4.3.2.3　可锻铸铁

可锻铸铁的冒口通常采用边暗冒口，而且广泛地应用金属液自浇口通过冒口进入铸件的方法来加强冒口的补缩作用。

对于薄壁铸件，且质量较大或较高的铸件，取冒口直径 $D_r = (3 \sim 5)T$。对于一般铸件，取冒口直径 $D_r = (2.2 \sim 3.0)T$。T 为铸件的厚度或热节圆直径。冒口尺寸的确定见表 4-13。可锻铸铁冒口的补缩距离为铸件厚度的 4~4.5 倍，厚壁铸件取下限。

表 4-13　可锻铸铁冒口的尺寸

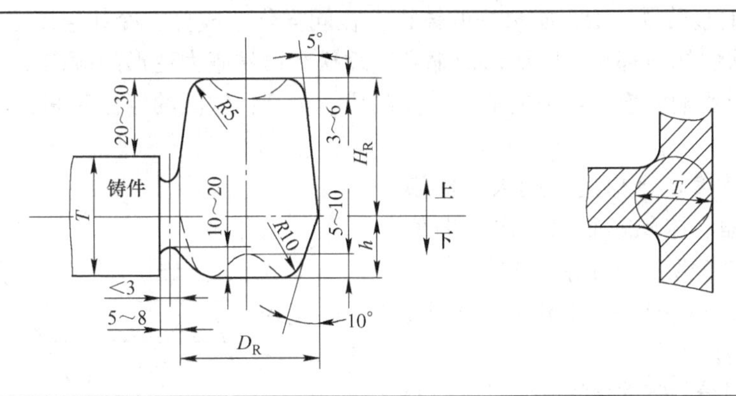

冒口直径 D_R	冒口高度			冒口颈截面积与补缩节点热节圆面积之比
$D_R = (2.2 \sim 2.8)T$	上	$H_R = 1.5D_R$	$H_R = D_R$	(1~1.5) : 1
	下	$h = 0.25D_R$	$h = 0.5D_R$	

注：1. 冒口下部高度可按冒口颈的厚度加 10~20mm 来确定；
2. 若一个冒口补缩两个及两个以上热节区时，冒口直径要相应增大 1.1~1.3 倍；
3. 若被补缩铸件相当于热节圆形成的球体时，冒口颈的截面积应略小于热节圆的截面积；
4. 冒口颈的截面一般为圆形或腰圆形或月牙形。

4.3.3 铸铁件实用冒口设计

铸铁件实用冒口设计的核心是让冒口和冒口颈先于铸件凝固，利用全部或部分石墨化膨胀量在铸件内部建立压力，实现自补缩，更有利于克服缩松缺陷。实用冒口提供的金属液只补充铸件的液态收缩，冒口的工艺出品率高，铸件品质好，成本低，比通用冒口更实用。

实用冒口设计法是以铸件的模数为基础，根据模数的不同，采用的设计方法也不同，如图 4-26 所示。

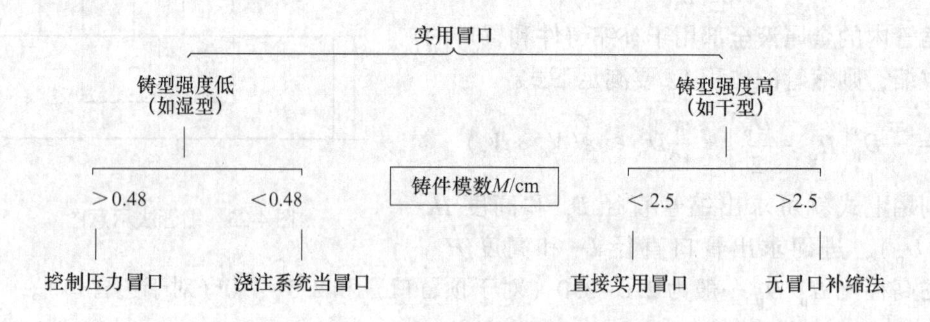

图 4-26 球墨铸铁件实用冒口适用范围

4.3.3.1 铸铁凝固时的体积变化

铸造合金注入铸型后，冷却过程中有液态收缩、凝固收缩和固态收缩。不同的铸造合金收缩率不同，但是，每一种合金的收缩率是常数。球墨铸铁和灰铸铁则与此不同，不仅在凝固过程中有石墨化膨胀，而且体积变化的模式受多种因素的影响。影响球墨铸铁体积变化的主要因素有：

（1）铁水冶金质量。冶金质量好的铸铁，在同样化学成分、冷却速度下，液态收缩、体积膨胀和二次收缩值都小，因而形成缩孔、缩松和铸件胀大变形的倾向小，容易获得健全的铸件。主要影响因素是：炉料的组成及品质；炉型；铁液的停留时间；球化处理和孕育处理。

（2）冷却速度。冷却速度越大，球墨铸铁的液态收缩、体积膨胀和二次收缩值也越大。图 4-27 表明：铁水冶金质量越好，冷却速度越慢，球墨铸铁的体收缩越小，特别是液相收缩。

（3）化学成分。铸件化学成分对体积变化的影响如图 4-28 所示。图中的虚线框表示球墨铸铁件常用的 C、Si 成分，剖面线部分为可形成致密区的 C、Si 成分。实验表明：高于 $3.9 = w(C) + w(Si)/7$ 线的部位为致密区。可见碳量对消除球墨铸铁件的缩松比硅的作用强 7 倍之多；$w(C)/w(Si) = 1.18$ 时，体收缩率具有最小值。

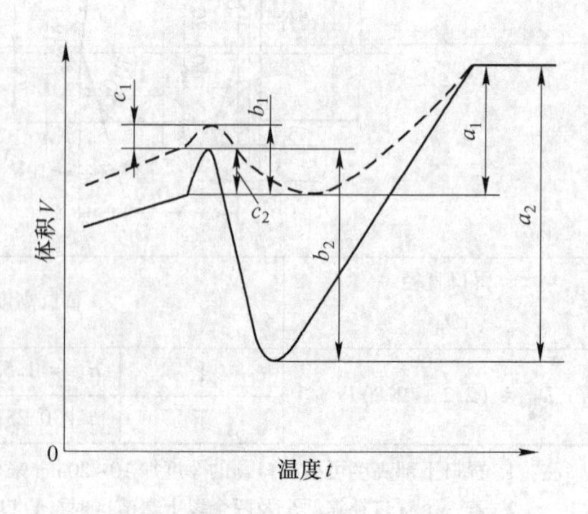

图 4-27 铁水质量和冷却速度对体收缩的影响
虚线—慢冷、铁水质量好；实线—快冷、铁水质量差

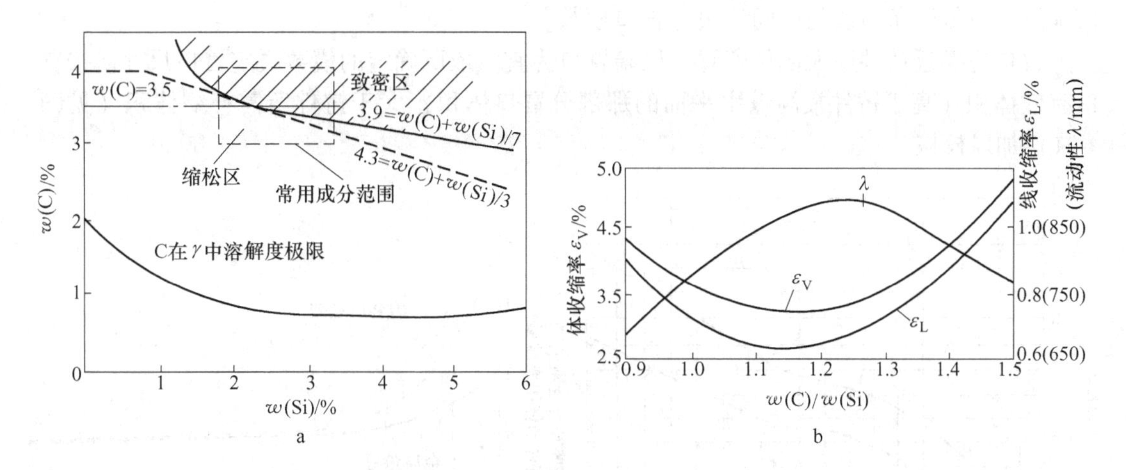

图 4-28　化学成分对铸铁收缩的影响

a—碳硅含量对铸铁收缩缺陷的影响；b—碳硅比 $w(C)/w(Si)$ 对铸铁铸造性能的影响

4.3.3.2　控制压力冒口

A　基本原理

控制压力冒口也称释压冒口，适于在湿型中铸造模数为 0.48～2.5cm 的球墨铸铁件。如图 4-29 所示，安放冒口补给铸件的液态收缩，在共晶膨胀初期冒口颈畅通，可使铸件内部铁液回填冒口以释放“压力”，防止型腔变形。控制回填程度使铸件内建立适中的内压用来克服二次收缩缺陷—缩松，从而达到既无缩孔、缩松，又能避免铸件胀大变形的目的。

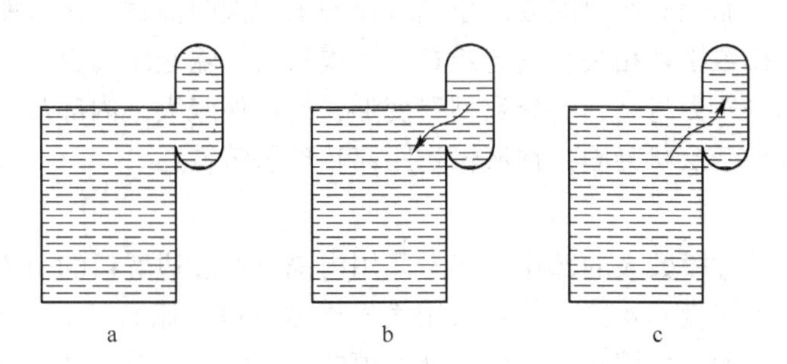

图 4-29　控制压力冒口示意图

a—浇注初期；b—液态收缩；c—膨胀回填

控制冒口的回填程度，保证型腔内金属液有一个合适压力，是设计控制压力冒口的关键。控制冒口的回填程度有三种控制方法：(1) 冒口颈适时冻结。(2) 用暗冒口的容积实现控制。暗冒口被回填满，即告终止。(3) 采用冒口颈尺寸和暗冒口容积的双重控制。以上三种方法都有成功的实例，但双重控制法更经济可靠。双重控制法也应重视浇注温度和铁水冶金质量，由于生产因素波动，当冒口先冻结时，会出现暗冒口未被回填满的情况。冶金质量好的铁液容易实现压力控制。

B　设计方法

冒口模数 M_r 可按图 4-30 确定。试验表明，控制压力冒口的模数主要与铸件厚大部分的模数 (M_s) 和铁水冶金质量有关。当冶金质量好时，取下限；反之则应取上限；平常情况下，应依两条曲线的中间值决定冒口模数。

冒口应靠近铸件厚大部位安置，以暗冒口为宜。依所确定的模数决定冒口尺寸。按冒口有效体积（高于铸件最高点水平面的那部分冒口体积）大于铸件所需补缩体积（见图4-31）加以校核。

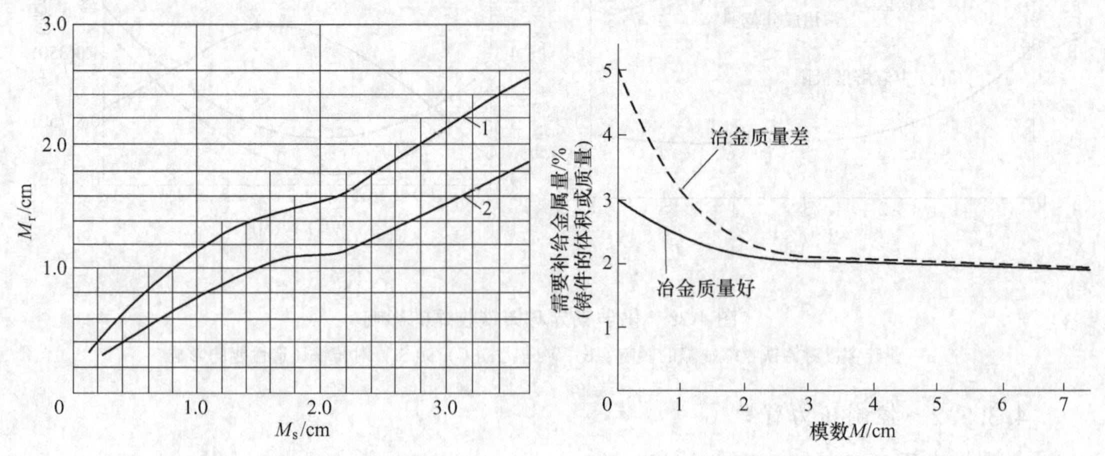

图 4-30　控制压力冒口模数与铸件关键模数的关系
1—冶金质量差；2—冶金质量好

图 4-31　需要补缩金属量与铸件模数的关系

采用短冒口颈，冒口颈的模数 $M_n = 0.67M_r$，冒口颈的形状可选用圆形、正方形或矩形。

与传统冒口的补缩概念不同，控制压力冒口的补缩距离，不是表明由冒口把铁液输送到铸件的凝固部位，而是表明由凝固部位向冒口回填铁液时能输送多大距离。该距离与铁液冶金质量和铸件模数密切相关。冶金质量好，模数大，输送距离也大。输送距离达不到的部位，铸件内膨胀压力过高，将导致型壁变形，使铸件胀大，内部却可能产生缩松。灰铸铁比球墨铸铁倾向于层状凝固，铁液输送距离较球墨铸铁远。

C　注意事项

冒口应安放在铸件模数大的部位，尽量采用内浇道通过边冒口的引入方式，使用扁薄内浇道，长度至少为厚度的4倍，最好采用大气压力冒口（暗冒口）。要求浇注后迅速凝固，促使冒口中快速形成大缩孔，以便容纳回填的金属液；要求快浇，且适当提高浇注温度（浇温（1371~1427)℃±25℃）；希望采用冶金质量好的铁液。

控制压力冒口适用于湿砂型中铸造模数 0.48~2.5cm 的球墨铸铁件和模数 0.75~2.0cm 的灰铸铁件，要求铸型硬度大于85，是应用最为广泛的冒口。

4.3.3.3　浇注系统兼冒口

这是中小型铸铁件经常采用的方法，内浇道兼作冒口颈，超过铸件最高点水平面的浇口杯和直浇道则成为实质上的冒口，只用于补充铸件的液态收缩，因此，设计好内浇道是这种浇注系统兼冒口的关键。由于湿型的承压能力有限，所以，湿砂型中铸造模数小于0.48cm 的球墨铸铁件和 0.75cm 的灰铸铁件才适合使用浇注系统兼冒口。

4.3.3.4　直接实用冒口

A　基本原理

安放直接实用冒口是为了补给铸件的液态（一次）收缩，当液态收缩终止或体积膨胀开始时，让冒口颈及时冻结。在刚性好的高强度铸型内，铸铁的共晶膨胀形成内压，迫使液体流向缩孔、缩松形成之处，这样就可预防铸件内部在凝固期出现真空度，从而避免了缩孔、缩松缺陷。因此这种冒口也称为压力冒口。

试验表明，铸铁件的模数越大，则凝固时的膨胀压力越高，同样模数下，球墨铸铁比灰铸铁的膨胀压力高（见图 4-32）。为了避免铸件膨胀压力超过铸型的承压能力，而导致铸件胀大变形、产生缩松，模数大于 0.48cm 的球墨铸铁件要求采用自硬砂型、V 法等高强度铸型。

B 冒口设计

计算冒口颈的原则是：铸件液态收缩结束或共晶膨胀开始时刻，使冒口颈及时冻结。由此导出冒口颈模数 M_n 的计算公式

$$M_n = kM_s \frac{t_p - 1150}{t_p - 1150 + L/c} \tag{4-14}$$

式中 M_n——冒口颈模数，cm；

M_s——铸件的“关键模数”，是计算冒口时起决定作用的模数，cm；

c——铁液的比热容，0.835J/(g·℃)；

L——铸铁的熔化热（或结晶潜热），209J/g；

t_p——浇注温度,℃，精确地说，应是浇注后型内铁液的平均温度；

k——考虑到温度损失的修正系数，k=1.15~1.25。

需要注意，只有冒口的有效体积这部分铁液才能对铸件进行补缩。冒口的有效体积比铸件所需补缩的铁液量要大些。为了更好地发挥直接实用冒口的补缩作用，最好采用大气压力冒口的形式，在冒口顶部放置大气压力砂芯或造型时做出锥顶砂。

C 冒口的应用

直接实用冒口的优点是工艺出品率高，冒口位置便于选择，冒口颈可很长，冒口便于去除。但其存在的主要缺点是要求铸型强度高，模数大于 0.5cm 的球墨铸铁件要求使用自硬砂型或 V 法砂型等高强度铸型；要求严格控制浇注温度范围（±25℃），保证冒口颈冻结时间准确；对于形状复杂的多模数铸件，关键模数不易确定。

如果生产条件好，铸件形状简单，或铸件生产批量大，能克服上述缺点，则应用直接实用冒口能获得较大的经济效益。

4.3.3.5 无冒口补缩工艺

对于模数大于 2.5cm 的球墨铸铁件，当铸型刚度足够时可以考虑采用无冒口铸造工艺。只要铁液的冶金质量高，铸件模数大，采用刚性大的铸型、低温浇注，就能保证浇入型内的铁液，从一开始就膨胀，从而可避免收缩缺陷因而无需冒口。尽管以后的共晶膨胀率较小，但因为模数大，即铸件壁厚大，仍可以得到很高的膨胀内压（高达 5MPa，见图 4-32），在坚固的铸型内，足以克服二次收缩缺陷（缩松）。无冒口补缩是一种可靠和实用的铸造工艺，为提高工艺出品率，简化工艺过程，球墨铸铁件应尽可能地采用这种工艺。

球墨铸铁件采用无冒口补缩工艺，生产中需要满足下列应用条件：

（1）要求铁液的冶金质量好，合适的碳硅含量；

（2）球墨铸铁件的平均模数应在 2.5cm 以上。当铁液冶金质量非常好时，模数稍小

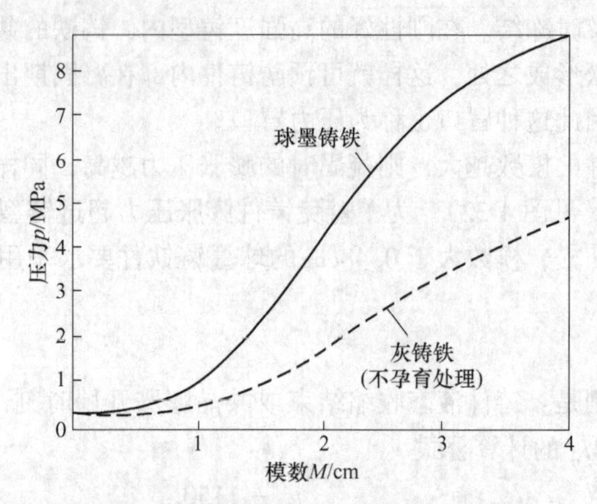

图 4-32　铸铁膨胀压力与模数的近似关系

于 2.5cm 的铸件也能成功地应用无冒口补缩工艺；

（3）使用强度高、刚性大的铸型，可用树脂和水玻璃自硬砂型、水泥砂型、V 法铸型等。上下箱之间要用机械法（螺栓、卡钩等）锁紧；

（4）要低温浇注，浇注温度控制在 1300~1350℃；

（5）要求快浇，防止铸型顶部被过分地烘烤和减少膨胀的损失；

（6）采用小的扁薄内浇道，分散引入金属。内浇道尽早冻结，以促使铸件内部尽快建立压力。每个内浇道的截面尺寸不要超过 15×60mm。

（7）设置 ϕ20mm 的明出气孔，相距 1m，均匀分布。

鉴于生产中容易出现工艺条件的某种偏差，为了更安全、可靠，可以采用一个小的顶暗冒口，重量不超过浇注重量的 2%，通常称为安全小冒口。其作用仅是为弥补工艺条件的偏差。当铁液呈现轻微的液态收缩时可以补给，避免铸件上表面凹陷。在膨胀期，它会被回填满，仍属于无冒口补缩范畴。

应用实例：如图 4-33a 所示的 3.5m^3 钢渣包铸件，材质为 QT450-5，毛重 9300kg，平均壁厚 90mm，采用树脂自硬砂型。

原工艺设计了 8 个压边冒口（见图 4-33b），单重 300kg，总重 2400kg，吊耳处放置冷铁，工艺出品率为 74.4%。

由于铸件平均模数达到 4.5cm，且使用高强度和刚度铸型，所以新工艺采用了无冒口补缩，并用 12 个内浇道分散引入铁水（见图 4-33c），设置 24 个出气孔，工艺出品率达到 95.3%，大大降低了生产成本。

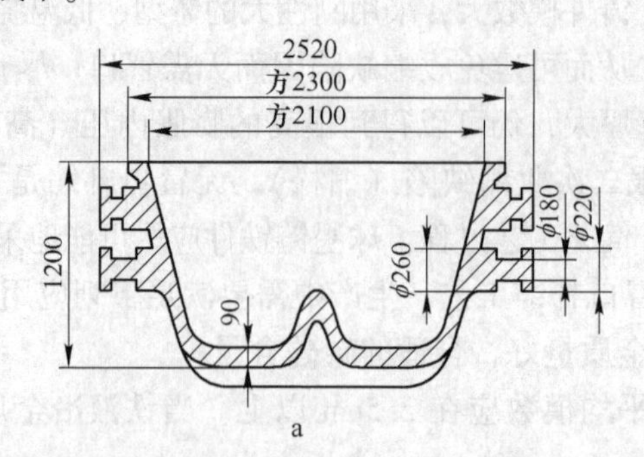

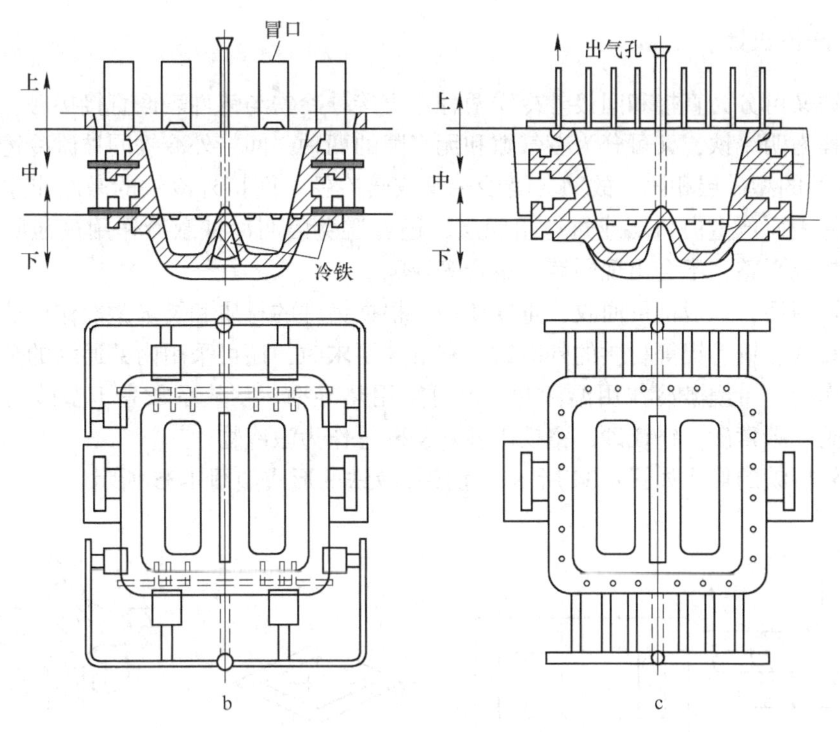

图 4-33 钢渣包铸件补缩方案
a—铸件图；b—压边冒口；c—无冒口

4.4 冷铁的设计与计算

4.4.1 冷铁的作用与分类

为增加铸件局部冷却速度而置于铸件表面或内部的激冷材料称为冷铁，冷铁是工艺设计中经常采用的有效消除局部热节的措施，其主要作用有：

（1）与冒口配合使用，能加强铸件的顺序凝固条件，利用冷铁形成的末端区，扩大冒口补缩距离或范围，减少冒口数量或体积，提高工艺出品率；

（2）在铸件难以设置冒口的部位，放置冷铁可防止缩孔、缩松；

（3）防止壁厚交接部位及急剧变化部位产生裂纹；

（4）利用冷铁加速个别热节的冷却，使整个铸件接近于同时凝固。既可防止或减轻铸件变形，又可提高工艺出品率；

（5）改善铸件局部的金相组织和力学性能。如细化基体组织，提高铸件表面硬度和耐磨性等。

（6）减轻或防止厚壁铸件中的偏析。

冷铁分为内冷铁和外冷铁两大类：造型（芯）时置于模样（芯盒）表面、浇注时只作用于铸件表面的激冷块叫外冷铁，一般在落砂时就脱离铸件；放置在型腔内能与铸件熔合为一体的金属块称内冷铁。内冷铁是留在铸件中的，有时在机械加工时去除。

4.4.2 外冷铁设计

外冷铁又可分为直接和间接外冷铁两种：直接外冷铁与铸件表面直接接触，激冷作用较强，也称为明冷铁，又可分为有气隙和无气隙的两种；间接外冷铁同被激冷铸件之间有10~15mm厚的型砂层相隔，故又名隔砂冷铁或暗冷铁。间接外冷铁的激冷作用较弱，可避免铸铁件表而产生白口层或过冷组织层，还可避免因明冷铁激冷作用过强所造成的裂纹。铸件外观平整，不会出现同铸件熔合等缺陷。

外冷铁用后，一般都可回收，重复使用。根据铸件的材质和要求激冷作用的强弱，可采用钢、铸铁、铜、铝等材质的外冷铁。有特殊要求时，还可采用内部通水的金属块，以增强激冷作用。希望激冷作用温和时，也可采用热导率、蓄热系数高于型砂的非金属材料，如石墨、碳素砂、铬镁砂、铬铁矿砂、镁砂等作为激冷物。

直接外冷铁的形式如图4-34所示，间接外冷铁的形式如图4-35所示。

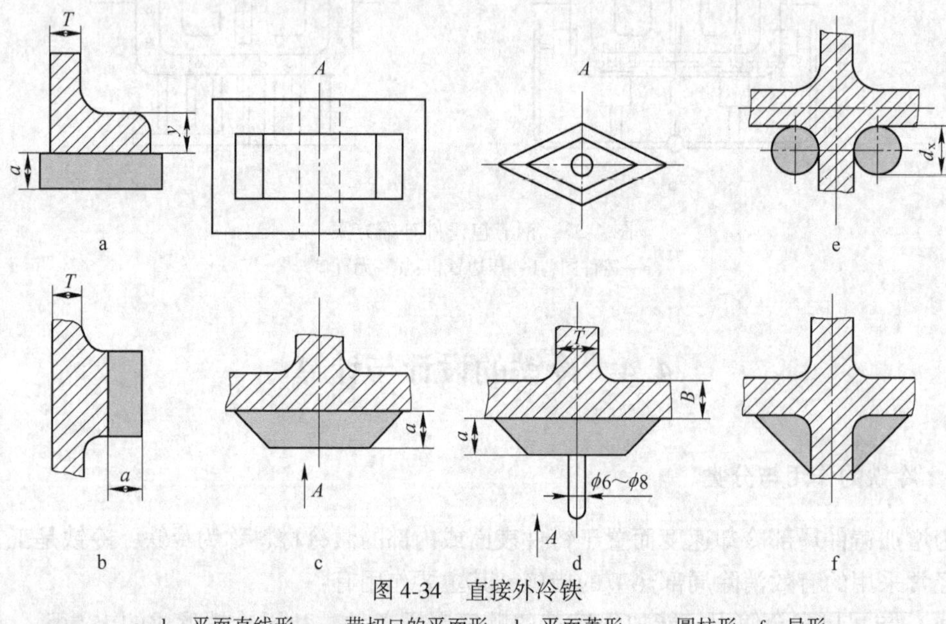

图4-34 直接外冷铁

a，b—平面直线形；c—带切口的平面形；d—平面菱形；e—圆柱形；f—异形

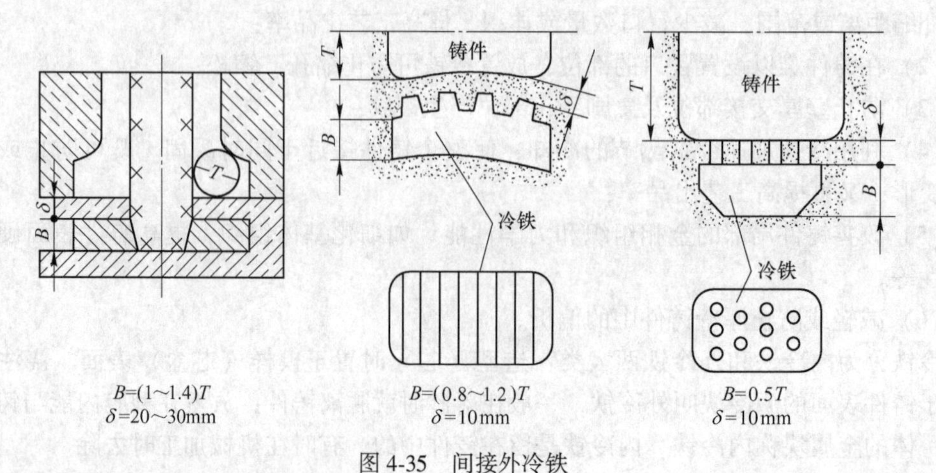

图4-35 间接外冷铁

4.4.2.1 外冷铁的计算

A 直接外冷铁

设置在铸件底面和内侧的直接外冷铁，在重力和铸件收缩力作用下同铸件表面紧密接触，称为无气隙外冷铁；设置在铸件顶部和外侧的冷铁称为有气隙外冷铁（见图4-36）。显然，无气隙冷铁比有气隙冷铁的激冷能力强。

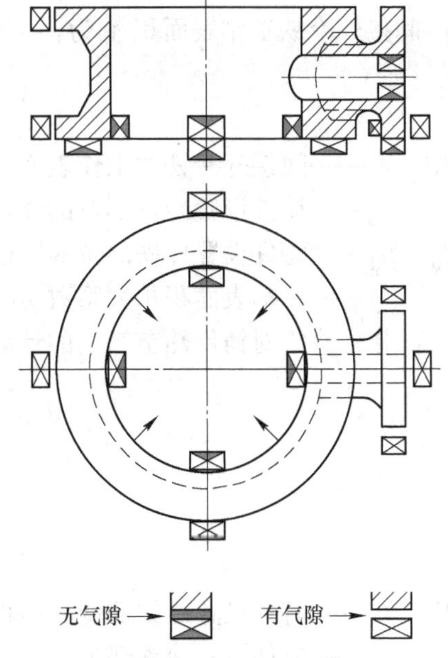

图4-36 有、无气隙外冷铁

对于铸钢件，无气隙外冷铁相当于在原有砂型的散热表面积上净增两倍的冷铁工作表面积，有气隙冷铁相当于净增一倍冷铁工作表面积。另外，使用外冷铁使铸件的凝固时间缩短，相当于使铸件的模数由 M_0 减小为 M_1，由此，可推导出外冷铁工作表面积 A_C。

对于无气隙外冷铁：

$$A_{c1} = \frac{A_s - A_0}{2} = \frac{\frac{V_0}{M_1} - \frac{V_0}{M_0}}{2} = \frac{V_0(M_0 - M_1)}{2M_0M_1} \tag{4-15a}$$

对于有气隙外冷铁：

$$A_{c2} = A_s - A_0 = \frac{V_0}{M_1} - \frac{V_0}{M_0} = \frac{V_0(M_0 - M_1)}{M_0M_1} \tag{4-15b}$$

式中 V_0——铸件设置冷铁部位的体积；

A_s，A_0——砂型的等效面积、铸件设置冷铁部位的表面积；

A_{c1}，A_{c2}——无气隙、有气隙冷铁的工作表面积；

M_0，M_1——铸件设置冷铁部位的原模数、使用冷铁后铸件的等效模数。M_1 按下式计算：

$$M_1 = \frac{V_0}{A_s} = \frac{V_0}{A_0 + 2A_{c1} + A_{c2}} \tag{4-16}$$

铸造工艺人员可依据工艺需要首先确定安放冷铁后铸件的等效模数 M_1，然后利用式（4-15）计算出冷铁的工作表面积。通常情况下，要实现同时凝固，M_1 应等于热节四周薄壁的模数；要实现顺序凝固，M_1 应等于热节旁补缩壁模数 M_p 的 0.83~0.91 倍。外冷铁的厚度为铸件厚度的 0.5~1.0 倍，靠近浇道附近和有气隙的冷铁取偏大值。当需激冷的面积较大时，也可用冷铁与铸件接触面积的计算值的 2/3 作为实际设置冷铁的面积，其余作为冷铁间距的面积，其激冷效果基本相同。

设计实例：某铸件有一个 100mm×100mm×60mm 的热节，周边壁厚为 40mm。如要实现同时凝固，应放置多大面积的无气隙外冷铁？

首先选定放置冷铁后的等效模数 $M_1 = 4/2 = 2\text{cm}$，因为 $M_0 = 3\text{cm}$、$V_0 = 600\text{cm}^3$，由式（4-15b）算出冷铁工作面积为 50cm^3。

B 间接外冷铁

对厚实铸件一般用间接外冷铁，以控制冷铁挂砂厚度来控制冷铁对铸件热节的影响。

通常冷铁的厚度为铸件热节处厚度的0.5~1.0倍，可以铸成与被激冷处铸件相仿的形状。冷铁挂砂厚度要小于40mm（大于40mm冷铁基本上不起作用）。

间接外冷铁工作表面积A_c为：

$$A_c = \frac{V_0(M_0 - M_1)}{(y-1)M_0M_1} \tag{4-17}$$

式中 A_c——间接外冷铁的工作表面积；

V_0——铸件设置冷铁部位的体积；

M_0，M_1——铸件设置冷铁部位的原模数、使用冷铁后铸件的等效模数；

y——冷却表面积扩大系数。

间接外冷铁对铸件热节影响的计算公式如下：

$$M_1 = \frac{V_0M_0}{(y-1)A_cM_0 + V_0} \tag{4-18a}$$

或

$$M_1 = \frac{V_0}{(y-1)A_c + A_0} \tag{4-18b}$$

式中 V_0——铸件设置冷铁部位的体积；

A_0——铸件设置冷铁部位的表面积；

A_c——间接外冷铁的工作表面积；

y——冷却表面积扩大系数；

M_0，M_1——铸件设置冷铁部位的原模数、使用冷铁后铸件的等效模数。

4.4.2.2 外冷铁的使用

冷铁厚度达一定值后，铸造合金的凝同速度将不再增加，因而没有必要用过厚的外冷铁。与直接外冷铁接触的钢的凝固层厚度约为砂型处的两倍。在冷铁和砂型的交界处，由于凝固层厚度不同，因而线收缩开始时间不同，有可能引起裂纹。为此在外冷铁的侧面应做成45°的斜面，以使砂型和冷铁交界处有较平缓的过渡。另外，冷铁面积太大，已凝固层向冷铁中心收缩的应力也大，容易引起热裂。当需激冷表面积很大时，宜采用多块小型外冷铁，间错布置，相互间留有一定间隙。

外冷铁的激冷效果与多种因素有关，如：冷铁材质、表面涂料层的性质和厚度、冷铁尺寸、形状、布置位置和金属液流经冷铁时间的长短等。

使用外冷铁时，需要注意下列事项：

（1）外冷铁的位置和激冷能力的选择，不应破坏顺序凝固条件，不应堵塞补缩通道。

（2）每块冷铁勿过大、过长，冷铁之间应留间隙。避免铸件产生裂纹和因冷铁受热膨胀而毁坏铸型。有关外冷铁的尺寸、间隙等要求见表4-14，外冷铁厚度见表4-15。

（3）尽量把外冷铁放在铸件底部和侧面。顶部外冷铁不易固定，且常影响型腔排气。

（4）外冷铁工作表面应平整光洁，不得有气孔、缩凹等缺陷，去除油污锈蚀等各种脏物，有时要刷涂料。

（5）铸钢件的外冷铁一般用钢制作。黄铜和无锡青铜件可用一般铸铁冷铁，锡青铜件则用石墨外冷铁。要求高的铸件应避免使用铸铁外冷铁，多次使用后氧及其他气体会沿石墨缝隙进入冷铁内部，造成其氧化、生长，当再次应用时，遇热就会析出气体，导致铸件气孔。

(6) 对于易产生裂纹的铸造合金浇注的铸件，使用外冷铁时应带有一定的斜度（如45°），以免型砂和冷铁分界处因冷却速度差别过大而形成裂纹。

(7) 外冷铁边缘与砂型相接处不宜有尖角砂。

(8) 没有必要用过厚的外冷铁，外冷铁厚度一般为铸件壁厚的0.5~0.7倍。外冷铁的厚度不宜超过80~100mm。

(9) 铸件厚度大于150mm时尽量不用直接外冷铁，以防冷铁与铸件熔接。对厚壁铸件的激冷，最好采用内冷铁或间接外冷铁。

(10) 有时可采用导热性良好的造型材料代替形状复杂异形外冷铁。如镁砂、铁屑、铁丸、碳素砂、碳化硅等。

表 4-14 外冷铁长度和间隙 (mm)

冷铁形状	直径 d 或厚度 B	长 度	间 隙
圆柱形	$d<25$	100~150	12~20
	$d=25\sim45$	100~200	20~30
板型	$B<10$	100~150	6~10
	$B=10\sim25$	150~200	10~20
	$B=25\sim75$	200~300	20~30

表 4-15 外冷铁厚度

适用条件	外冷铁厚度
灰铸铁件	$(0.25\sim0.5)T$
球墨铸铁件	$(0.3\sim0.8)T$
可锻铸铁件	$1.0T$
铸钢件	$(0.3\sim0.8)T$
铜合金铸件	$(1.0\sim2.0)T$（铸铁冷铁） $(0.6\sim1.0)T$（铜冷铁）
轻合金铸件	$(0.8\sim1.0)T$

注：T 为铸件热节圆直径。

4.4.3 内冷铁设计

4.4.3.1 内冷铁的分类与形式

内冷铁有两种：能与铸件熔合为一体的称熔合内冷铁；仅被铸件包住、不相互熔合的称非熔合内冷铁。内冷铁的材质原则上应和铸件相同。内冷铁的激冷作用比外冷铁强，能有效地防止厚壁铸件中心部位缩松、偏析等。但应用时必须对内冷铁的材质、表面处理、重量和尺寸等严加控制，以免引起缺陷。通常是在外冷铁激冷作用不足时才用内冷铁，主要用于壁厚大而技术要求不太高的铸件上，特别是铸钢件。

一般应用的是熔合内冷铁，要求内冷铁和铸件牢固地熔合为一体。只在个别条件下才允许应用非熔合内冷铁，例如，在铸件加工孔中心放置的内冷铁，在以后机械加工时被钻去。常用内冷铁的形式如图4-37所示，有圆柱形、螺旋形以及简单的钉子。

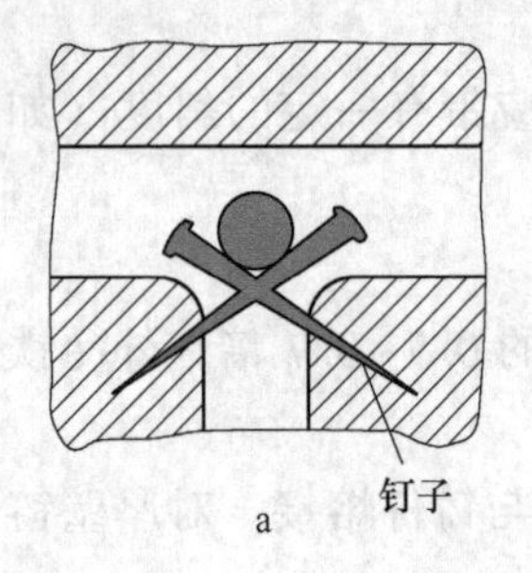

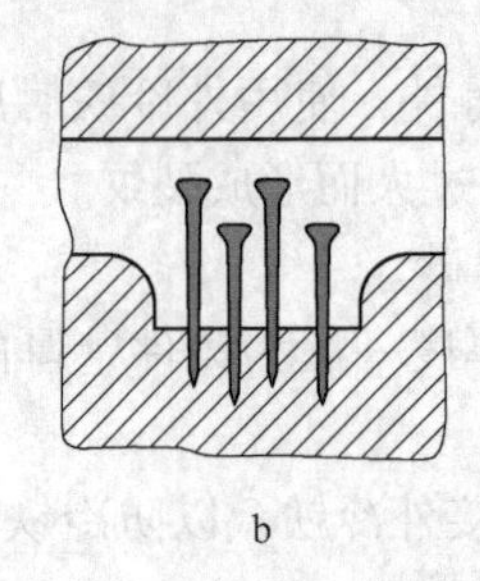

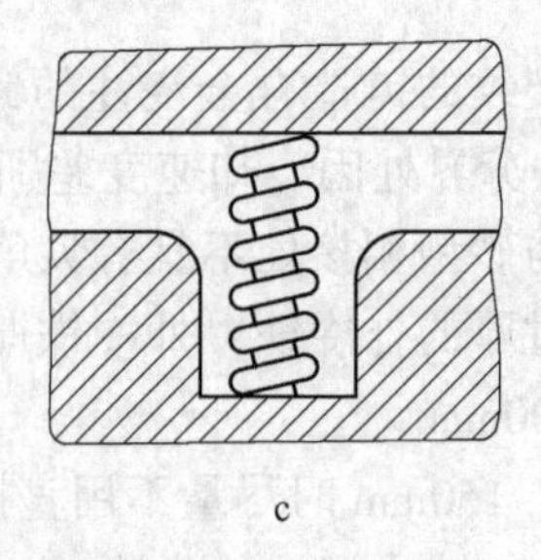

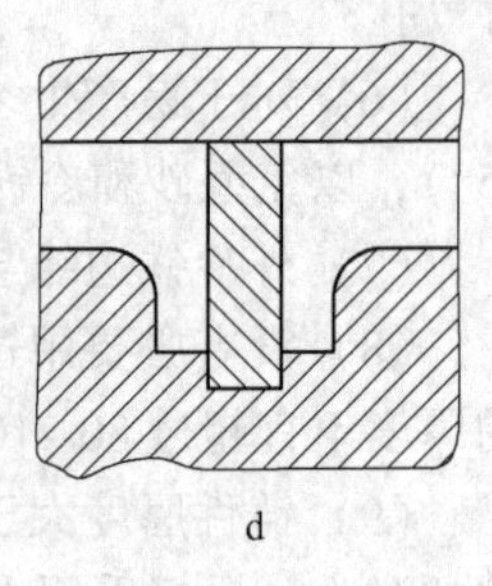

图 4-37 内冷铁形式

a—长圆柱形；b—钉子；c—螺旋形；d—短圆柱形

4.4.3.2 内冷铁对铸件热节的影响

内冷铁在铸件或热节凝固过程中吸收的热量，抵消了一部分金属液需通过铸型表面散发的热量。因此，内冷铁的作用导致原铸件或热节的模数减小。设铸件或热节处的体积 V_0，铸型散热面积 A，内冷铁吸收的热量等于 V_1体积（包括内冷铁自身体积）金属液从浇注温度到凝固温度释放的热量，则：

铸件或热节的原模数

$$M = \frac{V_0}{A}$$

加入内冷铁后的模数

$$M_{冷} = \frac{V_0 - V_1}{A} = M - \frac{V_1}{A}$$

内冷铁在金属液整个凝固过程中吸收的热量为：

$$Q_{吸} = V_{冷} \cdot \rho_{冷} \cdot c_{冷}(T_{凝} - T_0)$$

式中 $V_{冷}$——内冷铁体积，m^3；

$\rho_{冷}$——内冷铁密度，kg/m^3；

$c_{冷}$——内冷铁的比热，J/(kg · ℃)；

$T_{凝}$——金属液凝固温度，℃；

T_0——内冷铁浇注前的初始温度，℃。

被内冷铁吸收的热量抵消的 V_1体积（包括内冷铁自身体积）金属液释放的热量为：

$$Q_{放} = (V_1 - V_{冷})\rho_{液}[c_{液}(T_{浇} - T_{凝}) + L_{液}]$$

式中 $\rho_{液}$——金属液密度，kg/m^3；

$c_{液}$——金属液的比热，J/(kg · ℃)；

$T_{浇}$——金属液的浇注温度，℃；

$L_{液}$——金属液的凝固潜热，J/kg。

根据热量守恒定律：

$$Q_{吸} = Q_{放}$$

即

$$V_{冷}\rho_{冷}c_{冷}(T_{凝} - T_0) = (V_1 - V_{冷})\rho_{液}[c_{液}(T_{浇} - T_{凝}) + L_{液}]$$

可得

$$V_1 = \left\{1 + \frac{\rho_{冷} c_{冷}(T_{凝} - T_0)}{\rho_{液}[c_{液}(T_{浇} - T_{凝}) + L_{液}]}\right\} V_{冷} \tag{4-19}$$

那么，内冷铁对铸件或热节模数影响的公式为：

$$M_{冷} = M - \left\{1 + \frac{\rho_{冷} c_{冷}(T_{凝} - T_0)}{\rho_{液}[c_{液}(T_{浇} - T_{凝}) + L_{液}]}\right\} \frac{V_{冷}}{A} \tag{4-20}$$

对于含碳量0.3%~0.5%的碳钢，若浇注温度 $T_{浇}=1550℃$，凝固温度 $T_{凝}=1450℃$，内冷铁初始温度 $T_0=20℃$，内冷铁材质与铸件材质相近，查相关资料得到热物性参数：$\rho_{冷}=7800kg/m^3$，$\rho_{液}=7400kg/m^3$，$c_{冷} \approx c_{液}=837J/(kg \cdot ℃)$，$L_{液}=268\times10^3 J/kg$。将上述参数分别代入式（4-18）和式（4-19）中计算得：

$$V_1 = 4.58 V_{冷} \tag{4-21}$$

$$M_{冷} = M - 4.58 \frac{V_{冷}}{A} \tag{4-22}$$

式（4-20）表明，当碳钢（含碳量0.3%~0.5%）铸件或热节处的体积是内冷铁的4.58倍时，内冷铁很快就会从初始温度加热到固相线温度，而金属液温度也从液相线温度降到固相线温度。

4.4.3.3 内冷铁不完全熔化的条件

内冷铁完全熔化，即从浇注前温度升到液相线温度，它从金属液中吸收热量为：

$$Q_{吸} = V_{冷} \cdot \rho_{冷} \cdot [c_{冷}(T_{液} - T_0) + L_{冷}]$$

式中 $V_{冷}$——内冷铁体积，m^3；

$\rho_{冷}$——内冷铁密度，kg/m^3；

$c_{冷}$——内冷铁的比热，$J/kg \cdot ℃$；

$T_{液}$——内冷铁液相线的温度，℃；

T_0——内冷铁浇注前的初始温度，℃；

$L_{冷}$——内冷铁的凝固潜热，J/kg。

铸件或热节从浇注温度降到液相线温度所释放的热量为：

$$Q_{放} = (V_0 - V_{冷}) \cdot \rho_{液} \cdot c_{液}(T_{浇} - T_{液})$$

式中 V_0——铸件或热节的体积，m^3；

$T_{浇}$——浇注温度，℃。

假定冷铁和铸件材质相同，要使冷铁熔化，那么铸件或热节从浇注温度降到液相线温度所释放的热量应大于冷铁溶化所吸收的热量，即

$$Q_{放} \geqslant Q_{吸}$$

设 k_1、k_2分别为：

$$k_1 = \rho_{冷} \cdot [c_{冷}(T_{液} - T_0) + L_{冷}] \tag{4-23}$$

$$k_2 = \rho_{液} \cdot c_{液}(T_{浇} - T_{液}) \tag{4-24}$$

经推导得到内冷铁完全熔化的条件是：

$$V_{冷} < \frac{k_2}{k_1 + k_2} V_0 \tag{4-25}$$

对于碳含量为0.3%~0.5%的碳钢，若浇注温度 $T_{浇}=1550℃$，铸件和内冷铁的液相

线温度 $T_{液}=1500℃$，内冷铁初始温度 $T_0=20℃$，材料的热物性值同上，由式（4-24）得到内冷铁完全熔化的条件是：

$$V_{冷} < 2.57\% V_0$$

由式（4-20）可知，当碳钢铸件或热节处的体积是内冷铁的 4.58 倍时，内冷铁就会很快从初始温度加热到固相线温度，而金属液温度从液相线温度也降到固相线温度，故金属液没有多余的热量供冷铁局部熔化。因此，内冷铁不完全熔化的条件应为：

$$21.8\% V_0 > V_{冷} > 2.57\% V_0 \tag{4-26}$$

如果把金属液的密度和冷铁的密度看成近似相等，把上式体积换算成质量为：

$$21.8\% G_0 > G_{冷} > 2.57\% G_0 \tag{4-27}$$

式中 G_0——铸件或被激冷的热节部位的质量，kg；

$G_{冷}$——内冷铁的质量，kg。

4.4.3.4 内冷铁重量和尺寸的确定

内冷铁尺寸过大，其最高温度达不到固相线，则内冷铁不能和铸件熔合，成了“非熔合内冷铁”，影响铸件的力学性能，甚至可能引起裂纹；内冷铁尺寸过小，会出现内冷铁被熔化，其周围出现缩孔或缩松。只有冷铁尺寸适中，才既保证和铸件熔合，又可避免熔化后出现缩孔和缩松。要求高的合金钢、铜合金、轻合金铸件，应采用与铸件材质相同的材料作内冷铁。

内冷铁计算的关键参数是内冷铁的重量，可依如下经验公式来计算

$$G_{冷} = KG_0 \tag{4-28}$$

式中 $G_{冷}$——内冷铁的质量，kg；

G_0——铸件或被激冷的热节部位的质量，kg；

K——系数，即内冷铁占铸件（热节处）的质量分数，铸钢件内冷铁的取值见表 4-16。

表 4-16 铸钢件内冷铁占铸件的质量分数

铸钢件类型	K/%	内冷铁直径/mm
小型铸件或铸件要求高。防止因内冷铁而使力学性能急剧降低	2~5	5~15
中型铸件，或铸件上不太重要的部分，如凸肩等	6~7	15~19
大型铸件对熔化内冷铁非常有利时，如床座、锤头、砧子等	8~10	19~30

注：1. 对实体铸件，如砧子等，内冷铁按铸件总重量计算；在其他条件下，则按放置冷铁的部分重量计算。
2. 若流经内冷铁处的金属液多，取上限，否则取下限。

内冷铁在浇注后，应处于不完全熔化状态。冷铁占热节处的重量比：热节小的选下限，热节大的选上限；重要铸件选中、下限，要求不高的铸件选上限。均不能超出式（4-26）的范围。

4.4.3.5 内冷铁的使用

使用内冷铁时，需要注意下列事项：

（1）内冷铁材质应和铸件相同，不应含有过多气体，如沸腾钢制成的内冷铁易引起气孔。碳钢件内冷铁的含碳量应略低于铸件，一般碳含量≤0.25%，低合金钢和高合金钢最好选同材质或近似材质。

（2）每块冷铁勿过大、过长，冷铁之间应留间隙。如有两个以上的内冷铁，为使内冷铁完全能和铸件熔合，两圆形内冷铁的中心距离应大于2.1~2.2倍圆形冷铁的直径。避免铸件产生裂纹和因冷铁受热膨胀而毁坏铸型。

（3）对于干砂型，内冷铁应于铸型烘干后再放入型腔；对于湿砂型，放置内冷铁后应尽快浇注，不要超过3~4h，以免冷铁表面氧化、凝聚水分而引起铸件气孔。

（4）冷铁表面须十分洁净，使用前应去除锈斑和油污等，最好镀锡或镀锌，以防存放时生锈。

（5）放置内冷铁的砂型应有明出气孔或明冒口。

（6）铸铁件很少应用内冷铁，因为越是厚大的铸铁件，其石墨化自补缩的能力越强，可以采用安全小冒口或无冒口铸造工艺获得致密铸件。

（7）对于压力容器和要求质量高的铸件不允许使用内冷铁。

复习思考题

4-1 冒口具有哪些作用？顶冒口、边冒口、明冒口、暗冒口各有什么特点？

4-2 确定冒口位置时要注意哪些问题？

4-3 何谓冒口的有效补缩距离？如何增加冒口的有效补缩距离？

4-4 普通冒口补缩的基本条件是什么？

4-5 何谓铸件模数？如何计算铸件和冒口的模数？说明利用模数法设计铸钢件冒口的步骤。

4-6 铸铁件实用冒口有几种？其补缩原理有何异同？

4-7 铸造生产中的冷铁有何作用？内冷铁和外冷铁各有什么特点？

4-8 如何设计内冷铁和外冷铁？

5 铸造过程的数值模拟和工艺优化

铸造行业是制造业的重要组成部分，对国民经济的发展起着重要作用。同时，铸造行业又是产品质量不易保证、废品率较高的产业，因此，对铸件生产实现科学化控制，确保铸件质量，缩短试制周期，降低铸件成本，加速产品更新换代，对于促进传统工业的技术改造具有重要的现实意义。铸造过程数值模拟的应用已经有几十年的历史，但是直到20世纪80年代，才开始实现模拟软件、计算机硬件和人力资源的完美结合，工业上以计算机为基础的模拟才开始普遍应用。近年来，随着计算机技术的飞速发展，铸造工艺CAD（计算机辅助设计），铸件凝固过程CAE（计算机辅助分析）等多项技术已大量应用于生产实际。目前，具有一定规模的铸造企业在生产中均采用充型凝固模拟分析技术，精确地预测凝固缺陷和提高铸件的工艺出品率。计算机模拟已发展为铸造过程最具潜力的模拟预测工具，已经进入工业化应用阶段，成为铸造行业发展不可缺少的环节。

5.1 铸造过程数值模拟技术概述

5.1.1 铸造过程数值模拟的内容和意义

为了生产出合格的铸件，就要对影响其形成的因素进行有效控制。铸件的形成经历了充型和凝固两个阶段，宏观上主要涉及流动、冷却和收缩3种物理现象。在充型过程中，流场、温度场和浓度场同时变化；凝固时伴随着温度场变化的同时存在着枝晶间对流和收缩等现象；收缩则导致应力场的变化。与流动相关的铸造缺陷主要有：浇不足、冷隔、气孔、夹渣；充型中形成的温度场分布直接关系到后续的凝固冷却过程；充型中形成的浓度场分布与后续的冷却凝固形成的偏析和组织不均匀有关。凝固过程的温度场变化及收缩是导致缩孔缩松的主要原因，枝晶间对流和枝晶收缩是微观缩松的直接原因。热裂冷裂的形成归因于应力场的变化。可见，客观地反映不同阶段的场的变化，并加以有效的控制，是获得合格铸件的充要条件。传统的铸件生产因其不同于冷加工的特殊性，只能对铸件的形成过程进行粗糙的基于经验和一般理论基础上的控制，形成的控制系统—铸造工艺的局限性表现为：(1) 只是定性分析；(2) 要反复试制才能确定工艺。要精确地分析场的变化又非人力能为，所以要依靠计算机来进行数值模拟。数值模拟的目的就是要对铸件形成过程各个阶段的场的变化进行准确的计算以获得合理的铸件形成的控制参数，其内容包括温度场、流场、浓度场、应力场的计算。当然，铸件形成时因高温下的化学反应产生的影响也是很重要的。初期的数值模拟主要是为了消除铸件缺陷，并未涉及组织控制，目前的研究工作已深入到组织模拟，以达到控制性能的目的。

5.1.2 铸造过程数值模拟的原理

铸造过程数值模拟技术的实质是对铸件成形系统（包括铸件—型芯—铸型等）进行几何上的有限离散，在物理模型的支持下，通过数值计算来分析铸造过程有关物理场的变化特点，并结合有关铸造缺陷的形成判据来预测铸件质量，优化铸造工艺。

铸造过程数值模拟的一般步骤是：

（1）汇集给定问题的单值性条件，即研究对象的几何条件、物理条件、初始条件和边界条件等；

（2）将物理过程所涉及的区域在空间上和时间上进行离散化处理；

（3）建立内部节点（或单元）和边界节点（或单元）的数值方程；

（4）选用适当的数值计算方法求解线性代数方程组；

（5）编程计算。

其中，核心部分是数值方程的建立。根据建立和求解数值方程的方法不同，又分为多种数值计算方法。铸造过程采用的主要数值计算方法有：有限差分法（FDM）、直接差分法（DFDM）、控制体积法（VEM）、有限元法（FEM）、边界元法（BEM）和格子气法（Lattice Gas Automation）。

无论采用哪种数值计算方法，铸造过程数值模拟软件都包括3个部分：前处理、中间计算和后处理，如图5-1所示。其中，前处理部分主要为数值模拟提供铸件和铸型的几何信息、铸件及造型材料的性能参数信息和有关铸造工艺信息。中间计算部分主要根据铸造过程涉及的物理场为数值计算提供计算模型，并根据铸件质量或缺陷与物理场的关系（判据）预测铸件质量。后处理部分的主要功能是将数值计算所获得的大量数值以各种直观的图形形式显示出来。

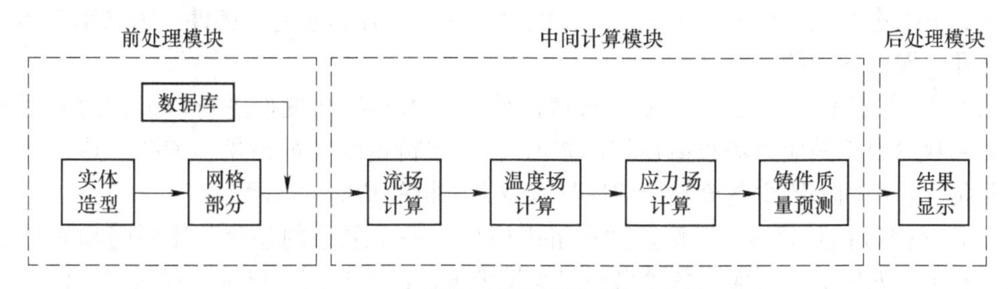

图5-1 铸造过程数值模拟系统的组成

5.1.3 铸造过程数值模拟技术的发展和应用

最早用于铸造过程数值模拟的是美国哥伦比亚大学的“Heat and Mass Flow Analyzer”分析单元，基于此分析单元Victor Paschkis于1944年在砂模上做了热传导分析，其很多研究成果发表在AFS公报上。1954年，Sarjant和Slack计算了铸铁块内部温度分布，并使用数值方法计算了瞬时二维热流模型。1962年丹麦的Fursund研究热在砂模中传导对钢铸件表面影响的论文是铸造行业首次发表计算机模拟的文献。1959年General Electric（GE）公司的Campbell和Villen Weider等研究了应用有限差分法（FDM）模拟生产大型铸件制品，在1965年发展了可预测的凝固模型。但FDM法无法追踪金属充型时的自由表面，所以在20世纪80年代早期，一种被称为流动体积法（Volume of Flow；VOF）由Hirt和Nicholas引入，把流动体积函数作为主要参数，用来追踪流动自由表面。1973年挪威的Victor Davies等人在浇注铝制品时，将FDM法应用于砂型铸造、金属型铸造和低压铸造。有限元法（FEM）最初是用来解决结构复杂应力分析问题的，但在20世纪60年代，有人开始应用FEM法解决稳态和瞬态热传导问题。1974年Los Alamos科学实验室开发了计算机生成的颜色移动图片技术，这种技术使用标准的缩微胶卷拍摄装置，通过对一系列光过滤器设置的控制程序，利用11种复合颜色描述不同温度范围，最终产生条状或斑点状图像，实现了凝固模拟技术铸型剖面的可视化。

从20世纪70年代到80年代，随着计算机技术的提高，建立了更多的模拟过程与计算模型，这些模型可进行充型模拟，预测浇注温度变化、模拟液体流动方式以及预测这些因素对铸件质量的影响。80年代早期瞬时充型的假设得到一定的应用，80年代后期充型模拟快速发展，这使得铸造厂能有效利用浇注系统消除由流动引起的铸造缺陷，对凝固和补缩能产生一个最佳的温度分布，提高了铸件质量。90年代后期，发展了微结构模拟，除了对冶金学有更深意义的影响外，还能预测和控制铸件的机械性能。此后不久，人们通过对流和扩散模拟认识了熔融金属液体在生长的枝晶臂间流动的过程。90年代后期，对应力和变形的模拟研究，更有利于控制铸件的扭曲变形，减少残余应力，最大程度地消除了裂纹，减少模具变形，提高了模具的使用寿命。

目前铸造过程数值模拟技术的应用主要集中在以下4个方面：

（1）充型过程模拟。已经研究许多算法，如并行算法、三维有限元法、三维有限差分法、数值法与解析法等，主要以砂型铸造、压力铸造的充型模拟为主，其发展趋势是辅助设计浇注系统。

（2）凝固过程模拟，预测缩孔缩松。钢铸件的缩松判据可采用$G/R^{1/2}$，是将其由二维扩展到三维进行缩松形成的模拟，对于同时存在多个补缩通道的铸件，则采用多热节法进行缩孔、缩松的预测。

（3）凝固过程应力模拟。主要针对铸件残余应力和残余变形进行模拟，而液固共存时应力场数值模拟是应力场数值模拟的核心，许多铸造缺陷如缩松、缩孔、热裂等都发生在此阶段。国内外不少数值模拟软件具有应力分析的功能。

（4）凝固过程微观组织模拟。微观组织模拟是一个复杂的过程，比凝固和充型过程模拟具有更大的困难。近年来各种微观组织模拟方法纷纷出现，已成为材料科学的研究热点之一。这些方法虽能在一定程度上比较准确地模拟合金的凝固组织，但由于实际的凝固过程比较复杂，这些方法都做了很多假设，因此离实际的铸件凝固组织模拟还有一定距离。目前主要的模拟方法有确定性模拟、随机性模拟、相场方法、介观尺度模拟方法等。场相法是研究直接微观模拟的热点，主要的模拟模型有三种：Monte Carlo（MC）方法、元胞自动机模型、相场模型。

5.2　铸造过程数值模拟软件

几十年来，国内外相继开发出许多不同类型的铸造过程数值模拟软件，按发展过程可大致分为三代：第一代模拟软件只能用简单的模数计算方法模拟热流动，不能模拟某一时刻铸件特定区域温度变化；第二代模拟软件基于温度场计算，以时间为参数显示铸件的温度变化，但没考虑凝固过程液体流动和密度变化，也没考虑不同合金的凝固结晶特性；第三代模拟软件则考虑了温度场计算、凝固期间液体流动补缩、重量密度及合金显微组织的影响。

1989 年，世界上第一个铸造 CAE 商品化软件在德国第 7 届国际铸造博览会上展出，它以温度场分析为核心内容，在计算机工作站上运行，是由德国 Aachen 大学 Sahm 教授主持开发的，被称之为 MAGMA 软件。目前德国的 MAGMA 软件具有三维应力场分析功能，原采用 FDM/FEM 结合的技术路线，现改用全部 FDM 技术。国外铸造 CAE 商品化软件的功能一方面正向低压铸造、压力铸造及熔模铸造等特种铸造方面发展，另外一方面又正从宏观模拟向微观模拟发展，其中美国的 ProCAST 及德国的 MAGMA 软件已增加球墨铸铁组织中石墨球数及珠光体含量的预测功能。

从目前的铸造过程数值模拟软件应用来看，主要是国外的软件占主要地位并且代表了计算机数值模拟的最高水平，这些软件基本可以模拟常用的砂型、金属型和压力铸造、低压铸造、熔模铸造的铸造过程。常用的国外软件有德国的 MAGMA Soft，芬兰的 CastCAE，美国的 ProCAST 和 Flow-3D 等。表 5-1 列出了目前国外主要的铸造专用模拟软件的概况。从表 5-1 中可以看出，国外铸造过程模拟软件虽然各有特点，各有侧重，但基本都可以完成充型模拟、凝固分析、残余应力和变形分析，也能对铸件缺陷和性能预测等内容进行分析，MAGMA Soft 和 ProCAST 则可以进行铸件的显微组织分析，这也正是这一研究领域的发展方向。

表 5-1 主要的国外铸造过程模拟软件

软件名称	开发商	主要功能或特点	主要应用工艺
MAGMA Soft	德国 Magma Foundry Tec	可分析流动与传热、应力和微观组织，具有较强的前后处理功能	砂型、壳型铸造、熔模、金属型、压力铸造
Pro CAST	美国/法国 UES/ESI，Inc	可进行自由表面流动、应力、变形计算，模拟微观结构的形成如孔隙、气孔聚集	砂型、壳模、低压铸造、消失模、熔模、离心铸造
Flow-3D	美国 Flow Science，Inc	可自动划分网格并提供多组块网格划分；可进行凝固收缩、二元偏析、表面缺陷追踪等分析	砂型、压铸、消失模、离心铸造、连续铸造
PAM-Cast	美国 ESI North America	能进行充型分析，也能进行铸件温度分布及凝固过程分析，还可进行残余应力、应变、变形分析	砂型、熔模、低压铸造、压铸
Mavls Software	英国 Alphacast Software	预测熔体流动温度、压力、速度分布，预测凝固时间、宏观和微观收缩、枝晶臂间距	砂型、熔模、消失模、金属型、低压铸造
CastCAE	Ltd 芬兰	计算凝固收缩、膨胀对发热冒口套和涂层的影响，能形成 3D 和类似 X 射线可视图	砂型、压铸

续表 5-1

软件名称	开发商	主要功能或特点	主要应用工艺
Z-CAST	韩国 KITECH	金属充型、流动、凝固的全程模拟，拥有适合多种铸造工艺的和模具设计的工具	砂型、高压铸造、消失模、金属型、挤压铸造、离心铸造
JSCAST	日本 益德公司	适用于几乎所有的铸造工艺及合金的充型及凝固过程的数值解析，球墨铸铁件的缩孔预测	砂型、金属型、压铸、低压铸造、半固态铸造

国内清华大学的 FT-Star、华中科技大学的华铸 CAE、北方恒利科技发展有限公司的 CASTsoft 等软件，不仅能够有效地预测铸件缩孔类缺陷，其准确性基本上达到了定量的程度，为铸造工艺的设计提供可靠的理论基础和实用参数，可实现铸造工艺的设计从经验化走向科学化。

铸造过程数值模拟软件，集铸造过程仿真、铸造缺陷预测及结果显示为一体，实现对铸件中的充型流态、凝固过程、温度场模拟和缺陷预测，从而对铸造过程中所涉及的工艺参数和工艺方案做出评价，达到大幅度缩短工艺定型周期、降低废品率的目的。

5.2.1　MAGMA 的特点和应用

MAGMA Soft 铸造过程模拟软件于 1988 年在德国发行，经过 20 多年的发展，在同类模拟软件中处于领先水平。2010 年 MAGMA 软件从 4 版本跨入 5 版本，2011 年推出包括有色金属方面的 MAGMA5.1 版 2012 年推出包括优化制芯生产工艺及 3D 铸造模拟技术的 MAGMA5.2 版，2015 年推出 MAGMA5.5 版。

5.2.1.1　软件特点

MAGMA Soft 铸造模拟软件是为铸造专业人员达到改善铸件质量，优化工艺参数而提供的有力工具，是铸造业改善铸件质量、生产条件、降低成本和增加竞争力的首选。

MAGMA Soft 适用于所有铸造合金材料的铸造生产，范围包括各种成形方法的铸铁件、铸钢件、铝合金等有色金属铸件。传统的方法对铸造工程的最佳化工作既耗资又费时，以往只有对铸造工艺参数及铸造质量的影响因素有透彻的了解，才能使铸造工程师对生产高质量的铸件拥有信心。而 MAGMA Soft 针对铸型的充填、凝固、机械性能、残余应力及扭曲变形等的模拟为全面最佳化铸造工艺提供了最可靠的保证。

MAGMA 软件支持模拟运行期间内用来控制过程参数的工艺设计。MAGMA 将自主优化融入不断发展的模拟技术之中，自主优化为正确的铸造布局或最佳工艺参数提供建议。计算机的虚拟铸造测试使得影响参数的参数变更和系统检查达到最优配置。MAGMA 3D——将模拟带入 3D 时代。随着图形技术的发展，铸造工艺模拟技术也将逐渐迈入 3D 时代，铸造者能更直观、清晰的找到铸造工艺过程中会产生的缺陷。

5.2.1.2　软件模块

MAGMA Soft 由具有各种功能的模块构成，除基本模块外，各种专用模块能满足独特工艺的需求。MAGMA 标准模块包括：

（1）Project management module 项目管理模块。

（2）Pre-processor 前处理模块。

(3) MAGMA fill 流体流动分析模块。

(4) MAGMA solid 热传及凝固分析模块。

(5) MAGMA batch 仿真分析模块。

(6) Post - processer 后处理显示模块。

(7) Thermophysical Database 热物理材料数据库模块。

MAGMA 专用模块包括：

(1) MAGMA lpdc 低压铸造专业模块。

(2) MAGMA hpdc 高压铸造专业模块。

(3) MAGMA iron 铸铁专业模块。

(4) MAGMA steel 铸钢专业模块。

(5) MAGMA tilt 倾转浇铸铸造专业模块。

(6) MAGMA roll-over 浇铸翻转铸造专业模块。

(7) MAGMA thixo 半凝固射出专业模块。

(8) MAGMA stress 应力应变分析模块。

(9) MAGMA DISAMATIC 重力铸造的迪砂线专业模块。

(10) MAGMA INVESTMENT CASTING 精密铸造专业模块。

(11) MAGMA C+M 射砂制芯专业模块。

项目管理模块：创建和管理工程，并对其进行编辑，为整个模拟计算过程创建一个独立的内存空间。

前处理模块：进行几何实体建模或者导入其他 3D 软件建好的模型，并对模型进行网格划分，为主处理模块中的模拟计算做准备。

主处理模块：对各计算过程（场）的全过程工艺参数进行输入，并进行过程计算。

后处理模块：可以对模拟所得的充型、凝固、缺陷分析等各结果进行查看，通过三维视图显示对运算结果进行评估。

热物理材料数据库模块：热物理特性数据库包含丰富的材料性能数据，用户可根据需求选择相应材料。

专业模块中，铸钢（MAGMA steel）和铸铁（MAGMA iron）模块保持其稳健的扩展步伐，功能不断扩大，使铸钢铸铁厂对铸造工艺模拟信心加倍。MAGMA 铸钢模块能够计算铸钢件的宏观偏析和由热处理所造成的局部微观结构，MAGMA 铸铁模块能够预测铸铁材料从石墨增长到成为矩阵结构阶段分布的局部微观结构。

相对其他铸造过程模拟软件，MAGMA Soft 的功能更加齐全：

(1) 按材质：铸铁、铸钢、铸铝、铸镁，有专用模块；

(2) 按成形工艺：普通砂型铸造、高压铸造、迪砂线铸造、离心铸造、连续铸造、消失模铸造、压力铸造、低压铸造、差压铸造，有专用模块；

(3) 半固态成形：半固态铸造（触变铸造）、挤压铸造；

(4) 按计算物理场：温度场、流动场、应力场、显微组织、机械性能等，还可以模拟热处理过程。

以上各项还可以相互组合，进行复合或偶合模拟计算。

MAGMA Soft 的数据库也非常齐全，除了材料基本物理性能外，还有市面各种型号压铸机参数、迪砂线各种造型机参数、FOSCO（福斯科）的滤片和保温冒口等数据资料。MAGMA Soft 还考虑了很多铸造工艺措施，例如拔塞浇注、倾转浇注、补浇、开箱时间、排气塞、水冷槽等。MAGMA Soft 不仅仅是模拟软件，更是一个铸造工具，例如出品率、冒口特性、铸件报价计算程序等。

5.2.1.3 软件应用

利用 MAGMA Soft 可以仿真充填时间和金属流动速度、金属熔液的温度及压力、区域凝固时间、宏观及微观缩孔的判定功能、冷却曲线、铸件及铸型的温度、枝状结晶的宏观结构及分布、铸件的机械性能、铸件的残余应力及变形等。

MAGMA Soft 直接协助工程技术人员达成下列目标：

（1）铸造工艺及铸造材料的最佳化选择；

（2）生产工艺的设计；

（3）建立多种工艺类型；

（4）开发浇注系统和补缩系统；

（5）最佳化浇冒口尺寸及位置；

（6）质量、机械性能预测；

（7）减小残余应力及扭曲变形；

（8）模具的热平衡计算和设计；

（9）完善和管理铸造工程档案。

5.2.2 ProCAST 的特点和应用

ProCAST 软件是由美国 UES（UNIVERSAL ENERGY SYSTEM）公司开发的铸造过程的模拟软件，采用基于有限元（FEM）的数值计算和综合求解的方法，对铸件充型、凝固和冷却过程等进行模拟，提供了很多模块和工程工具来满足铸造领域最富挑战的需求。

ESI ProCAST 2018.0 Suite 是 ProCAST 软件的最新版本，也是目前最优秀的一套用于铸造行业提高铸件产量与质量的解决方案，其功能模块包括了 Visual-Environment 13.5.2，Procast Solvers 2018.0，Quikcast Solvers 2018.0，Pam-opt Solvers 2018.0 和 ESI-Player 1.0。其中 QuikCAST 是一套快速有效的工艺评估方案，致力于铸造工艺过程的基础预测：如充型、凝固及缩孔缩松的预测，还包括射砂制芯及半固态模块。QuikCAST 可以考虑气体背压、过滤网、模具表面粗糙度、热交换、模具涂层和重力的影响，从而精确模拟众多铸造工艺，从重力砂型铸造到高/低压金属型铸造。Visual-Environment 12.0 提供的虚拟环境可以让工程师们使用单核计算模型在同一个用户环境中实现合作，该虚拟环境可以将 CAE 领域的多种虚拟样机问题融合在一起。同时，为使用者量身定做的接口以及自动化功能可以使得工程师团队更加高效。而 Procast 是积累了世界各地合作超过 25 年之久的主要工业伙伴、学术机构经验的一款高级工具。

5.2.2.1 软件特点

ProCAST 基于有限元技术，通过温度场、流场、应力场、电磁场等的计算来模拟充型和凝固过程，可以预测铸件的缩孔缩松、变形及残余应力等。除砂型铸造外，还可用于更多的特殊成形工艺，如半固态成形、射砂制芯、离心铸造、消失模与连续铸造等，是行业内产品试制过程中不可或缺的工具，可以提高铸件产量，降低生产成本。

ProCAST 适用于砂型铸造、消失模铸造、高压铸造、低压铸造、重力铸造、倾斜浇铸、熔模铸造、壳型铸造、挤压铸造、触变铸造、触变成形、流变铸造。由于采用了标准化、通用的用户界面，任何一种铸造过程都可以用同一软件包 ProCAST 进行分析和优化。它可以用来研究设计结果，例如浇注系统、出气孔和溢流孔的位置，冒口的位置和大小等。实践证明，ProCAST 可以准确地模拟型腔的浇注过程，精确地描述凝固过程。可以精确地计算冷却或加热通道的位置以及加热冒口的使用。

ProCAST 模拟软件的特点和优势如下：

（1）采用有限元技术，能准确地进行流动，热传导和应力的分析。ProCAST 使用了最先进的有限元技术并配备了功能强大的数据接口和自动网格划分工具，是能对铸造凝固过程进行热-流动-应力完全耦合的铸造模拟软件，温度场、应力、变形、裂纹计算优势更明显，计算结果更准确。

（2）ProCAST 可以用来模拟任何合金材质的铸件，拥有完整的和可扩充的材料数据库。从钢和铁到铝基、钴基、铜基、镁基、镍基、钛基和锌基合金，以及非传统合金和聚合体。可扩充的材料数据库可以通过输入材料的热物性参数如：热导率、密度、比热、热焓、固相率、潜热、黏度、表面张力、渗透率、热膨胀系数、杨氏模量、泊松比、屈服应力、硬化、黏塑性等来构建新的材料库数据。除了基本的材料数据库外，ProCAST 还拥有基本合金系统的热力学数据库，这个独特的数据库使得用户可以直接输入化学成分，从而自动产生诸如液相线温度、固相线温度、潜热、比热和固相率的变化等热力学参数。

（3）ProCAST 可以采用基本的模块完成几乎所有方式的铸造过程模拟。使用基本模块即可以完成对砂铸、重力、低压、高压、倾转等铸造过程的模拟，无需按铸造方式和铸造材料种类购买和添加模块。所以更加灵活和经济，为企业节约大量成本。

（4）ProCAST 复合了 Visual-Mesh 新一代几何网格工具，配合有限元特有的不连续网格支持技术，使得建立网格的速度大大提高。

（5）辐射和流场计算更准确。辐射模块扩展了热求解器辐射的功能包括角系数的影响。这个模块对熔模铸造过程是必需的，考虑从模壳的一个区域到另一个区域的自辐射影响是非常显著的。而只有有限元算法才能更好的考虑辐射角系数，因此，ProCAST 辐射计算优势明显。在铸造模拟中，充分考虑背压的影响，计算流场更准确。

（6）更精确地表征几何体几何特征。对薄壁零件（如叶片）和复杂形体更有优势，能更好地处理流动问题。由于能采用无级变化网格和非连续网格，分析模型较小，节省计算内存，节省磁盘空间，节省计算时间，更容易进行前后处理。

（7）具备多工艺链式分析能力。对于铸造后工艺的模拟，ProCAST 可以将计算所得的结果无缝链接到其他软件进行链式仿真，可以耦合计算结果到 ABAQUS ，PAM-CRASH，SYS-WELD ，DEFORM 等软件中进行链式耦合分析。如：应力应变值无缝传递到 ESI 公司专业的热处理仿真软件 SYSWELD-HT 中，作为后续热处理工艺分析的边界条件，使得热处理工艺模拟更为准确。

5.2.2.2 软件模块

ProCAST 是针对铸造过程进行流动—传热—应力耦合作出分析的系统，它主要由 8 个模块组成：传热分析及前后处理（Base License）、流动分析（Fluid flow）、应力分析（Stress）、热辐射分析（Radiation）、显微组织分析（Micromodel）、电磁感应分析（Electromagnetics）、有限元网格划分 MeshCAST 基本模块、反向求解（Inverse），这些模块既可以一起使用，也可以根据用户需要有选择地使用。对于普通用户，ProCAST 应有前后处理和网格划分模块（Visual-Mesh，Visual-Viewer）、传热分析模块、流动分析模块和应力分析模块。

（1）传热分析模块（包括前后处理功能）：本模块进行传热计算，并包括 ProCAST 的所有前后处理功能。传热包括铸件顶出后型腔和铝铸件的温度分布传导、对流和辐射。使用热焓方程计算液固相变过程中的潜热。ProCAST 的前处理用于设定各种初始和边界条件，可以准确设定所有已知的铸造工艺的边界和初始条件。铸造的物理过程就是通过这些初始条件和边界条件为计算机系统所认知的。边界条件可以是常数，也可以是时间或温度的函数。ProCAST 配备了功能强大而灵活的后处理，与其他模拟软件一样，它可以显示温度、压力和速度场，又可以将这些信息与应力和变形同时显示。不仅如此，ProCAST 还可以使用 X 射线确定缩孔的存在和位置，采用缩孔判据或 Niyama 判据也可以进行缩孔和缩松的评估。ProCAST 还能显示紊流、热辐射通量、固相分数、补缩长度、凝固速度、冷却速度，温度梯度等。

（2）流体分析模块：流体分析模块可以模拟包括充型在内的所有液体和固体流动的效应。ProCAST 通过完全的 Navier—Stocks 流动方程对流体流动和传热进行耦合计算。本模块中还包括非牛顿流体的分析计算。此外，流动分析可以模拟紊流、触变行为及多孔介质流动（如过滤网），也可以模拟注塑过程。流动分析模块包括以下求解模型：Navier—Stokes 流动方程，自由表面的非稳态充型，气体模型（用以分析充型中的卷气、压铸和金属型主宰的排气塞、砂型透气性对充型过程的影响以及模拟低压铸造过程的充型），滤模型（分析过滤网的热物性和透过率对充型的影响，以及金属在过滤网中的压头损失和能量损失，粒子轨迹模型跟踪夹杂物的运动轨迹及最终位置），牛顿流体模型（以 Carreau. Yasuda 幂律模型来模拟塑料、蜡料、粉末等的充型过程），紊流模型（用以模拟高压压力铸造条件下的高速流动），消失模模型（分析泡沫材料的性质和燃烧时产生的气体、金属液前沿的热量损失、背压和铸型的透气性对消失模铸造充型过程的影响规律），倾斜浇注模型（用以模拟离心铸造和倾斜浇注时金属的充型过程）。从以上列出的流动分析模型可知，在模拟金属充型方面 ProCAST 提供了强大的功能。

（3）应力分析模块：本模块可以进行完整的热、流场和应力的耦合计算。应力分析模块用以模拟计算领域中的热应力分布，包括铸件铸型型芯和冷铁等。采用应力分析模块可以分析出残余应力、塑性变形、热裂和铸件最终形状等。应力分析模块包括的求解模型有 6 种：线性应力，塑性、黏塑性模型，铸件、铸型界面的机械接触模型，铸件疲劳预测，残余应力分析，最终铸件形状预测。

（4）辐射分析模块：本模块大大加强了基本模块中关于辐射计算的功能。专门用于精确处理单晶铸造、熔模铸造过程热辐射的计算。特别适用于高温合金如铁基或镍基合金。此模块被广泛用于涡轮叶片的生产模拟。该模块采用最新的“灰体净辐射法”计算热辐射自动计算视角因子、考虑阴影效应等，并提供了能够考虑单晶铸造移动边界问题的功能。此模块还可以用来处理连续性铸造的热辐射，工件在热处理炉中的加热以及焊接等方面的问题。

（5）显微组织分析模块：显微组织分析模块将铸件中任何位置的热经历与晶体的形核和长大相联系，从而模拟出铸件各部位的显微组织。ProCAST 中所包括的显微组织模型有通用型模型，包括等轴晶模型、包晶和共晶转变模型，将这几种模型相结合就可以处理任何合金系统的显微组织模拟问题。ProCAST 使用最新的晶粒结构分析预测模型进行柱状晶和轴状晶的形核与成长模拟。一旦液体中的过冷度达到一定程度，随机模型就会确定新的晶粒的位置和晶粒的取向。该模块可以用来确定工艺参数对晶粒形貌和柱状晶到轴状晶的转变的影响。

Fe—C 合金专用模型：包括共晶/共析球墨铸铁、共晶/共析灰铸铁/白口铸铁、Fe—C 合金固态相变模型等。运用这些模型能够定性和定量地计算固相转变、各相如奥氏体、铁素体、渗碳体和珠光体的成分、多少以及相应的潜热释放。

（6）电磁感应分析模块：电磁感应分析模块主要用来分析铸造过程中涉及的感应加热和电磁搅拌等问题，如半固态成形过程中的用电磁搅拌法制备半固态浆料及半固态触变成形过程中用感应加热重熔半固态坯料。这些过程都可以用 ProCAST 对热流动电磁场进行综合计算和分析。

（7）网格生成模块：MeshCAST（Visual-Mesh）自动产生有限元网格。这个模块与商业化 CAD 软件的连接是天衣无缝的。它可以读入标准的 CAD 文件格式如 IGES，Step，STL 或者 Parsolids。同时还可以读诸如 I-DEAS，Patran，Ansys，ARIES 或 ANVIL 格式的表面或三维体网格，也可以直接和 ESI 的 PAMSYS. TEM 和 GEOMESH 无缝连接。MeshCAST 同时拥有独一无二的其他性能，如初级 CAD 工具、高级修复工具、不一致网格的生成和壳型网格的生成等。

（8）反向求解模块：本模块适用于科研或高级模拟计算之用。通过反算求解可以确定边界条件和材料的热物理性能，虽然 ProCAST 提供了一系列可靠的边界条件和材料的热物理性能，但有时模拟计算对这些数据有更高的精度要求，这时反算求解可以利用实际的测试温度数据来确定边界条件和材料的热物理性能，以最大限度地提高模拟结果的可靠性。在实际应用技术中首先对铸件或铸型的一些关键部位进行测温，然后将测温结果作为输入量通过 ProCAST 反向求解模块对材料的热物理性能和边界条件进行逐步迭代，使技术的温度/时间曲线和实测曲线吻合，从而获得精确计算所需要的边界条件和材料热物理性能数据。

5.2.2.3 模拟分析能力

ProCAST 可以分析缩孔、裂纹、卷气、冲砂、冷隔、浇不足、应力、变形等铸件缺陷，预测模具寿命，进行工艺开发和优化。ProCAST 几乎可以模拟分析任何铸造生产过程中可能出现的问题，为铸造工程师提供新的途径来研究铸造过程，使他们有机会看到型腔内所发生的一切，从而产生新的设计方案。其结果也可以在网络浏览器中显示，这样对比较复杂的铸造过程能够通过网际网络进行讨论和研究。

（1）缩孔：缩孔是由于凝固收缩过程中液体不能有效地从浇注系统和冒口得到补缩造成的。ProCAST 可以确认封闭液体的位置，使用特殊的判据，例如宏观缩孔或 Niyama 判据来确定缩孔缩松是否会在这些敏感区域内发生。同时 ProCAST 可以计算与缩孔缩松有关的补缩长度。在砂型铸造中，可以优化冒口的位置、大小和绝热保温套的使用。在压铸中 ProCAST 可以详细准确计算模型中的热节、冷却加热通道的位置和大小，以及溢流口的位置。

（2）裂纹：铸件在凝固过程中容易产生热裂以至在随后的冷却过程中产生裂纹。利用热应力分析，ProCAST 可以模拟凝固和随后冷却过程中产生的裂纹。在真正的生产之前，这些模拟结果可以用来确定和检验为防止缺陷产生而尝试进行的各种设计。

（3）卷气：液体充填受阻而产生的气泡和氧化夹杂物会影响铸件的机械性能。充型过程中的紊流可能导致卷进气体和氧化夹杂物的产生，ProCAST 能够清楚地指示紊流的存在，这些缺陷的位置可以在计算机上显示和跟踪出来。由于能够直接监视卷气的运行轨迹，从而使设计浇注系统、合理安排排气孔和溢流孔变得轻而易举。

（4）冲砂：在铸造中，有时冲砂是不可避免的。如果冲砂发生在铸件的关键部位，那将影响铸件的质量。ProCAST 可以通过对速度场和压力场的分析确认冲砂的产生。通过虚拟的粒子跟踪则能很容易确认砂粒（或砂块）的最终区域。

（5）冷隔及浇不足：在浇注过程中，一些不当的工艺参数如型腔过冷、浇速过慢、金属液温度过低等都会导致冷隔和浇不足缺陷的产生。通过传热和流动的耦合计算，设计者可以准确计算充型过程中的液体温度的变化，在充型过程中，凝固了的金属将会改变液体在充型中的流动形式。ProCAST 可以预测这些充型过程中发生的问题，并且可以随后快速地制定和验证相应的改进方案。

（6）压铸模寿命：热循环疲劳会降低压铸模的使用寿命。ProCAST 能够预测压铸模中的应力周期和最大抗压应力，结合与之相应的温度场便可准确预测模具的关键部位进而优化设计以延长压铸模的使用寿命。

（7）工艺开发和优化：在新产品市场定位之后，就要开始进行产品工艺的开发和优化。ProCAST 可以虚拟测试各种革新设计的结果，进而选用最优设计工艺，因此大大减少工艺开发和设计时间，同时把成本降到最低。

（8）可重复性：即使一个工艺过程已经平稳运行几个月，意外情况也有可能发生。由于铸造工艺参数繁多而又相互影响，因而无法在实际操作中长时间连续监控所有的参数。然而任何看起来微不足道的某个参数的变化都有可能影响到整个系统，这使得实际车间的工作左右为难。ProCAST 可以让铸造工程师快速定量地检查每个参数的影响，从而确定为了得到可重复的、连续平稳生产的参数范围。

5.3 铸造过程数值模拟和工艺优化

本节以转轮和汽车涡轮增压器壳铸件为对象，分别以 MAGMA Soft 和 ProCAST 铸造过程模拟软件为工具，说明铸造过程进行数值模拟和工艺优化的过程和方法。

5.3.1 转轮铸件的铸造工艺优化

5.3.1.1 转轮铸件的结构和参数

图 5-2 为电站冲击式水轮机上的转轮铸件实体造型图，具体材质和结构参数见表 5-2。转轮作为冲击式水轮机的关键部件，工作中受水流和泥沙的高强度、高频率载荷，因此对质量要求特别高。

转轮的材料是 ZG0Cr13Ni4Mo，属于低碳马氏体钢，淬透性好，具有良好的机械性能和抗腐蚀性能。由于含碳量低，含铬量高，钢液易氧化，收缩率大，且有较强氢脆倾向，易产生裂纹。

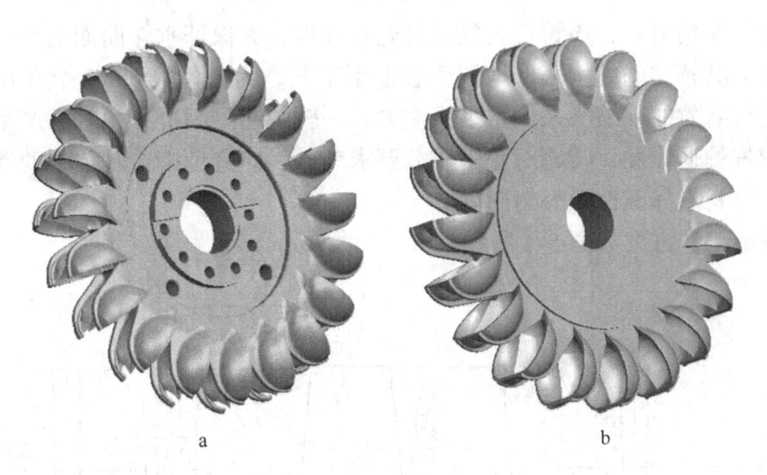

图 5-2 转轮铸件的实体造型图

a—转轮顶面；b—转轮底面

表 5-2 转轮的主要参数

项 目	参 数
材质	ZG0Cr13Ni4Mo
净重/kg	1020
毛重/kg	1329
最大尺寸/mm	1420.8
最小壁厚/mm	2.4
生产批量	单件小批

5.3.1.2 转轮的铸造工艺性分析和工艺方案确定

图 5-3 为转轮的零件简图，零件重 1020kg，最大轮廓尺寸为 1430.7mm，最小壁厚在水斗刃处，并带有尖端。铸造中，铸件的最小壁厚处金属液流动性差易出现浇不足和冷隔；铸钢件的收缩率大，厚大部分在凝固过程得不到足够的金属液补充，就很容易产生缩松缩孔等缺陷；在转轮的技术要求中水斗的横断面和纵断面需要用样板检查，即对水斗形状要求严格。

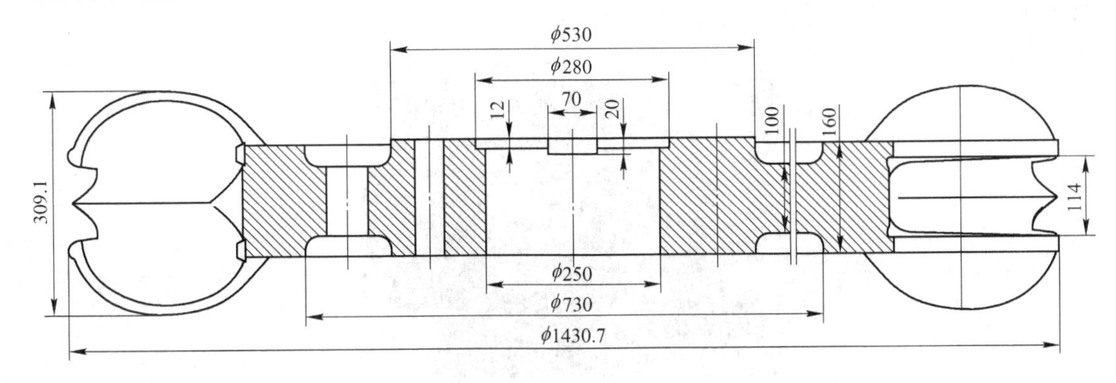

图 5-3 转轮的零件简图

分析转轮的结构可知，该铸件为复杂的轮类零件，为保证水斗曲面的尺寸精度和方案的可行性，针对其特殊的结构采取地坑组芯造型工艺。为方便放置 19 个水斗砂芯，冒口能够对铸件进行有效的补缩，采用水平浇注方式。转轮在凝固过程中容易产生热裂，因此型砂应具有较好的退让性，转轮对化学成分要求苛刻，应避免铸造过程中的渗硫渗碳的发生，所以造型材料选择碱性酚醛树脂砂。

转轮的铸造工艺方案如图 5-4 所示。

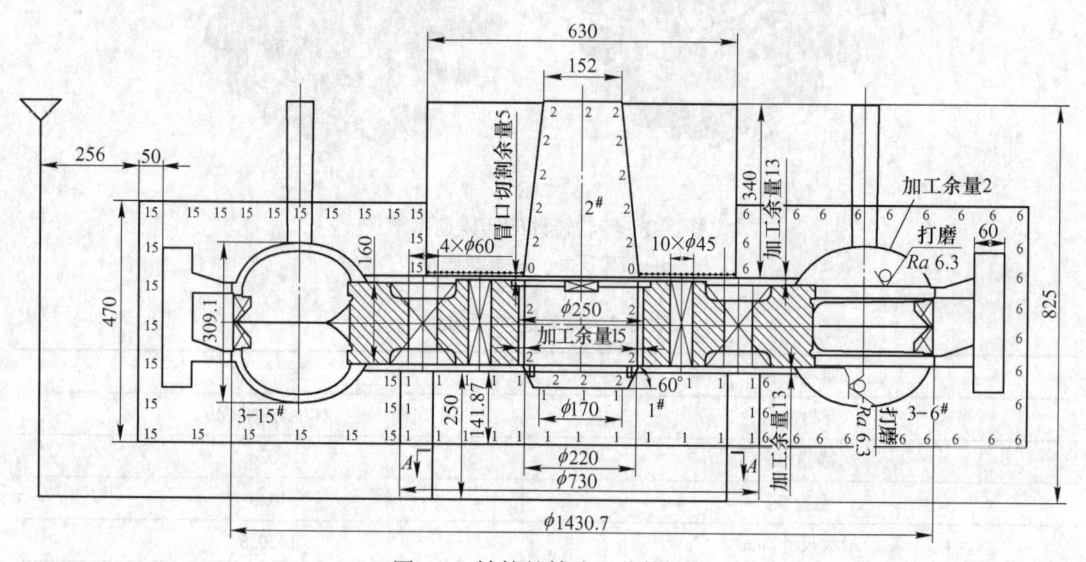

图 5-4 转轮的铸造工艺简图

5.3.1.3 浇注系统的设计和优化

合理的浇注系统，应该是引导金属液平稳、连续的充型，避免由于湍流强烈而造成交卷空气、乱流、产生金属氧化物和冲刷型芯。对于转轮的浇注系统，主要从以下几个方面考虑其是否合理：是否出现喷溅的情况；浇注系统中是否产生涡流而造成的交卷空气；充型过程是否乱流。

A 浇注系统尺寸对充型过程的影响

选择底注开放式浇注系统漏包浇注（见图 5-5）。为考察铸造过程数值模拟的作用，现拟定 2 种浇注系统尺寸方案（见表 5-3）。

图 5-5 转轮的底注环形浇注系统

表 5-3 浇注系统尺寸

浇注系统		直浇道	横浇道	内浇道（4 个）
图例		D	D	D
方案一	直径/mm	80	80	60
	截面积/cm^2	50.24	50.24	28.26
方案二	直径/mm	100	100	80
	截面积/cm^2	78.5	78.5	50.24

使用 MAGMA Soft 模拟充型过程中的速度场，两种方案的模拟结果如图 5-6、图 5-7 所示。

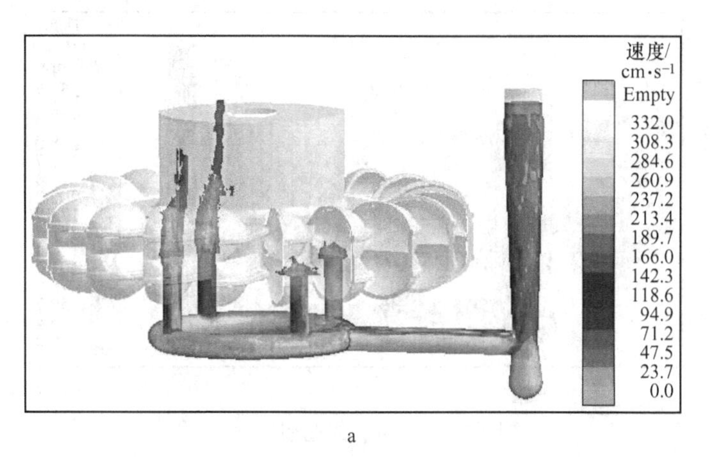

a

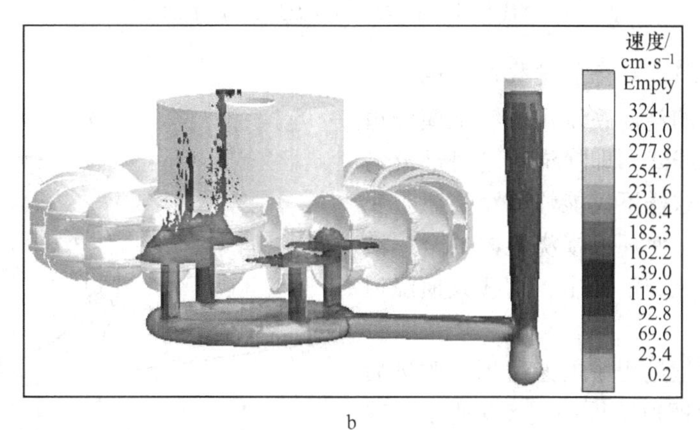

b

图 5-6 方案一的充型速度场

a—浇注时间 t=3.237s；b—浇注时间 t=3.599s

对于第一种浇注方案，当 t=3.237s 时，内浇道喷溅出的金属液就已经超过了冒口的高度，由此可见喷溅相当严重。

由充型速度场可以看出，方案二的喷溅较小，所以方案二的浇注系统尺寸较合理。

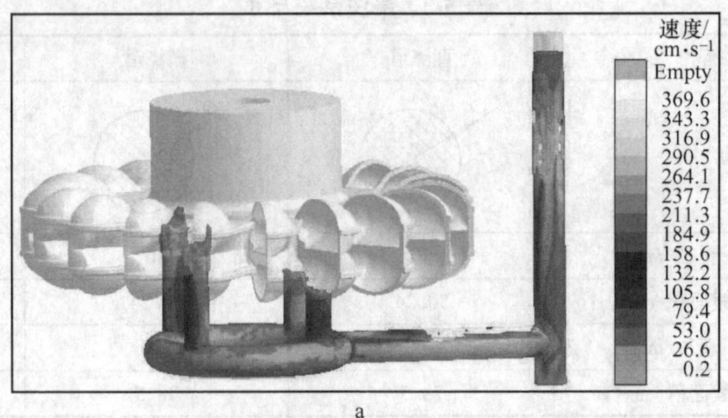

a

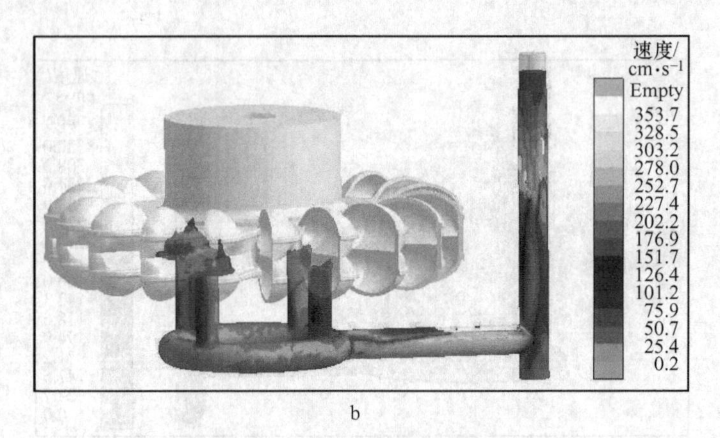

b

图 5-7　方案二的充型速度场

a—浇注时间 $t=3.672$s；b—浇注时间 $t=4.203$s

B　横浇道形式对充型过程的影响

采用方案二的浇注系统尺寸，把横浇道由直入式改为切线式，即横浇道笔直部分与环形部分相切，这样不仅能够减小高温金属液对型壁的冲击，使环形横浇道内的金属液的流向相同，避免交汇冲击。切线式横浇道如图 5-8 所示。

图 5-8　切线式横浇道浇注系统

数值模拟充型过程中的速度场，改进后切线式横浇道的模拟结果如图 5-9 所示。改进后的切线式横浇道浇注系统在 $t=3.598$s 时有一个内浇道存在轻微的喷溅，喷溅的金属量较小。

C　充型过程的数值模拟

数值模拟转轮铸件在充型过程的速度场，结果如图 5-10 所示。在充型过程中，金属液沿着切线式环形横浇道平缓的充入内浇道，对比速度色标可知，金属液进入型腔时的速度很小，在整个充型过程中，金属液的流动比较平稳。

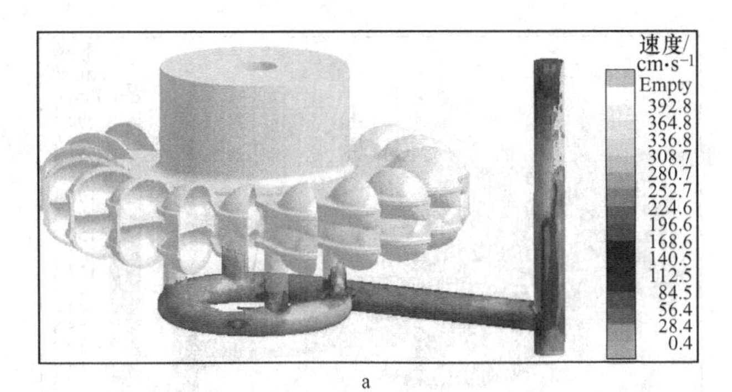

a

b

图 5-9 切线式横浇道的充型速度场

a—浇注时间 $t=3.238$s；b—浇注时间 $t=3.598$s

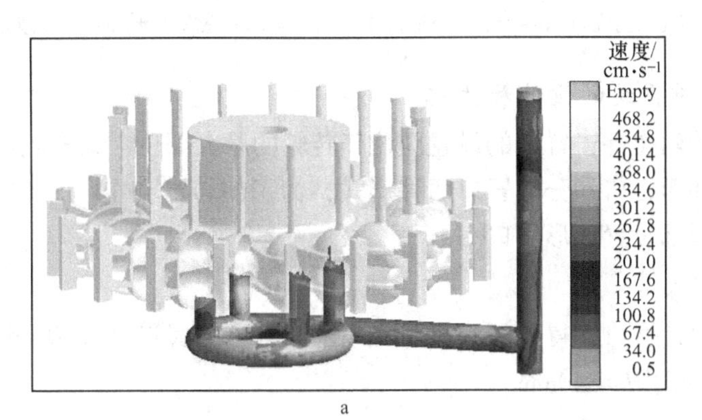

a

b

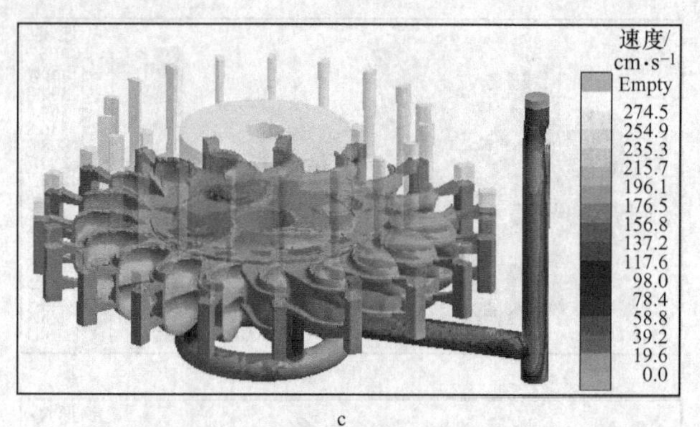

c

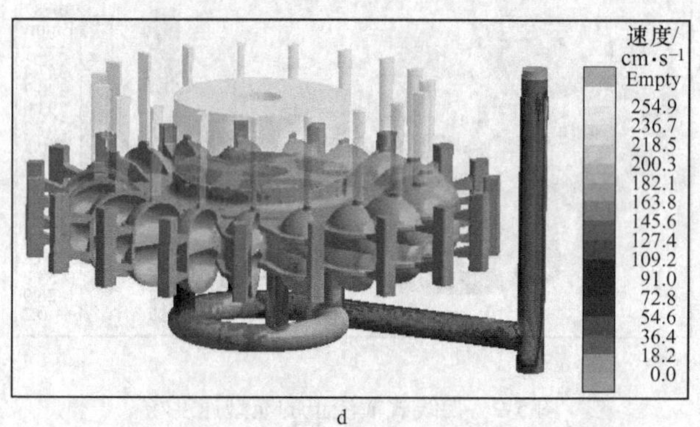

d

图 5-10　充型过程的速度场

a—金属液充入内浇道；b—金属液充满内浇道；c—金属液充满转盘；d—金属液充满水斗

5.3.1.4　补缩系统的设计和优化

转轮是典型的轮类件，冒口的设置应位于转轮的厚大部位，即转轮的转盘处。轮类零件的冒口设计有环形冒口和分散冒口两种形式，为了使转盘和 19 个水斗得到充分而均匀的补缩，在铸件顶部设置环形冒口。

A　初始冒口尺寸

按照模数法设计冒口，得到冒口尺寸（见图 5-11）：冒口外径 $D=630$mm、冒口内径 $d=220$mm、冒口高度 $H=340$mm。

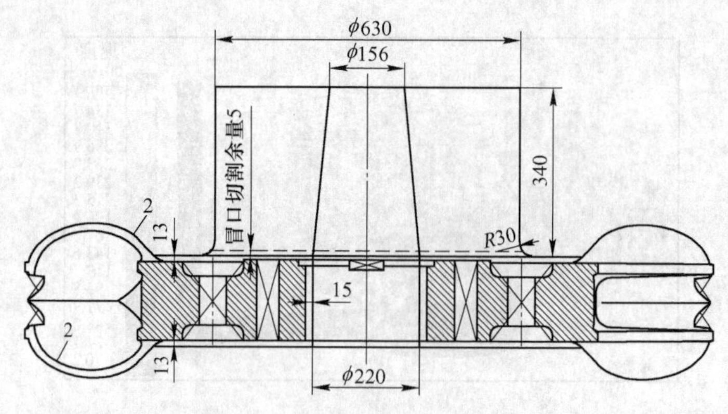

图 5-11　转轮的环形冒口尺寸

使用 MAGMA Soft 对转轮铸件凝固过程进行模拟，液相率的模拟结果如图 5-12 所示，缩孔缩松预测如图 5-13 所示。在凝固开始后，水斗部分壁薄，且与砂芯接触面积大，散热条件较好，环形冒口的内、外壁都与型砂接触，且上方与大气相通，散热快，这些部位先凝固。而转盘中心部位厚大，上方与冒口接触，所以散热条件较其四周的铸件部位差，致使转盘后凝固。

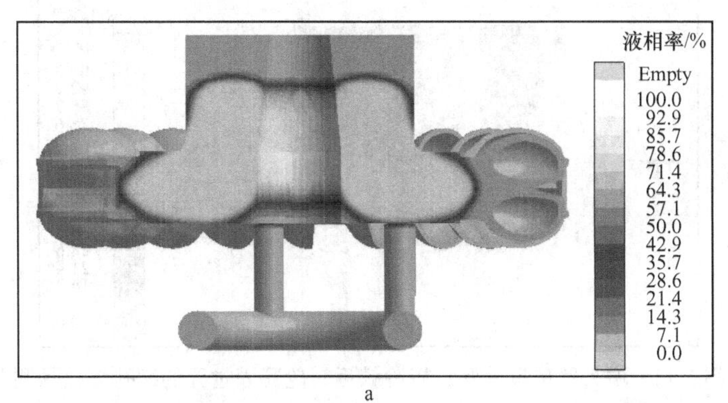

a

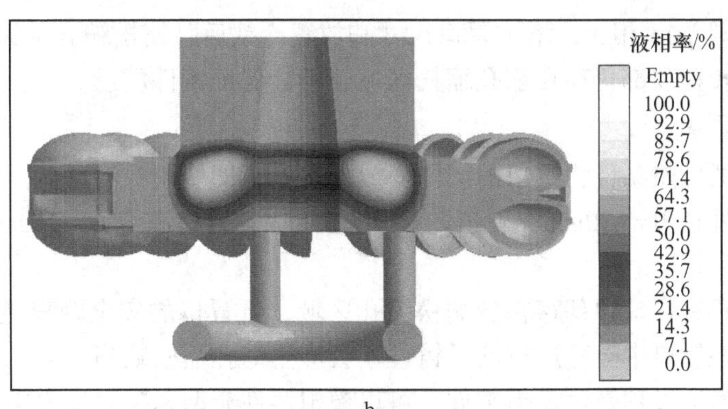

b

图 5-12 凝固过程的液相率分布

a—凝固 50%；b—凝固 90%

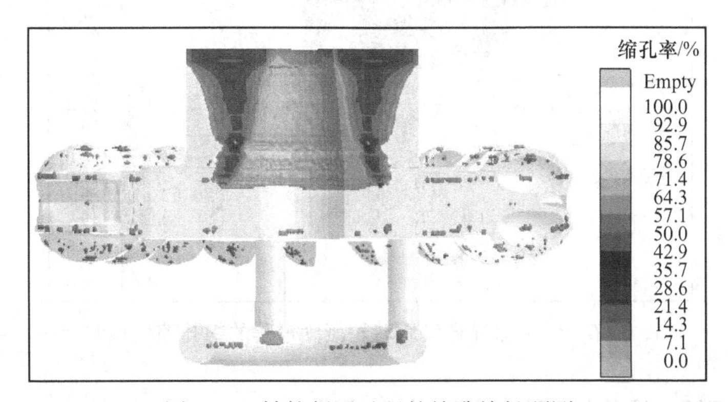

图 5-13 转轮凝固过程的缩孔缩松预测

由图 5-13 可以看出，缩孔缩松缺陷从高度方向遍及了整个冒口，并在转盘的上部产生了缩松缺陷，这说明冒口的补缩并不充分，需要改变冒口尺寸或补缩方式。

B 增大冒口尺寸

增大冒口尺寸并在铸件的底部放置6块冷铁。经计算得到冒口外径 $D=730$mm，冒口内径 $d=300$mm，冒口高度 $H=340$mm。对转轮铸件凝固过程进行模拟，缩孔缩松预测如图5-14所示。

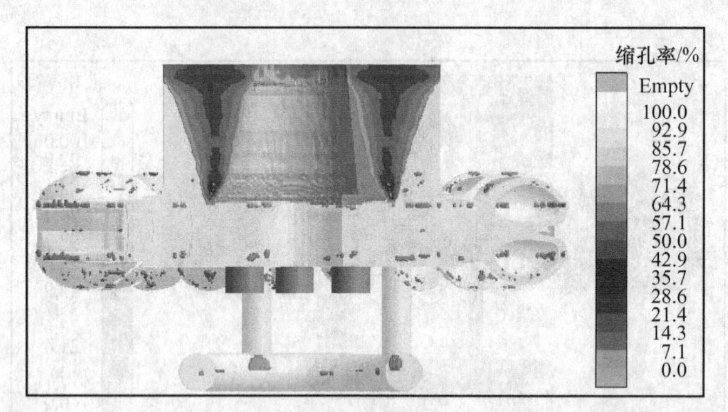

图5-14 增大冒口尺寸和设置冷铁后转轮凝固过程的缩孔缩松预测

与改进前的图5-13相比，增加冒口尺寸和放置冷铁后，缩松缩孔的区域上移并变小，但是冒口根部和转盘顶部仍存在缩孔缩松区域，不能保证铸件质量。

C 采用保温冒口

为改变冒口的散热条件，冒口的周围安放保温套，即使用保温冒口。仍然采用初始冒口尺寸，即冒口外径 $D=630$mm，冒口内径 $d=220$mm，冒口高度 $H=340$mm。缩孔缩松预测如图5-15所示。

可以看出，只有冒口顶部存在着缩松缩孔区域，且冒口的安全距离达到80mm，说明最后凝固部分是在冒口中上部进行的，铸件不会产生缩孔缩松缺陷。

总之，利用铸造过程数值模拟软件，可以模拟铸件充型和凝固过程中温度场和流动场的变化规律，进而优化铸件的铸造工艺，保证和提高铸件质量。

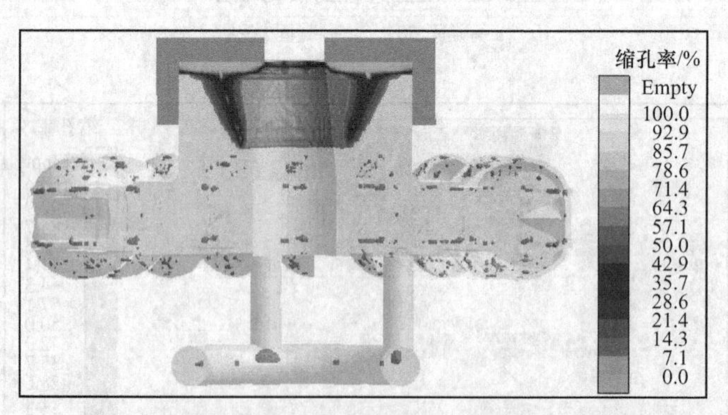

图5-15 使用保温冒口后转轮凝固过程的缩孔缩松预测

5.3.2 涡轮增压器壳铸件的铸造工艺优化

5.3.2.1 涡轮增压器壳铸件的结构和参数

图5-16为小型汽车涡轮增压器壳铸件实体造型图，该铸件的材质为1.4848（德国标

准)，属于奥氏体不锈钢，具有良好的高温机械性能和抗腐蚀性能。涡轮增压器作为汽车尾气利用系统的重要部件，要求涡轮增压器壳具备很好的耐热性（涡轮增压器的工作温度可达1150℃以上）和抗腐蚀性（通过涡轮增压的气体中常含有硫的氧化物）。

该零件的结构复杂，壁厚不均，轮廓尺寸为146mm×110mm×78mm，最大壁厚为38.2mm，最小壁厚为6mm。

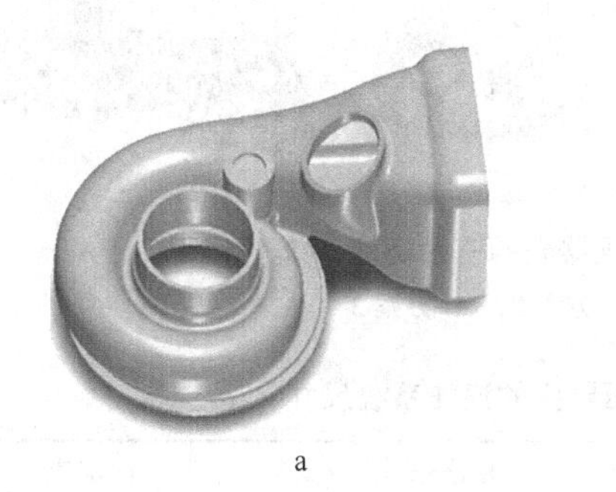

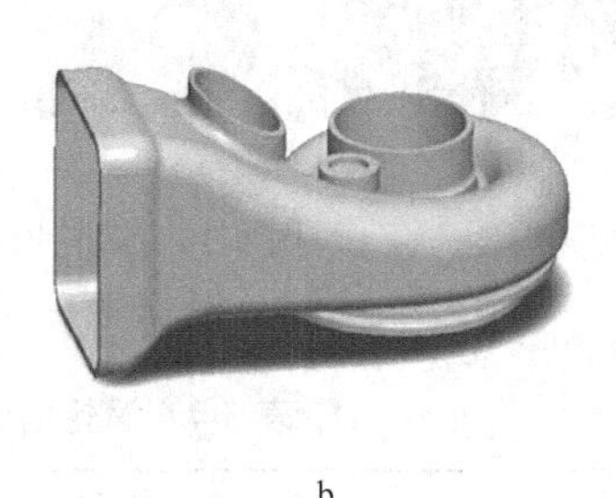

a　　　　b

图5-16　涡轮增压器壳铸件的实体造型图

a—顶面；b—侧面

5.3.2.2　涡轮增压器壳的铸造工艺性分析和工艺方案确定

铸件采用覆膜砂成形工艺生产，采用全自动射芯机（Z957SG-30型）制出所需要的壳型和壳芯。由于零件在工作时承受高温气体作用，工艺方案应保证铸件不出现裂纹、缩松、缩孔、冷隔、砂眼等铸造缺陷。

结合涡轮增压器的工作原理，可以确定配合面为该零件的重要面（见图5-17），故选择如图5-18所示的浇注位置，将重要的配合面置于下部，减少了铸造缺陷，保证了重要面的质量，同时，砂箱高度合理且该浇注位置的上端为曲面，便于拔模及壳型的制作。分型面沿整个涡轮壳内腔芯的对称面分型（见图5-18）。

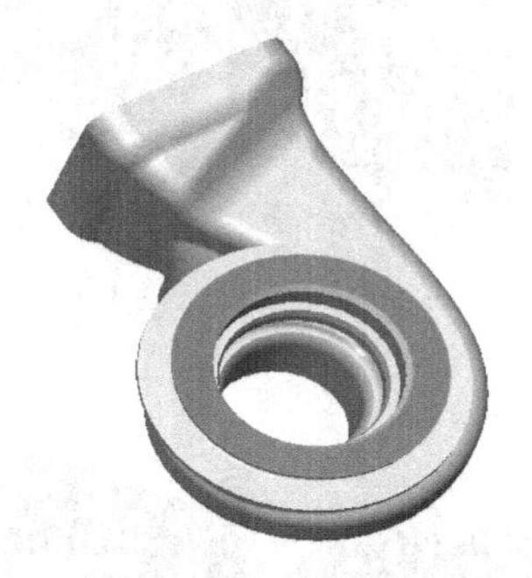

图5-17　涡轮增压器壳的底面配合面

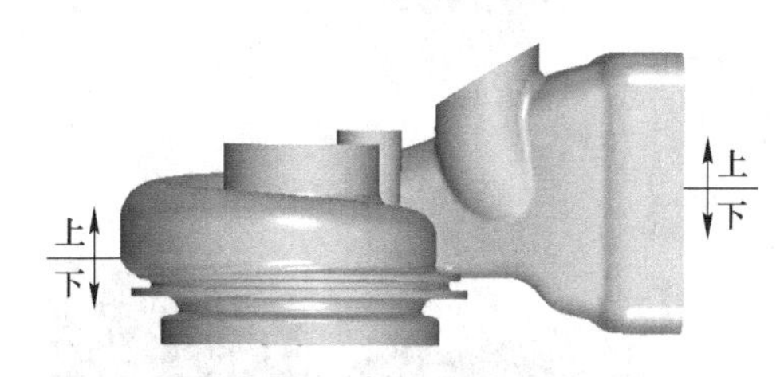

图5-18　涡轮增压器壳的浇注位置和分型面

5.3.2.3　浇注系统的设计和优化

A　浇注系统设计

共设计了图5-19所示的三种浇注系统方案：方案1是根据铸件结构特点设计的底注式浇注系统，内浇道数量为8个，均分在涡轮增压器壳铸件的底面，横浇道数量为4个，直浇道数量为1个；方案2是中注式浇注系统，内浇道数量为4个，内浇口从涡轮增压器壳铸件的进气端口侧面引入，此处为平直面，便于后期加工处理；方案三也是中注式浇注系统，内浇道数量为 8 个，内浇口从涡轮增压器壳铸件的进气端口正面引入，金属液从内浇口进入铸件能沿着铸件壁方向充满型腔。浇注系统的尺寸见表 5-4。

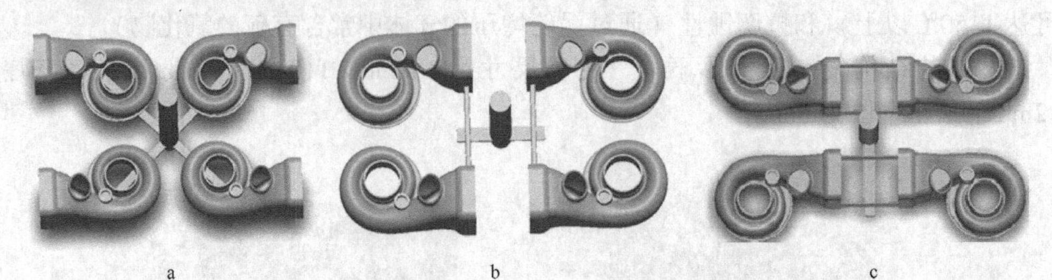

图 5-19 涡轮增压器壳的三种浇注系统

a—方案 1；b—方案 2；c—方案 3

表 5-4 涡轮增压器壳的浇注系统尺寸 （mm）

浇注系统	直浇道（直径）	横浇道（宽×高）	内浇道（直径/宽×高）
方案 1	ϕ25	9×10	ϕ8. 4
方案 2	ϕ25	14×13	5. 5×20
方案 3	ϕ25	14×13	4×13. 5

B 充型过程的数值模拟

使用 ProCAST 数值模拟充型过程中的速度场，3 种方案的模拟结果分别如图 5-20～图 5-22 所示。下面根据充型速度场的分布情况，分析 3 种浇注系统方案的优劣。

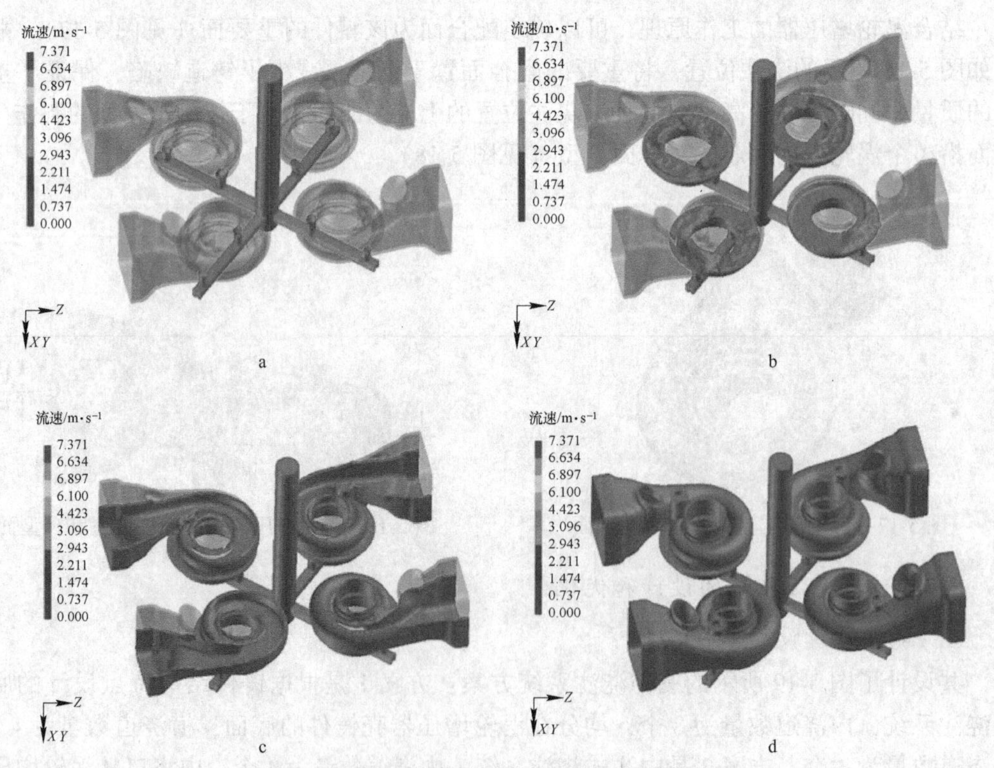

图 5-20 方案 1 浇注系统充型过程速度场

a—0. 42s 充型 20. 7%；b—1. 00s 充型 49. 1%；c—1. 65s 充型 80. 3%；d—2. 08s 充型 100%

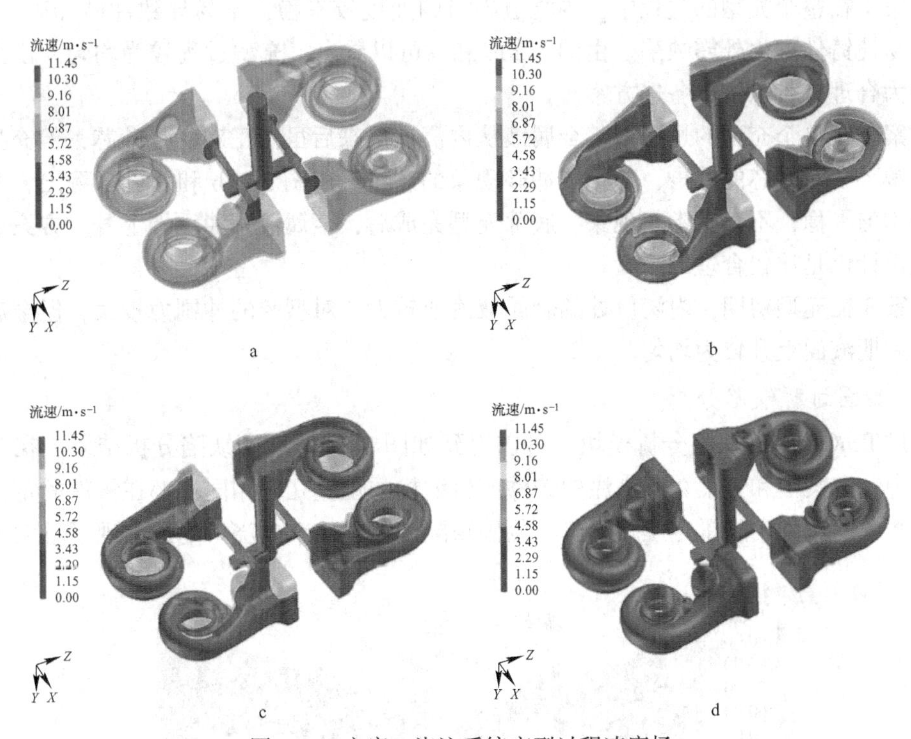

图 5-21　方案 2 浇注系统充型过程速度场

a—0.28s 充型 15.2%；b—0.93s 充型 50.1%；c—1.47s 充型 79.4%；d—1.86s 充型 100%

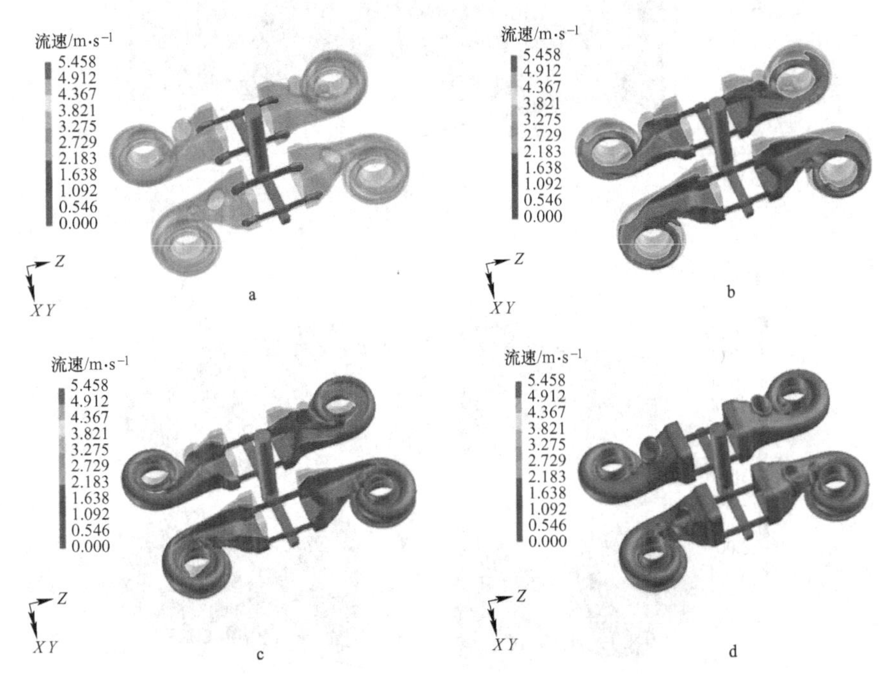

图 5-22　方案 3 浇注系统充型过程速度场

a—0.33s 充型 16.3%；b—1.01s 充型 49.1%；c—1.65s 充型 80.4%；d—2.06s 充型 100%

方案 1 在整个充型的过程中，内浇道出口的速度较平稳，不易导致冲砂和破坏型芯，从而不易使铸件产生外露缺陷。由图 5-20b 和 c 可以看出，充型过程较为均匀。因此，方案 1 较为合理，可以留作备选方案。

方案 2 在整个充型的过程中，金属液从内浇道出来后虽然正对的是砂芯，但充型速度较慢，减小了对砂芯的冲击，防止了冲砂现象的产生。由图 5-21b 和 c 可以看出，底部充型过程均匀平稳，不存在卷气现象，底部充型完成后，金属液平稳缓慢上升。方案 2 的浇注系统设计也是比较合理的。

方案 3 在充型初期，内浇口处的金属液流速较大，对型腔的冲刷力较大；但金属液在充型中后期液面上升较为均匀。

C 凝固过程缺陷分析

通过 ProCAST 的缺陷分析模块，可以得到如图 5-23 所示的缺陷分析结果。在 3 种浇注方案中，方案 1 和方案 2 所浇注的铸件产生缩松的位置几乎相同，都在铸件的定位孔下侧；方案 3 的铸件中除了定位孔下侧的凝固缺陷，还在 8 个内浇口附近出现了较大范围的

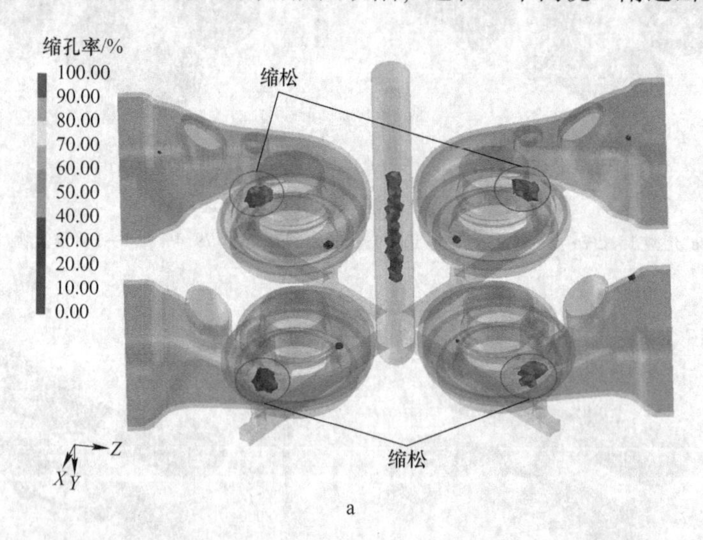

a

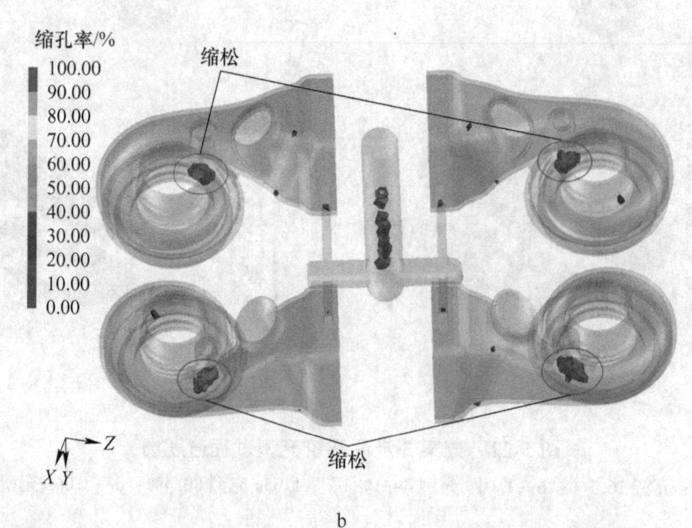

b

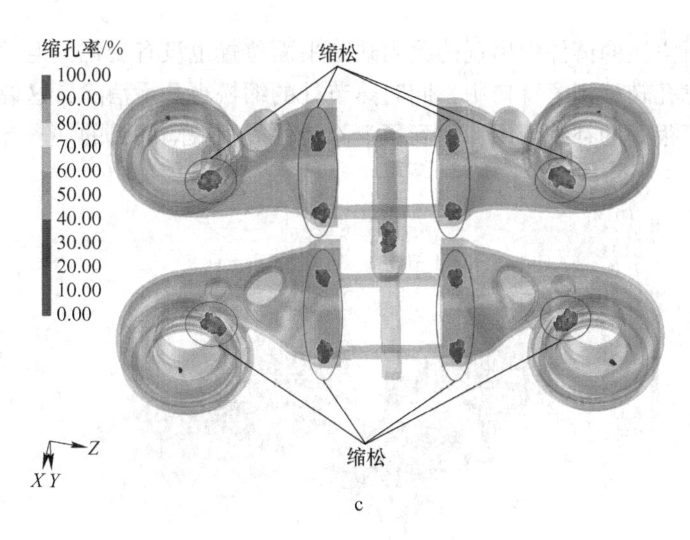

图 5-23 铸件中产生的缩松缺陷预测

a—浇注方案 1；b—浇注方案 2；c—浇注方案 3

缩松。因此，方案 3 的浇注系统首先排除，而对方案 1 和方案 2 进行补缩系统的工艺设计，以便消除缩孔缩松缺陷。

5.3.2.4 冒口的设计和优化

A 冒口设计

针对浇注方案 1 和浇注方案 2 产生的缩松缺陷，采用标准圆柱形暗冒口进行补缩，利用模数法设计的冒口直径为 18mm，冒口高度为 25mm，冒口模数为 2.99mm。冒口布置如图 5-24 所示。

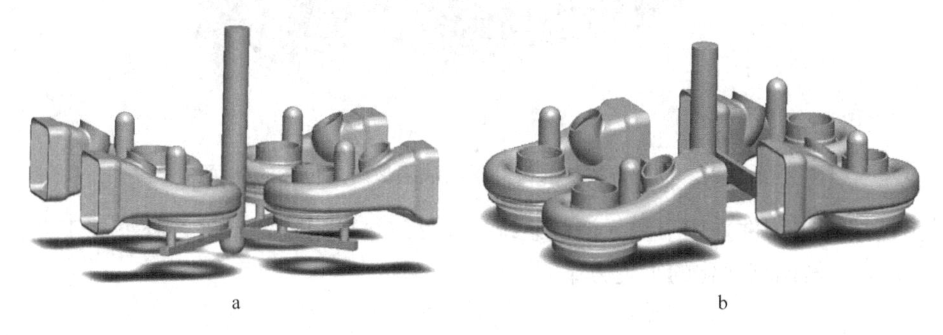

图 5-24 涡轮增压器壳铸件的冒口布置

a—浇注方案 1；b—浇注方案 2

B 凝固模拟分析

利用 ProCAST 软件中的 viewer 模块进行铸造缺陷分析，得到方案 1 的铸件凝固缺陷示意图如图 5-25 所示，方案 2 的铸件凝固缺陷示意图如图 5-26 所示。

分析图 5-25 和图 5-26 可以看出，浇注方案 1 所浇注的铸件中所出现缩孔缩松的平面位置没有变化，但设置冒口后铸件中的缩孔缩松转移到了冒口中，这说明冒口对铸件起到了补缩作用，但在热节处的缩松依然存在，冒口的补缩效果并不能完全消除铸件中原有的凝固缺陷。

浇注方案2所浇注的铸件中出现的凝固缺陷平面位置也没有变化，但设置冒口后原来出现在定位孔的缩孔转移到了冒口中，同时热节处的缩松也几乎消除，这说明冒口对定位孔里的型腔起到了很好的补缩作用，达到了消除铸件凝固缺陷的目的。

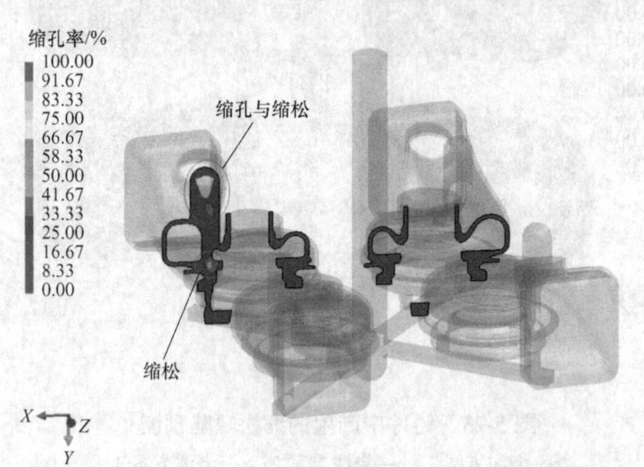

图5-25　浇注方案1的铸件凝固缺陷最严重位置的剖面图

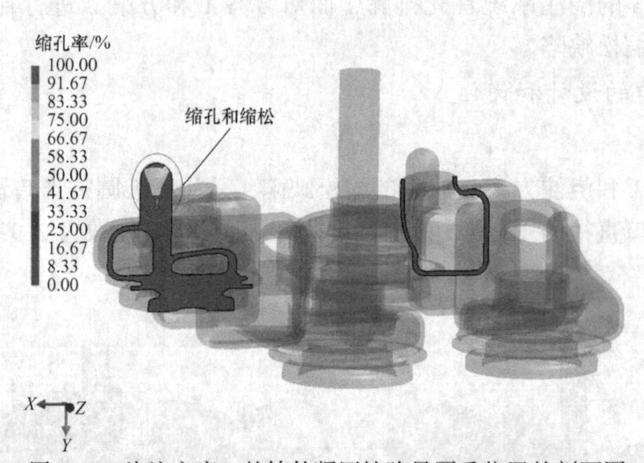

图5-26　浇注方案2的铸件凝固缺陷最严重位置的剖面图

综上所述，本铸件采用中注式浇注系统方案2，并采用暗冒口进行补缩，工艺出品率可达80.13%，是比较优化的工艺方案。

复习思考题

5-1 铸造过程的数值模拟具有什么意义？

5-2 铸造过程数值模拟的具体内容有哪些？

5-3 铸造过程数值模拟软件主要由哪些模块构成？各模块主要解决什么问题？

5-4 MAGMA Soft铸造过程模拟软件有何特点？可解决铸造中的什么问题？

5-5 ProCAST铸造过程模拟软件有何特点？可解决铸造中的什么问题？

6 铸造工艺设计实例

本章学习要求是，掌握金属液态成形工艺设计的基本原则、铸造工艺方案的确定方法、铸型浇注系统和补缩系统的作用和设计方法，了解铸造过程的数值模拟技术和掌握成形工艺的优化方法，为制定零件的合理铸造方案和开发新的铸造工艺奠定基础，为从事专业技术工作打下必要的专业基础。

本章通过几个铸件的铸造工艺设计实例，介绍铸造工艺设计的基本步骤和一般方法。实例内容包括：铸件的铸造工艺方案确定（包括分型面和浇注位置的选择、砂芯设计、铸造工艺参数的选择等）、浇注系统和补缩系统的设计、铸造工艺图的绘制和铸造工艺卡的填写。

在铸造工艺（及工装）设计工作中，绘图部分都要使用计算机辅助设计软件，如 CAXA 电子图版、AutoCAD、SolidWorks、Pro Engineer 等，文字部分使用办公软件 Microsoft Word、WPS 进行编辑。

6.1 铸造工艺符号及其表示方法

在铸造工艺设计时，为表达设计意图与要求，需要在铸件图、铸造工艺图及有关工艺文件中，标明代表铸造工艺要求的符号。这些符号必须在工装设计、制造及造型、制芯等生产过程中被有关人员所正确理解。铸造工艺符号是铸造工作者表达铸造工艺设计的技术语言，是铸造生产者遵守工艺规范、执行工艺指令所必需的技术标识。因此，原机械工业部对铸造工艺符号及表示方法作出统一规定，并制定相应标准 JB/T 2435—1978。随着铸造技术水平不断提高，铸造新材料、新技术不断得到推广和应用，各类二维、三维 CAD、CAM 软件被广泛应用于工艺设计，2013 年颁布了修改后的《铸造工艺符号及表示方法》（JB/T 2435—2013）。本标准规定了砂型铸造的 24 种工艺符号及表示方法，适用于砂型铸钢件、铸铁件及有色金属铸件，其他铸造工艺方法也可参照执行。

随着计算机应用技术的发展，大部分工厂使用计算机打印出来的零件图来绘制铸造工艺图或在计算机上直接绘制工艺图，不再采用墨线和蓝图来绘制铸造工艺图。铸造工艺图中工艺符号表示颜色规定为红、蓝两色，具体表示方法见表 6-1。

表 6-1　铸造工艺符号及表示方法（JB/T 2435—2013）

名称	表示方法	名称	表示方法
分型面	用红色线表示，用红色箭头及红色字标明“上、中、下”字样 两开箱　上 下 三开箱　上 中 中 下 示例　上 下	分型负数	用红线表示，并注明减量数值 上减量　c　上 下 下减量　b　上 下 上下减量　a　上 下 示例　1[#]芯　a　上 下
分模面	用红色线表示，并在线的任一端划“<”或“>”号（只表示模样分开的界线） 示例	不铸出孔和槽	用红线打叉 示例
分型分模面	用红色线表示 上 下 示例　上 下	工艺补正量	用红色线表示，注明正、负工艺补正量的数值 示例　a　b
机械加工余量	加工余量分两种表示，可任选其一： （a）加工余量用红色线表示，在加工符号附近注明加工余量数值； （b）在工艺说明中写出上、侧、下字样注明加工余量数值，特殊要求的加工余量可将数值标在加工符号附近 示例　上 下　$+a$　$+c$　a/b　$+b$		

续表 6-1

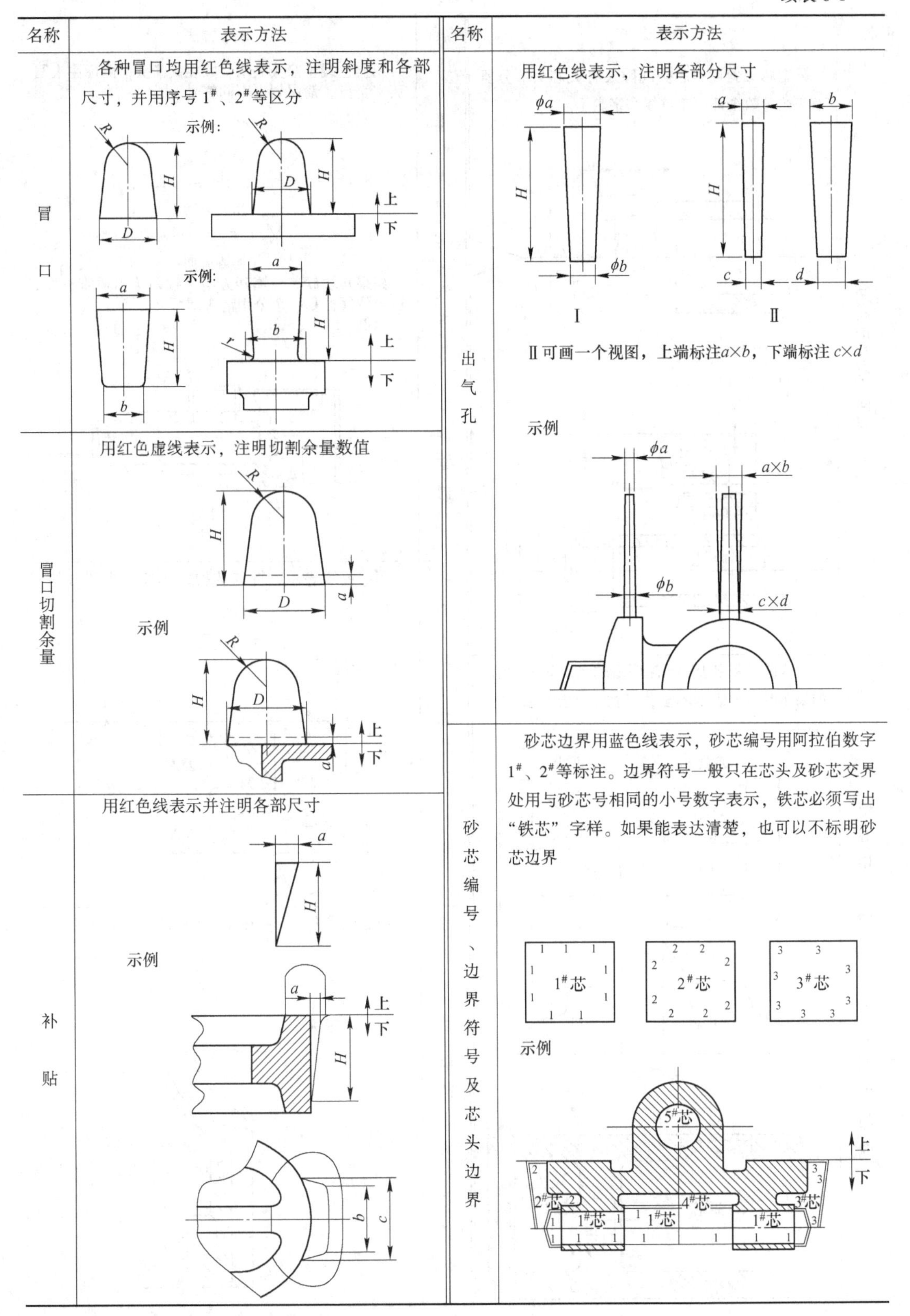

名称	表示方法	名称	表示方法
冒口	各种冒口均用红色线表示，注明斜度和各部尺寸，并用序号 1#、2#等区分 示例: 示例:	出气孔	用红色线表示，注明各部分尺寸 Ⅰ　Ⅱ Ⅱ可画一个视图，上端标注$a\times b$，下端标注$c\times d$ 示例
冒口切割余量	用红色虚线表示，注明切割余量数值 示例	砂芯编号、边界符号及芯头边界	砂芯边界用蓝色线表示，砂芯编号用阿拉伯数字1#、2#等标注。边界符号一般只在芯头及砂芯交界处用与砂芯号相同的小号数字表示，铁芯必须写出“铁芯”字样。如果能表达清楚，也可以不标明砂芯边界 示例
补贴	用红色线表示并注明各部尺寸 示例		

续表 6-1

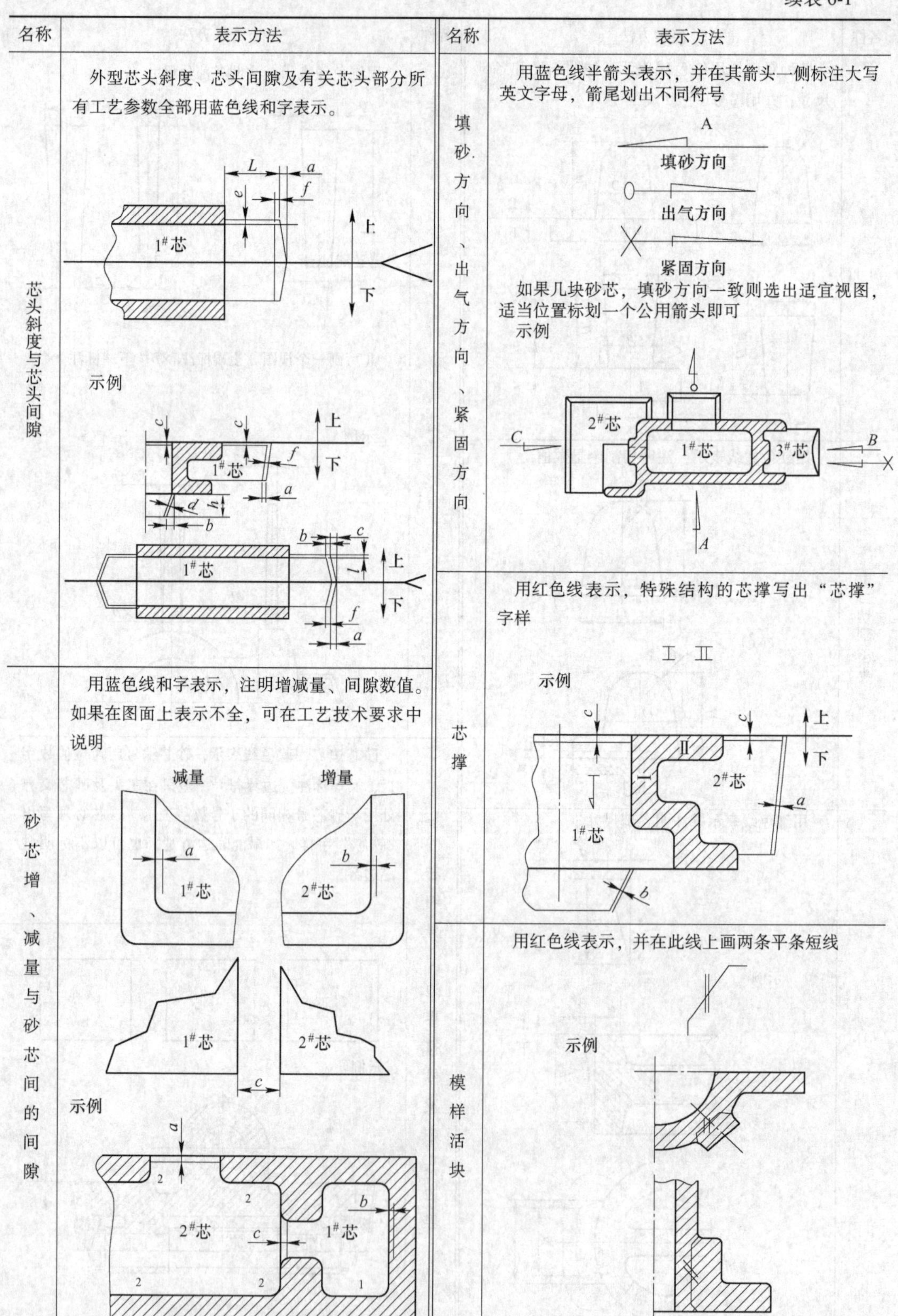

名称	表示方法
芯头斜度与芯头间隙	外型芯头斜度、芯头间隙及有关芯头部分所有工艺参数全部用蓝色线和字表示。 示例
砂芯增、减量与砂芯间的间隙	用蓝色线和字表示，注明增减量、间隙数值。如果在图面上表示不全，可在工艺技术要求中说明 减量　增量 示例
填砂方向、出气方向、紧固方向	用蓝色线半箭头表示，并在其箭头一侧标注大写英文字母，箭尾划出不同符号 填砂方向 出气方向 紧固方向 如果几块砂芯，填砂方向一致则选出适宜视图，适当位置标划一个公用箭头即可 示例
芯撑	用红色线表示，特殊结构的芯撑写出“芯撑”字样 示例
模样活块	用红色线表示，并在此线上画两条平条短线 示例

续表 6-1

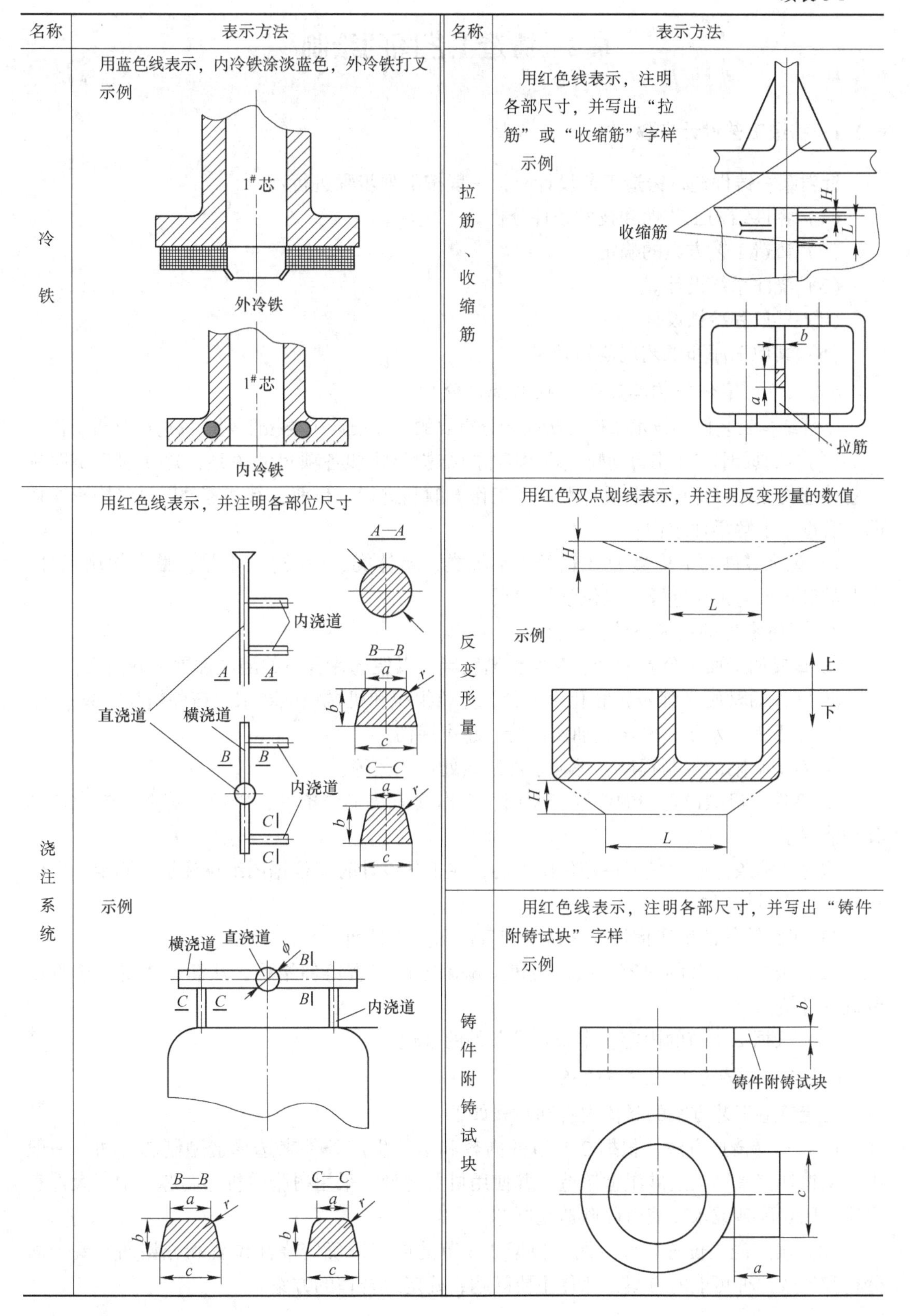

名称	表示方法
冷铁	用蓝色线表示，内冷铁涂淡蓝色，外冷铁打叉 示例
浇注系统	用红色线表示，并注明各部位尺寸 示例
拉筋、收缩筋	用红色线表示，注明各部尺寸，并写出“拉筋”或“收缩筋”字样 示例
反变形量	用红色双点划线表示，并注明反变形量的数值 示例
铸件附铸试块	用红色线表示，注明各部尺寸，并写出“铸件附铸试块”字样 示例

6.2 铸造工艺图的绘制

6.2.1 铸造工艺设计步骤

针对某一铸件进行铸造工艺设计时，一般按下列步骤进行：

(1) 零件结构工艺性和技术条件分析。

(2) 铸造工艺方案的确定。

(3) 浇注系统设计。

(4) 冒口和冷铁设计。

(5) 其他工序和工艺规范的确定。

6.2.1.1 零件结构工艺性和技术条件分析

零件结构工艺性和技术条件分析是十分重要的，在设计中要按下列步骤进行分析工作。

(1) 认真阅读零件图，彻底搞清零件的结构形状和各项尺寸关系，建立起完整明确的立体感物体，以保证工艺设计及制图工作的顺利进行。目前，有些零件图已经附有实体图，有助于了解零件结构。

1) 记录零件的结构类型（轴类、平板类、箱体类、轮类）、重量、最大轮廓尺寸、主要的和最大与最小壁厚，以供设计使用。

2) 了解零件的技术条件，包括：

① 重要加工面、公差配合、表面粗糙度等，以便选择合适的浇注位置和分型面；

② 零件的材质（牌号）和化学成分，金相组织和机械性能要求，铸件精度等级；

③ 是否需要水压、气压、油压试验，超声探伤；

④ 铸造缺陷的限制程度、焊补条件及热处理工艺等；

⑤ 零件在机械设备中的位置、作用、工作载荷及工作条件，以便在铸造工艺中达到其功能要求。

这些技术条件通常是写在零件图上的，在工艺设计时应根据图纸标注加以确定，以便在铸件生产时加以控制。

3) 了解铸件的生产批量、具体生产条件和交货日期。

(2) 根据2.1节的内容，从避免铸造缺陷方面审查铸件结构，从简化铸造工艺方面改进零件结构。

(3) 根据2.1节的内容，审查技术条件的合理性。

6.2.1.2 铸造工艺方案的确定

确定铸造工艺方案的具体内容和步骤如下：

(1) 选择铸造方法。根据2.2节的内容和本厂生产条件来选择造型制芯方法，一般中小型铸件宜采用黏土砂湿型铸造，并使用机器造型，采用树脂砂机器制芯。中、大件宜采用树脂自硬砂或水玻璃自硬砂造型制芯。

(2) 确定浇注位置和分型面。根据2.3节的内容来确定浇注位置和分型面，要全面分析和比较几种可能的方案，抓住主要问题，确定最合理的方案。

（3）选择铸造工艺参数。铸造工艺参数用以确定模样与芯盒的形状与尺寸。该项工作的内容和步骤如下：

1）根据铸件材质和造型方法确定铸件的尺寸公差和重量公差等级。

2）根据铸件材质、化学成分和铸件收缩受阻情况查表确定铸造收缩率（缩尺）。

3）在需要加工的表面，根据加工面所处位置、铸件材质、加工部位尺寸和铸件尺寸精度等级确定机械加工余量。在选择高压造型机或高密度造型机时，粗糙度数值大于等于25的加工面可不放置加工余量。

4）零件上的小孔和窄槽等是否需要铸出，要查表确定。

5）根据模样材料、模样起模高度和造型方法查表确定起模斜度。

6）根据实际需要，确定其他铸造工艺参数。

（4）砂芯设计。砂芯设计是铸造工艺设计的重要内容之一，它直接影响到铸件的形状和精度。砂芯设计的内容主要包括：

1）砂芯轮廓和数量的确定；

2）芯头的种类、结构和尺寸的确定；

3）砂芯排气系统的设计；

4）有时还需要确定芯撑的材质、结构、尺寸、数量和位置。

（5）砂箱中铸件数目的确定。当铸件的造型方法、浇注位置、分形面和砂芯确定之后（或同时），要初步确定砂箱中放置铸件的数量，以此作为浇冒口设计的依据。砂箱中放置铸件的数量主要与铸件尺寸、砂箱尺寸和吃砂量有关，在保证铸件质量和工艺条件允许的前提下越多越好。有关吃砂量的大小要查表确定。标准和推荐的中小型砂箱的平面尺寸为500mm×400mm、600mm×500mm、800mm×600mm、1000mm×800mm、1200mm×1000mm等，采用树脂或水玻璃自硬砂造型制芯的砂箱尺寸依据现场条件选取。砂箱高度要根据模样高度、直浇道压头来确定，中小砂箱一般为100mm、125mm、150mm、175mm、200mm、225mm、250mm、300mm等。在生产线造型中，上下砂箱高度相同。采用树脂或水玻璃自硬砂造型制芯的，上下砂箱高度可不同。

6.2.1.3 浇注系统设计

A 浇注金属液重量的估算

在进行浇注系统设计时，需要知道浇注的金属液重量。在未设计出浇冒口时，这个重量是未知的，一般只能根据经验先粗略确定。估算公式为

$$G = \alpha n G_{件}$$

式中 G——浇注金属液重量，kg；

$G_{件}$——铸件重量，kg；

n——砂箱中铸件数目；

α——重量系数，与铸件材质、生产批量有关，铸铁件重量系数的参考数值见表6-2。

B 铸铁件浇注系统设计步骤

（1）选择浇注系统的类型和结构；

（2）确定内浇道到型腔的引注位置和数量；

（3）确定直浇道位置和高度（注意最小剩余压头是否满足要求）；

（4）计算金属充型时的平均静压头 $H_{均}$ 或内浇道压头 h_p；

（5）查表确定浇注系统的流量系数 μ，注意各种因素对流量系数的修正；

（6）选择合适的经验公式计算浇注时间，并校核金属液面上升速度；

（7）确定浇口比，利用奥赞公式和大孔流出理论计算浇注系统的阻流段面积 $F_{阻}$；

（8）根据浇口比，计算浇注系统各组元断面的截面积和尺寸（注意一箱中横浇道和内浇道的数量），并查表加以圆整化。

表 6-2 铸铁件重量系数的经验值

材质	铸件重量/kg	大量生产	批量生产	单件小批生产
HT	< 100	1.20~1.25	1.20~1.3	1.25~1.35
	100~1000	1.15~1.20	1.15~1.20	1.20~1.25
	>1000		1.10~1.15	1.10~1.20
QT	1.2~1.4			
KT	1.4~1.5			

C 浇注金属液量的校核

在浇冒口设计完成之后，要根据所设计浇冒口的数量和尺寸计算浇冒口重量 $G_{计}$，校核金属液重量与初设值 G 是否相当。如果相差大于10%，即 $\frac{|G_{计}-G|}{G_{计}} \times 100\% \geqslant 10\%$ 则应当调整 G，重新设计浇注系统和补缩系统，直到满足要求。

6.2.1.4 冒口和冷铁设计

对于需要补缩的铸件，要进行冒口和冷铁设计。具体设计方法参考第4章内容。

6.2.1.5 其他工序与工艺规范的确定

其他工序与工艺规范包括型、芯砂的配方、性能要求和混制工艺，砂芯的硬化工艺，合金熔炼与铸件浇注、冷却规范，铸件清理、热处理及验收规范等。这些问题都应在工艺方案中随时加以考虑和确定，以免到最后感到失误而导致设计上的返工。

6.2.2 铸造工艺图的绘制

铸造工艺图是用工艺符号表示出铸造工艺设计主要内容的图纸，是铸造行业特有的一种图纸，它规定了铸件的形状和尺寸，也规定了铸件的基本生产方法和工艺过程，是最基本也是最重要的工艺文件，是铸件生产过程的指导性文件，是制造模样、模板、芯盒等工艺装备和进行生产准备的依据。绘制铸造工艺图，就是将各种简明的工艺符号标注在零件图上，反映出铸造工艺方案的基本内容。

铸造工艺图表达的内容：浇注位置，分型面，分模面，活块，木模的类型和分型负数，加工余量，起模斜度，不铸孔和槽，砂芯个数和形状，芯头形式、尺寸和间隙，分盒面，芯盒的填砂（射砂）方向，砂芯负数，砂型的出气孔，砂芯出气方向、起吊方向，下芯顺序，芯撑的位置、数目和规格，工艺补正量，反变形量，非加工壁厚的负余量，浇口和冒口的形状和尺寸，冷铁形状和个数，收缩筋（割筋）和拉筋形状、尺寸和数量，和铸件同时铸造的试样，铸造（件）收缩率，砂箱规格，造型和制芯设备型号，铸件在砂箱内的布置以及其他方面的简要技术说明等。

以上这些内容，分别用图形、符号及技术条件来表达。但上述这些内容并非在每一张铸造工艺图上都要表示，而是与铸件的生产批量、产品性质、造型和制芯方法，铸件材质和结构尺寸，废品倾向等具体情况有关。

6.2.2.1 绘图注意事项

绘制铸造工艺图要注意以下事项：

（1）铸造工艺图必须按 JB/T 2435—2013 规定的铸造工艺图画法用红色、蓝色工艺符号表示在零件图上。

（2）凡是在某一视图或剖面图上表示清楚了的工艺符号，可以不按投影原理在其他视图上重复绘制；对于不能完全表达清楚的地方，必须用其他视图来辅助表示。

（3）铸造工艺尺寸应集中标注在一个或几个视图上，不要分散标注和重复标注。

（4）相同尺寸的铸造圆角、相同角度的起模斜度和收缩率可不在图上标注，而写在技术要求中。

（5）砂芯边界线如果与零件轮廓线或加工余量线、冷铁线等重合时，则省去砂芯边界线上的重合部分。

（6）在剖面图上，砂芯边界线与加工余量线相遇时，被砂芯遮住的加工余量线不绘出。

（7）绘制工艺符号时，应注意零件图上所标尺寸和加工符号不被遮盖。零件图上某些线条由于被工艺符号遮住（如砂芯）而由看得见变为看不见时，可保留原线条，不要抹掉，也不改为虚线。

6.2.2.2 绘图顺序和内容

绘制铸造工艺图一般按下列顺序进行：

（1）标注分型面和浇注位置。铸型的分型面用红线表示（叫分型线）并用红色箭头及“上、下”或“上、中、下”字样表示浇注位置和砂箱数量。

1）当采用曲面分型时，需用红线绘出分型线和砂垛，并注明尺寸。

2）当浇注位置与分型面不一致（如水平造型，立式浇注）或浇注位置与冷却位置不同时，应在图上注明或写在技术要求（工艺说明）中。

（2）在各有关视图上标出机械加工余量、不铸出的孔及槽。

1）在剖面和非剖面上的机械加工余量均用红线按比例画出，并注明加工余量数值。

2）凡不铸出的孔、槽一律在其各视图上画红色“×”表示，而在虚线图上则不必表示。

（3）标注起模斜度和收缩率。起模斜度和收缩率一般在工艺图上的技术要求（工艺说明）中注明，起模斜度用角度或尺寸、比例表示（金属模样标注角度，手工木模标注尺寸或比例（如 1/10）），对于特殊情况可在工艺图上注明尺寸。收缩率用百分数表示，如果铸件不同方向的缩尺不同时应分别标注。

（4）砂芯标注：

1）砂芯轮廓用蓝线表示，但与铸件接触部分不用表示。当有多个砂芯时，砂芯序号必须按下芯顺序编号。不同砂芯用不同符号表示，一般是在砂芯周边标注与砂芯编号相同的小写数字，同一砂芯在不同视图上均采用同一符号。因芯头斜度等而使芯头投影成两条轮廓线时，砂芯符号只沿最外轮廓线绘制。

2）砂芯增减量，砂芯间隙（芯与芯之间），芯头间隙及长度（高度）、斜度等有关尺寸一律用蓝色标出。

3）砂芯的填砂方向、出气方向和紧固方向（吊运方向）一律用蓝色符号表示（见图6-1），箭头表示方向，箭尾画出相应符号。

4）芯撑用红色“工”或“Ⅱ”符号标注在芯撑安放位置。

（5）浇冒口系统的绘制

1）用红线标出直浇道、横浇道、内浇道的位置，各浇道的界面形状以局部剖视的形式在工艺图的空白处用适当比例的红色截面图表示并标注尺寸。当横浇道、内浇道不止一个时，注意该截面图的面积应为总面积除以相应浇道数。当浇注系统结构复杂时，亦可在工艺图的空白处绘出示意图。

2）用红线绘出冒口（包括补贴）的位置、结构形状并标注尺寸。当有多个（超过1个）结构形状不同的补缩冒口或出气冒口时亦需分别编号。当同一冒口有多个时，如果均布，则只需画出一个冒口并标明冒口数量和“均布”字样；如果非均布则详细标注一个冒口，其他只标出冒口位置和统一编号。

3）当冒口被零件或其他工艺符号遮住时可不必画出，但因此不能完整表示出冒口形状时应用红虚线表示。

4）工艺图上可不画浇口杯的具体形状，只用倒三角符号标注在直浇道顶部。直浇道或冒口太高时可中断画出。

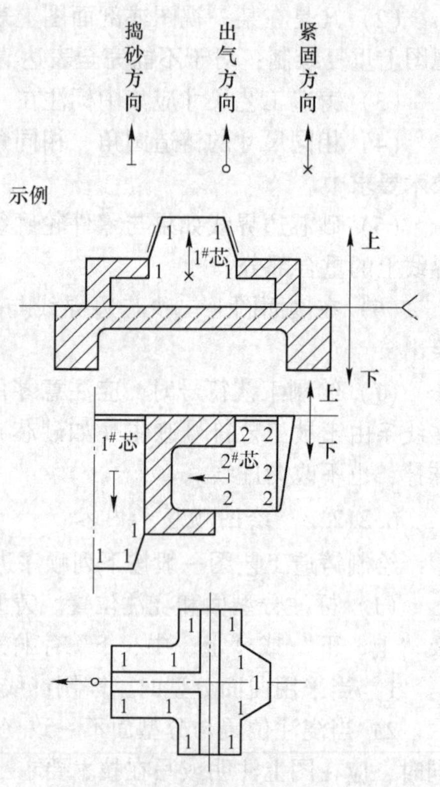

图6-1 砂芯的填砂方向、出气方向和紧固方向

（6）分析和填写铸造技术要求和标题栏。在铸造工艺图的空白处或零件图技术要求的下面写出铸造方面的技术要求，填写标题栏。“铸造技术要求”是描述工艺图上不能表达或尚未表达的内容，例如铸件的尺寸精度等级、铸件重量允差、铸造收缩率、铸件内部和外部质量要求及其他工艺说明等。标题栏是工艺图纸的必备项，要填写零件名称、重量和材质，企业名称和图纸编号，设计者及设计日期、修改者及修改日期、审核者及审核日期等。

（7）铸造工艺图文档及输出要求。由于CAD软件的缺省设置是各层的属性不同（如颜色、字体等），但铸造工艺图只要求3种颜色：黑色为与零件图相关的内容，红色和蓝色为与铸造工艺符号和文字相关的内容，所以要注意调整图面颜色，一定只出现黑、红、蓝三色。注意调整文字和符号的大小，使其与图纸整体比例协调。

6.3 铸造工艺设计实例

6.3.1 简单铸件卷筒毂

6.3.1.1 卷筒毂结构与性能分析

卷筒毂是起重机械设备中卷筒部件的重要组成部分，其零件结构如图 6-2 和图 6-3 所示。零件为回转体，轮廓尺寸为 ϕ510mm×180mm，最大壁厚 50mm，位于筒壁，最小壁厚 10mm，位于卷筒侧面，零件重量约为 55kg。零件中间有直径为 120mm 的孔，与轴形成基孔配合，有 6 个加强肋，底部有 12 个尺寸为 ϕ 18mm 的孔，按技术条件要求 ϕ 18mm 的孔不铸出，安装时配钻。卷筒毂材质为 HT200，铸件进行时效处理。

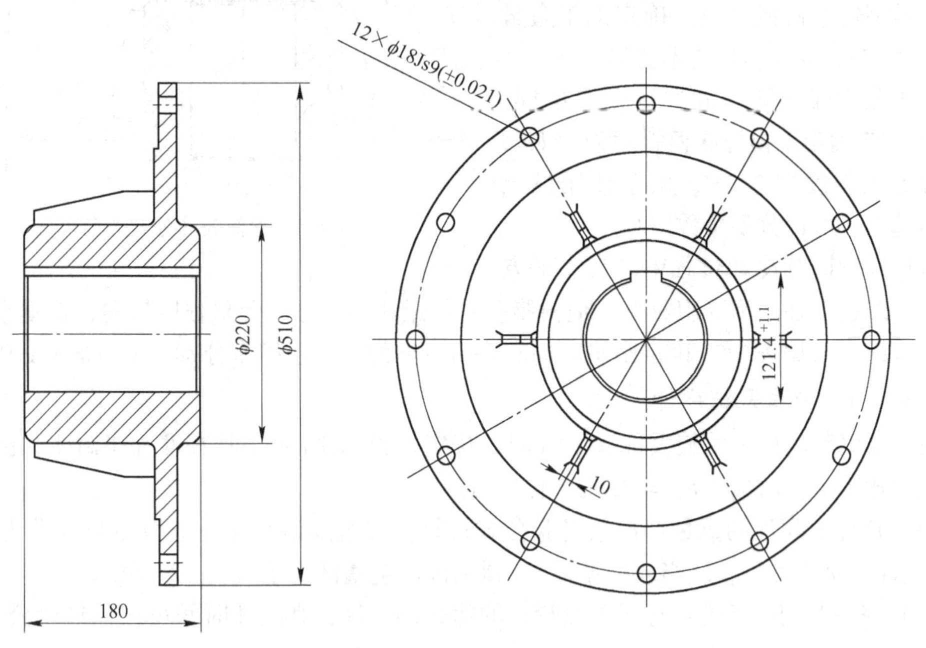

图 6-2　卷筒毂零件图

6.3.1.2 确定铸造工艺方案

（1）造型制芯方法：零件为成批大量生产，故用湿型黏土砂机器造型，由于需要获得较光滑的表面，故选用高密度造型中的静压造型。由于砂芯横截面厚度较大，因此采用覆膜砂壳芯机制作壳芯。

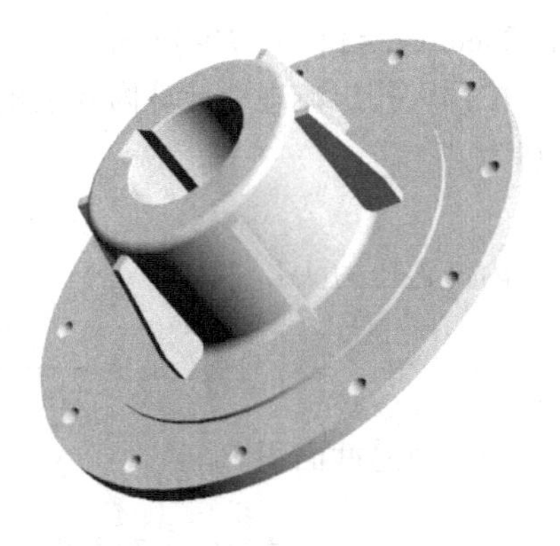

图 6-3　卷筒毂实体图

（2）分型面与浇注位置：根据该卷筒毂的结构特点及选择分型面的一般原则，分型面和浇注位置有图 6-4 所示的三种方案。经过对三种方案的分析比较，得出方案二为最佳分型面和浇注位置选取方案：分型面为大的平面，铸件主体在上箱，轮盘的大平面放在底部，有利于防止产生砂眼、气孔、夹杂等缺陷，且能避免浇不足和冷隔等缺陷。对于浇注位置，采用底注式浇注系统。

（3）铸造工艺参数：按照 GB/T 6414—1999，根据表2-14和表2-19（灰铸铁、砂型铸造机械造型）确定尺寸公差等级 CT=10，重量公差等级 MT=10。根据表2-22确定机械加工余量等级为F级。卷筒毂主要加工面为卷筒内壁及大轮盘的上下表面，按照零件最大尺寸 ϕ510mm、粗糙度要求确定加工余量，根据表2-21（灰铸铁、砂型铸造机械造型）确定加工余量为3mm。12个 ϕ18 的孔均不铸出。

由于是大量生产，故选用金属模样，根据表2-27确定上模样起模斜度为1°10′，下模样起模斜度取0°25′。由于使用黏土砂高压造型，所以分型负数取0。

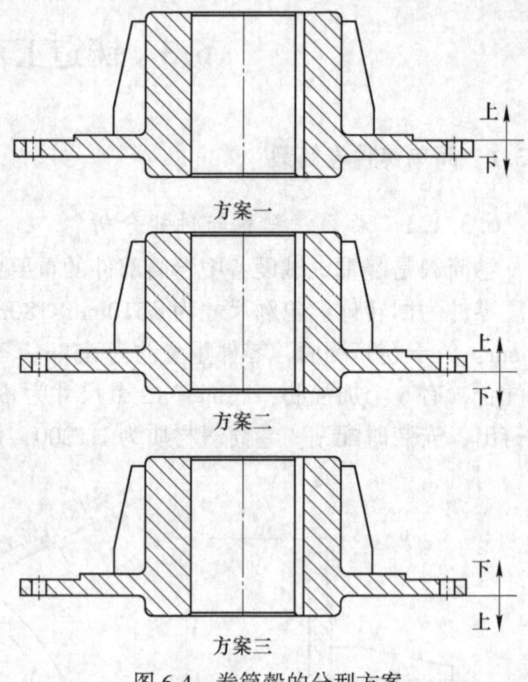

图6-4 卷筒毂的分型方案

铸件在凝固和冷却过程中，在水平方向由于砂芯的存在，为受阻收缩，但树脂砂芯的退让性很好，受阻程度较弱；在垂直方向为自由收缩。根据表2-23确定水平方向和垂直方向的铸造收缩率分别为0.9%和1.0%。

6.3.1.3 浇注系统设计

由于卷筒毂轮廓尺寸较大（ϕ510mm），确定每箱浇注1件。选择底注半封闭式浇注系统，浇口比为 $F_{直}:F_{横}:F_{内}=1.12:1.3:1$。

（1）浇注金属液的重量：根据经验公式计算浇注金属液重量，选取重量系数为1.15（设计浇注系统当冒口，适当放大系数），得出浇注金属液重量 G 为63.25kg。

（2）浇注时间的确定：对于重量较小的薄壁铸铁件，其浇注时间可按照经验公式 $t=S\sqrt{G}$ 计算，得 $t=17.4$s，取17s。

（3）计算浇注系统的阻流截面积：流量系数 μ 取0.4（按底注式修正），铸型结构参数：$H_0=25$cm，$C=18$cm，$P=15.8$cm。

按照大孔出流理论计算内浇道的截面积，则直横浇道和直内浇道的有效截面比 k_1、k_2 分别为

$$k_1=0.86,\ k_2=1.12$$

内浇道压力头：

$$h_{\mathrm{p}}=\frac{k_2^2}{1+k_1^2+k_2^2}\left(H_0-\frac{P^2}{2C}\right)=7.57\ \mathrm{cm}$$

内浇道总截面积 $F_{内}$：

$$F_{内}=\frac{G}{\rho\mu t\sqrt{2gh_p}}=\frac{63.25}{0.007\times0.4\times16\times\sqrt{2\times981\times7.57}}=11.58\mathrm{cm}^2$$

各组元截面积（取整）：

$F_{直} = 13\ cm^2$，$F_{横} = 15\ cm^2$，$F_{内} = 11.6\ cm^2$

浇注系统布置如图 6-5 所示，设计圆形直浇道 1 个，正梯形横浇道 2 个、内浇道 4 个。得到直浇道尺寸：ϕ40mm，横浇道尺寸：25mm/29mm×28mm，内浇道尺寸：28mm/32mm ×10mm。

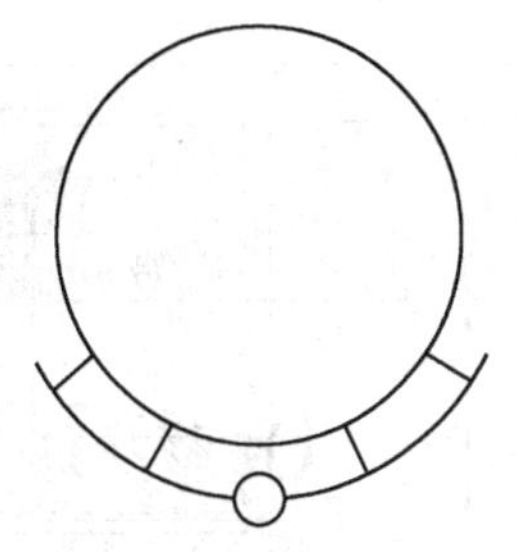

图 6-5 卷筒毂的浇注系统

图 6-6 为卷筒毂的铸造工艺简图，表 6-3 为卷筒毂的铸造工艺卡。工艺设计中，可以利用灰铸铁的石墨化膨胀实现自补缩，用浇注系统当冒口。

表 6-3 卷筒毂铸造工艺卡

零件号	1	零件名称	卷筒毂	每台件数	一件

材 料

铸件重量/kg			铸件材质	每个毛坯可切零件数
净重	毛重	浇注系统重		
55	57	6.25	HT200	1

造 型

造型名称	造型类别（干型或湿型）	造型方法	砂箱编号	砂箱尺寸/mm		
				长	宽	高
上箱	湿型	静压	1	800	650	250
下箱	湿型	静压	2	800	650	250
中箱						

砂型	面砂		背砂		单一砂		涂料	干燥前		干燥后		芯撑
	编号	重量	编号	重量	编号	重量		编号	次数	编号	次数	
					1	350kg		2	1			

浇 注 系 统

内浇口		横浇口		直浇口		浇口杯编号	过滤网编号	出气孔数量
数量	截面积/cm^2	数量	截面积/cm^2	数量	截面积/cm^2			
4	2.9	2	7.5	1	13	1	1	2

浇 注

铁水出炉温度/℃	浇注温度/℃	每箱铁水消耗/kg	浇注时间/s	冷却时间/h
1380~1400	1290~1320	64	17	0.6

铸 件 落 砂 与 清 理

名称	落砂	落芯	铸件清铲	热处理
方法	振动		打磨 抛丸	无
使用设备	落砂机		砂轮 抛丸机	
备 注				

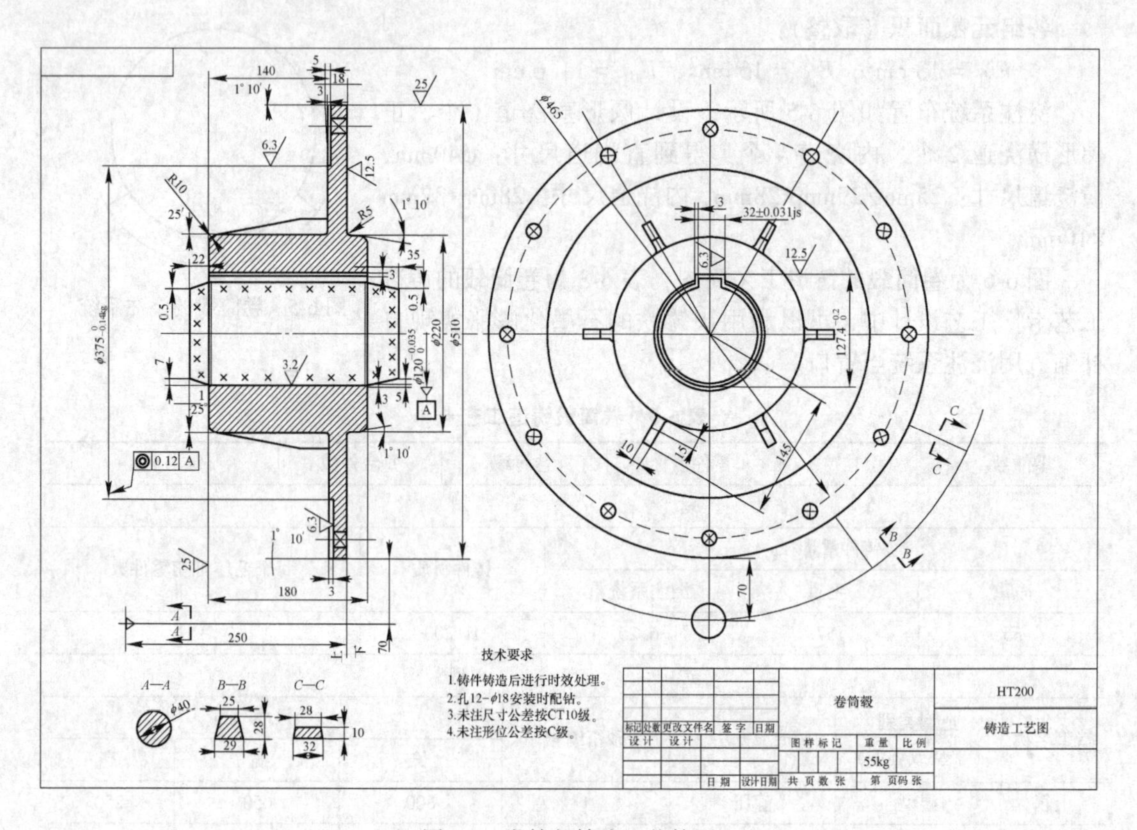

图 6-6　卷筒毂铸造工艺简图

6.3.2　4146 柴油机飞轮壳

6.3.2.1　飞轮壳结构与性能分析

4146 柴油机飞轮壳（图 6-7）属大批量生产铸件，材质为 HT200。零件轮廓尺寸为 840mm×739mm×144mm，重 62.3kg，铸件重 73.5kg，主要壁厚 8mm，铸件最大厚度 23mm，壁厚基本均匀，为一薄壁壳体。

飞轮壳装在柴油机后部，其内部装有飞轮，起安全罩及支撑机体的作用。在飞轮壳内还装有转速、减压调节机构，故它又是调节机构的机体。此外，柴油机在使用时，通过飞轮壳两侧把柴油机体支撑起来。该件对柴油机本身而言是静止的，要承受一部分机器重量（机器总重 1900kg）。图纸上标明的技术条件是：（1）未注明铸造圆角 $R5\sim R10$；（2）不许有毛刺，表面涂漆；（3）铸件的材质应满足 HT200 的机械性能要求；（4）要保证铸件的壁厚均匀，内外表面无气孔、砂眼、夹砂、渣孔、黏砂等缺陷，以使表面光洁美观。

6.3.2.2　确定铸造工艺方案

飞轮壳铸件在普通机器造型线上造型，用两台 Z2410 造型机分别造上、下半型，每型一件。砂箱尺寸为 1050mm×900mm×150mm/220mm。冲天炉溶化，转包浇注，浇注温度应高于 1290℃。图 6-8 为飞轮壳的铸造工艺简图。

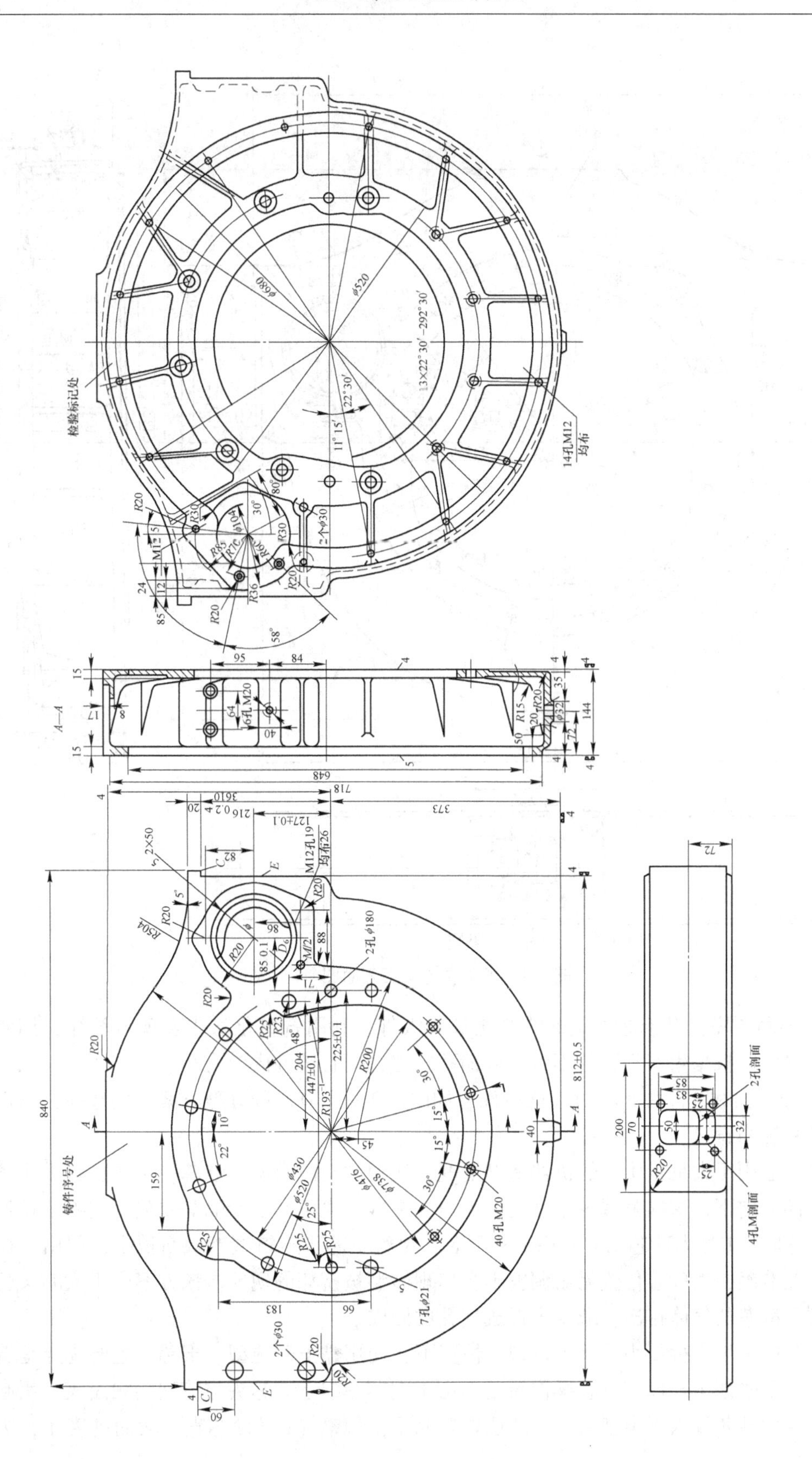

图 6-7 4146 柴油机飞轮壳零件图

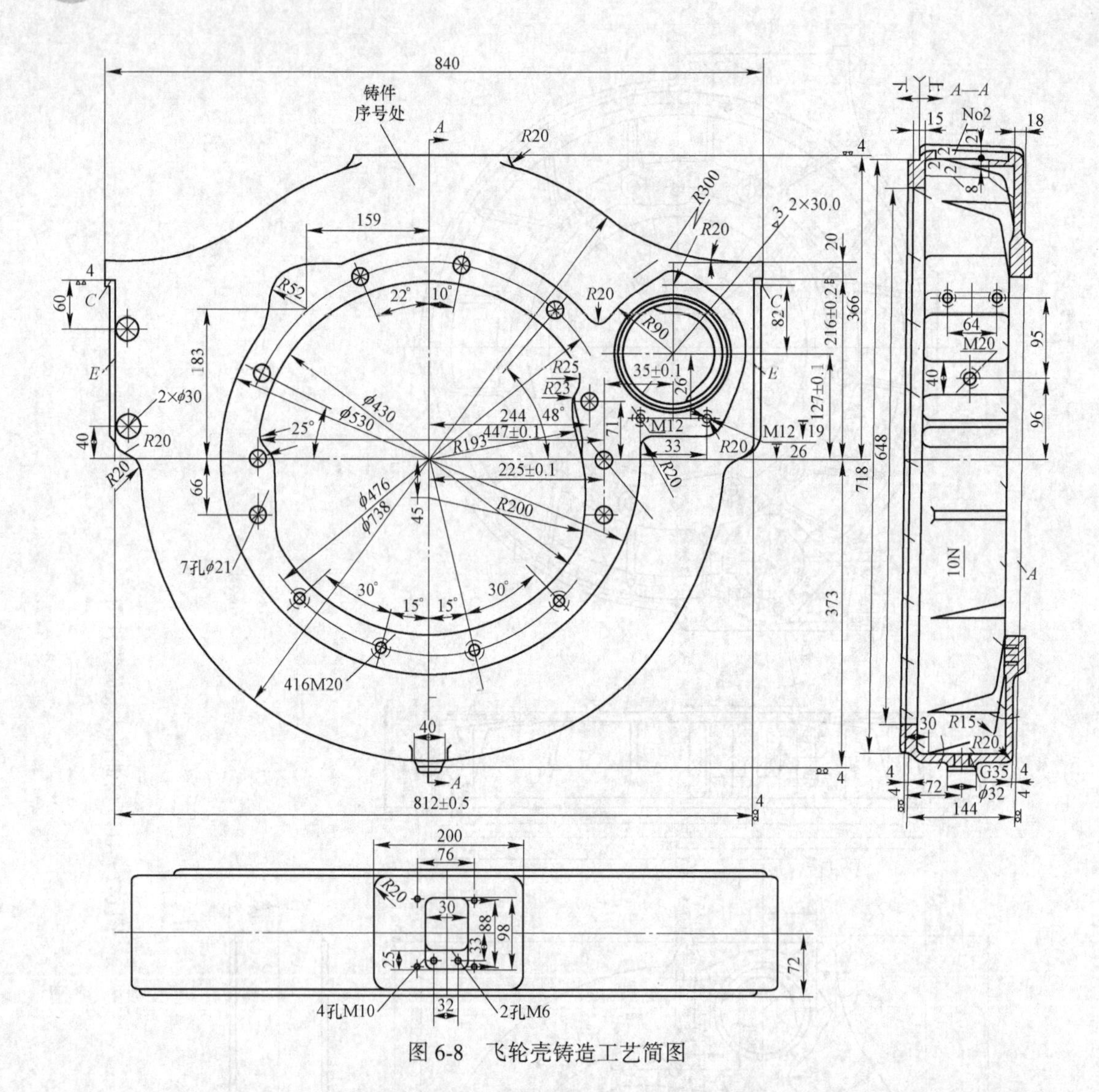

图 6-8 飞轮壳铸造工艺简图

（1）凝固顺序：对于这种薄壁的普通灰铸铁件，利用石墨化膨胀实现自补缩，用浇注系统当冒口，根据生产经验，不致造成缩孔缺陷，而且铸件内应力小。

（2）分型面和浇注位置：对于该铸件，如图 6-9 所示有两种分型方案可供选择，它们都用浇注系统当冒口。

方案 1 适用于大批量生产的机器造型情况，使用黏土砂湿型、湿芯。浇注位置采用铸件大平面部分向下，这样就减少了气孔、夹渣、夹砂、浇不足及冷隔等缺陷，改善了铸件的外观。这时，1 号大砂芯采取专用卡具下芯，尽管下芯头与铸型接触面积小，但由于保证下芯位置准确，大砂芯位置无需调整不会出现砂型被挤坏的现象。该方案由于大芯头朝上，有利于型芯的气体排出，减少了形成气孔的倾向。

方案 2 用于生产批量小，手工造型的情况下，使用黏土砂湿型、干芯。主要优点是造芯方便、烘干时便于支撑，下芯操作简便。由于大芯头向下，芯头与铸型接触面大。用起重机将 1 号大砂芯放入下半型后，砂芯位置要靠手工调整（1 号砂芯直径大而高度小，为

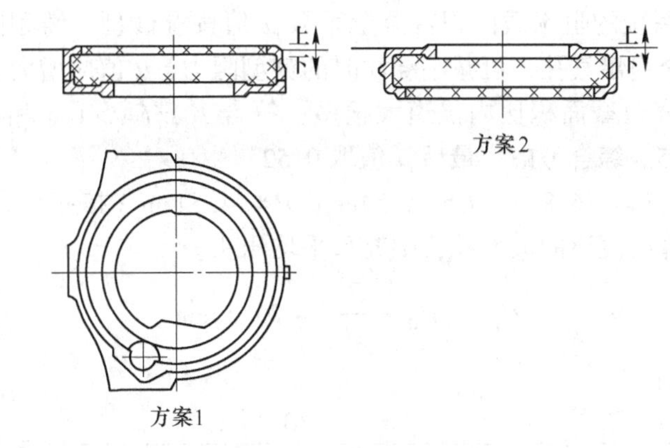

图 6-9 飞轮壳分型方案图

下芯合型方便，上、下芯头高度取为零），以保证壁厚均匀，这样不至于把型面挤坏。主要缺点是：铸件大平面置于上部，容易出现浇不足、冷隔、气孔、夹渣、夹砂及砂眼等缺陷，铸件外观较差。这两种方案的分型面都使铸件基本置于下半型中，便于检查壁厚，有利于提高铸件精度。

（3）铸造工艺参数：铸造收缩率取 1%，机械加工余量顶面取 5mm，侧面和底面取 3mm。

6.3.2.3 浇注系统设计

原始设计为底注式浇注系统。由于黏土砂湿型、湿芯冷却快，铸件壁薄，故充填要快而平稳。实践证明，单用底注式浇注系统，铁液上升到铸件顶部时温度降低，易产生气孔、夹渣、浇不足及冷隔等缺陷，故改为图 6-10 所示的两层内浇道，类似阶梯式浇注系统，切线方向引入铁液，底层内浇道因压头高呈渐扩形，使铁液进入型腔时速度低且平稳，避免将湿砂芯冲坏。在铸件最高处，设 6 个扁出气孔（40mm×5mm），用于排气和浮渣。采用封闭式浇注系统，浇口比为 $F_{直} : F_{横} : F_{内} = 2.5 : 2 : 1$。

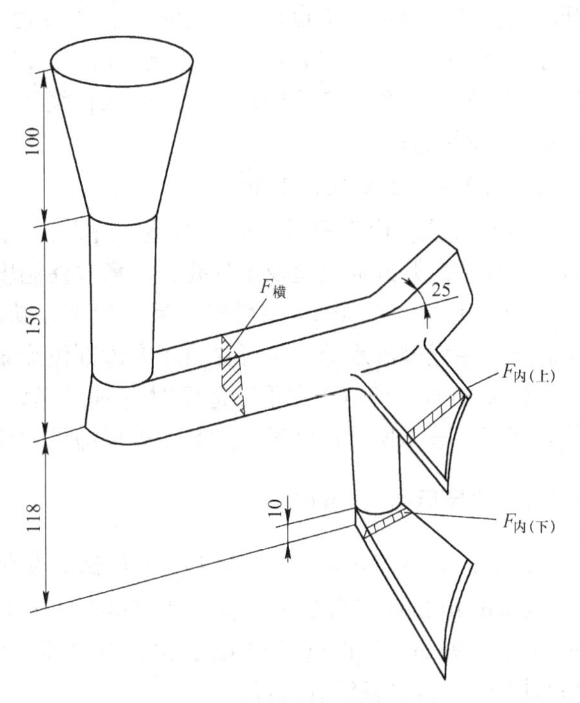

图 6-10 飞轮壳浇注系统结构

（1）浇注金属液的重量：铸件重 73.5kg，预估浇冒口重 6.5kg，故浇注金属液总重量 G 为 80kg。

（2）浇注时间：浇注时间可按照经验公式 $t = S\sqrt{G}$ 计算，壁厚系数 S 取 1.85，得出 t= 16.6s。考虑到铸件壁较薄，主要壁厚仅为 8mm，采用快浇，定浇注时间为 13～17s，平均 15s。

（3）计算浇注系统的阻流截面积：流量系数μ值按湿砂型、铸型阻力中等选取，为0.42。考虑到有6个扁出气孔，可减小浇注时的铸型阻力，μ值应增大0.05；又因为实际采用的直浇道和横浇道截面积比内浇道大很多，符合$F_{直}/F_{内}>1.6$和$F_{横}/F_{内}>1.3$的条件，μ值应增大0.05。综合考虑，最后μ值取0.52。

铸型结构参数：$H_0=36.8\text{cm}$，$C=14.54\text{cm}$，$P=14.54\text{cm}$（按底注式）。

按奥赞公式计算内浇道的截面积，则充型平均压头：

$$H_p=\left(H_0-\frac{P^2}{2C}\right)=29.53\text{cm}$$

内浇道总截面积$F_{内}$：

$$F_{内}=\frac{G}{\rho\mu t\sqrt{2gH_p}}=\frac{80}{0.007\times0.52\times15\times\sqrt{2\times981\times29.53}}=6.09\text{cm}^2$$

取$F_{内}=6.0\text{cm}^2$。

（4）系统各组元的截面形状和尺寸：根据浇口比$F_{直}:F_{横}:F_{内}=2.5:2.0:1.0$，得到各组元截面积为：

$$F_{直}=15\ \text{cm}^2,\ F_{横}=12\ \text{cm}^2,\ F_{内}=6\ \text{cm}^2$$

浇注系统结构如图6-10所示，设计圆形直浇道1个，正梯形横浇道1个，内浇道采用两层结构，以下层为主，占内浇道总面积的2/3（为4cm^2）。内浇道截面为扁梯形，呈开放式。计算得到直浇道尺寸：ϕ44mm，横浇道尺寸：32mm/36mm×36mm，上层内浇道尺寸：18mm/22mm×10mm，下层内浇道尺寸：32mm/36mm×12mm。该浇注系统由于是全封闭式，所以实现不了阶梯式的分层引入，浇注时两层内浇道同时进铁水，使铸件顶部铁水温度有所提高。

6.3.2.4　主要缺陷及防止

（1）气孔：由于采用黏土砂湿型、湿芯，浇注时铸型发气量大，易出现气孔缺陷。为此，应注意开好通气道及出气孔，注意浇注温度应不低于1290℃。

（2）夹砂：在顶部大平面部位易出现夹砂缺陷，铸型材料要采用钠基膨润土或活化膨润上，注意型砂水分，也可在出现夹砂部位涂刷20号机油，对防止夹砂有一定效果。

（3）黏砂：该铸件在手工造型时有时出观大面积的黏砂，经分析是机械黏砂，原因是紧实度不够，所以造型时注意舂紧砂型即可避免。

6.3.3　机床床身（CW6140）

6.3.3.1　CW6140机床床身结构与性能分析

CW6140机床床身属于大批量生产铸件，材质为HT300。铸件轮廓尺寸为2240mm×400mm×479mm，铸件重量510kg，浇注铁液重量为610kg。主要壁厚为12~13mm，壁厚基本均匀，为较薄壁箱体铸件。

主要技术要求：导轨面不允许有任何铸造缺陷，导轨硬度要求HBW为190~240（铸态），并要求硬度均匀。加工前需经过消除应力退火。

CW6140机床床身的铸造工艺图如图6-11所示。

6.3.3.2　确定铸造工艺方案

在制定床身类铸件铸造工艺时，要抓住床身导轨面的质量这一关键，保证硬度和硬度

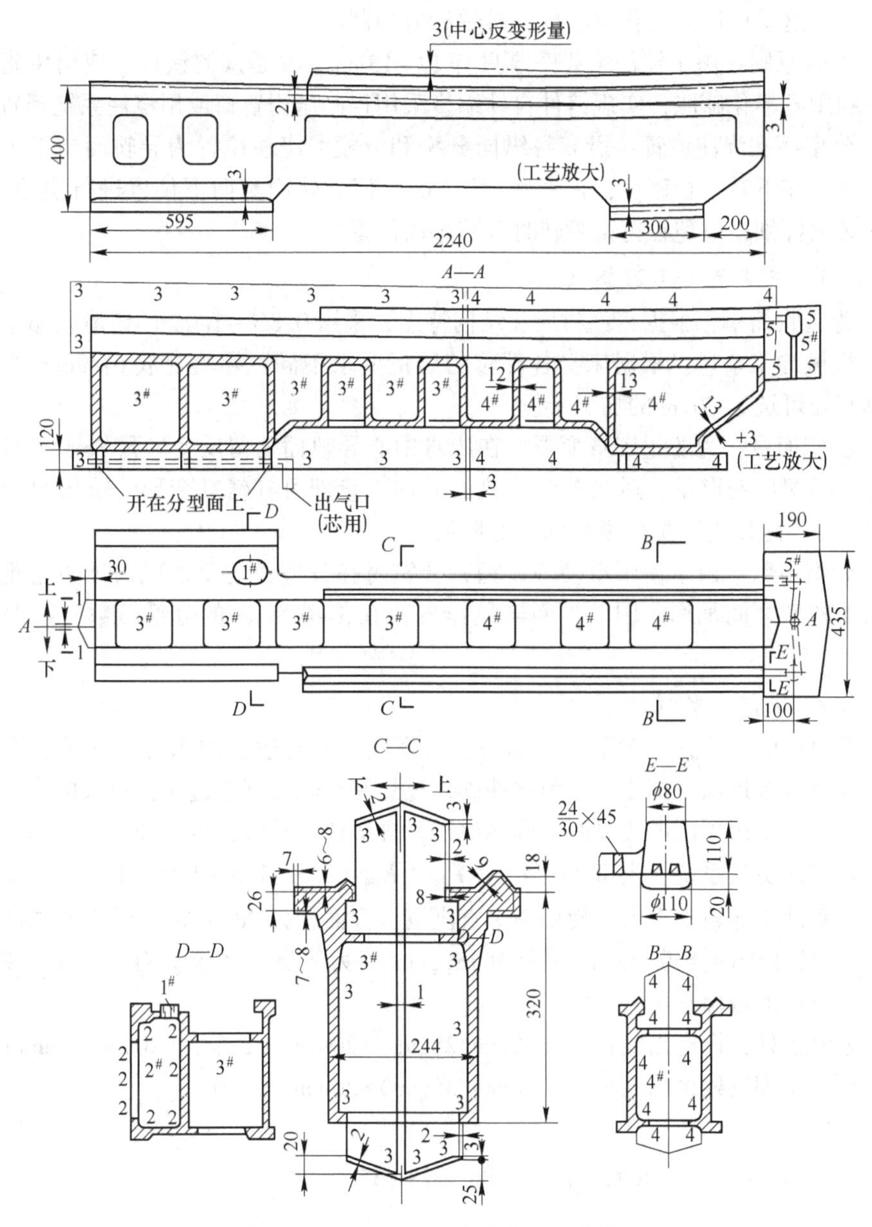

图 6-11 CW6140 机床床身铸造工艺简图

差要求，保证无缺陷，注意导轨面变形的预防措施。要根据生产批量和工厂具体条件选择造型方法和铸型种类。

(1) 造型制芯方法：造型方法应适应不同批量的要求。大批量生产的床身，采用两箱模板造型、平造立浇方案比较简便。而成批生产则采用劈模造型比较适宜，特别是当起重机起重量小而铸件大的情况下，更为方便。单件生产时，对于较高大的床身，一般采用多箱（多层圈箱）造型，这样下芯、合型、尺寸检查都方便，虽然这种多箱造型工时长，但可节约大量工装费。铸型材料可根据铸件的大小采用树脂自硬砂或湿型黏土砂。

由于本床身属于大批量生产铸件，这里采用两箱模板造型、平造立浇的方法。由于铸件尺寸较大，这里使用酸催化呋喃树脂自硬砂造型制芯。

（2）凝固原则：由于铸件主要壁厚只有12~13mm，又是灰铸铁件，使用树脂砂型最大限度地利用石墨化膨胀，实现铸件自补缩。采用控制压力冒口或用浇注系统当冒口。

（3）分型面和浇注位置：沿床身纵向分型和分模，浇注位置为导轨面向下。为了保证浇注位置，在下芯、合型后，将铸型翻转90°，使导轨面呈向下位置进行浇注。下芯、合箱工序必须仔细，以免在铸型翻转时砂芯移动位置。

6.3.3.3　主要铸造工艺参数

（1）铸造收缩率：根据铸件材质和结构特点，采用0.8%~1.0%的铸造收缩率。

（2）机械加工余量：根据床身各部位的质量要求不同，导轨处放6~9mm的加工余量，床脚座处可选5~7mm的加工余量。

（3）反变形量：为防止床身变形，在床身中心导轨面处留反变形量3mm。对于很短小的床身，不留反变形量，适当放大导轨面的加工量即可补偿其变形。较长的床身可按“竹节式”或“月牙式”加放模样的反变形量。

（4）分型负数：由于使用自硬砂铸型，合箱时在分型面上要采取措施防止跑火，其结果使两半砂型之间加厚。因此，两半模样各留0.5~0.8mm的分型负数，以保证铸件精度。

6.3.3.4　浇注系统设计

对于较短小的床身，一般采取一端为主的浇法；而对较长的床身，一般多用两端浇注，以免铁液过多地从一端注入，引起冲砂、过热和导轨硬度差过大；更长的床身，如大型龙门刨床身，采用顶雨淋式或底雨淋式浇道，分散注入铁液，可保证硬度均匀。

采用封闭式浇注系统，浇口比为$F_{直}:F_{横}:F_{内}=1.5:1.3:1.0$。本床身较短，浇注系统从一端底部沿导轨面引入，使用一个直浇道，截面积为28.3cm^2，横浇道总截面积为24.3cm^2，设计4个内浇道，总截面积为18.5cm^2。为使浇注系统具有一定的补缩效果，适当放大了浇道的截面积。

在前床脚座处，设有出气冒口（22mm/28mm）×20mm的2个，（20mm/24mm）×10mm的1个；在后床脚座处设出气冒口（30mm/35mm）×20mm的1个。

6.3.3.5　浇注工艺

浇注温度为1300 ~ 1330℃，浇注时间为28~35s。

6.3.4　铸钢阀体

6.3.4.1　阀体的生产条件及技术要求

阀体的材质为ZG230-450，铸件质量22kg，大批量生产。根据技术要求，铸件外表和内腔所有型砂、氧化皮、飞边毛刺应清除干净，凡影响强度和气密性的缺陷，如缩孔、缩松、裂纹、夹杂物等均不允许存在。铸件经水压试验，以0.6MPa压力持续试验2min以上，未发现渗漏现象则认为合格。凡经焊补的铸件，焊补后应重新经过上述水压试验。水压试验必须于涂漆前进行。

6.3.4.2　确定铸造工艺方案

（1）造型制芯方法：可根据工厂条件采用水玻璃砂或树脂自硬砂造型，热芯盒法制芯。

（2）凝固原则：铸钢的体收缩大，容易产生缩孔、缩松，铸件本身又在高压下使用，要求高的气密性，确定使用顺序凝固原则进行铸造，为此要设置冒口。

（3）分型面和浇注位置：图6-12为铸钢阀体的铸造工艺简图。第一种方案是垂直浇注，即使ϕ180mm法兰向上，采用顶冒口进行补缩，这样，由于冒口位置比阀体高，对补缩有利。分型面通过三个法兰中心线，这样最容易起模。这种平造立浇方案要求串联浇注，操作复杂，因而未选用此方案。第二种方案为水平浇注（见图6-12），分型面仍选择

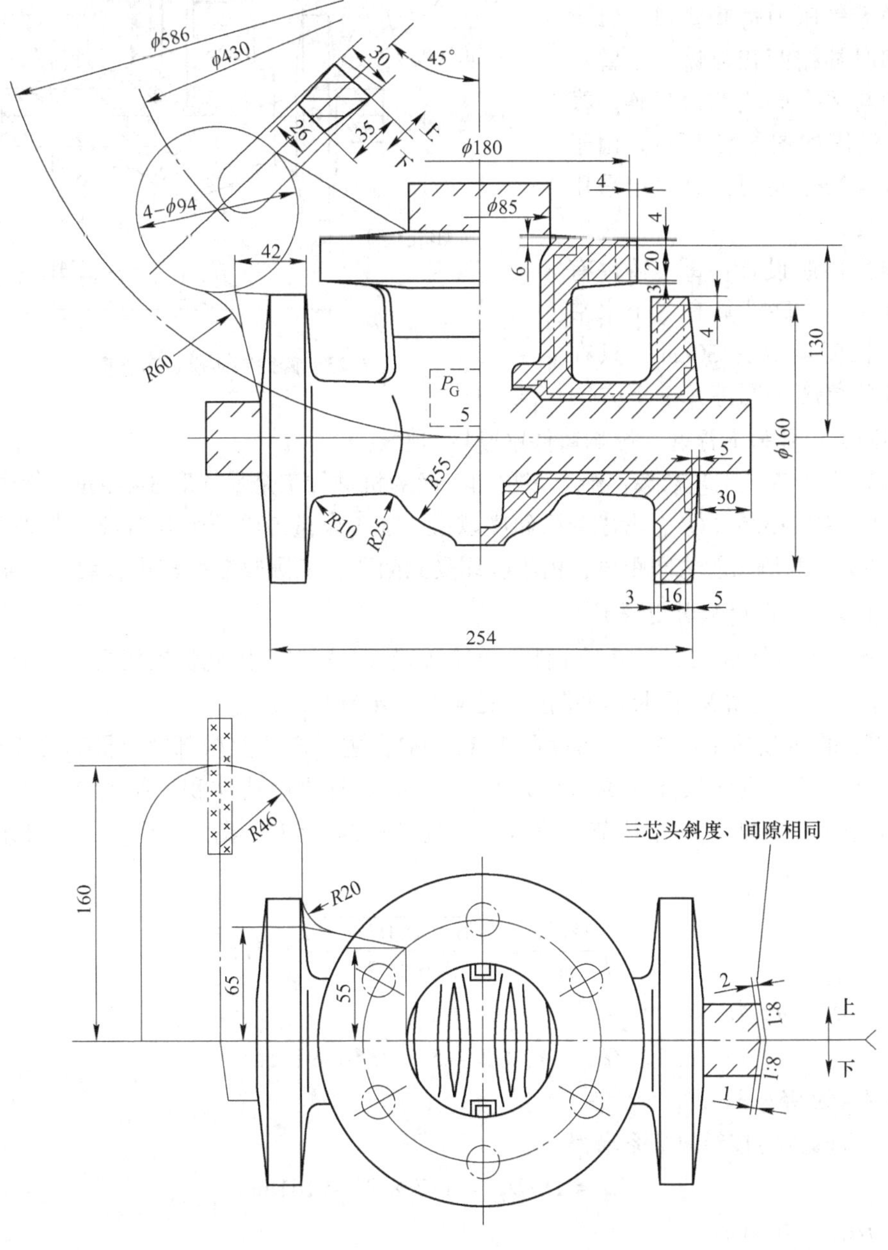

图6-12 铸钢阀体铸造工艺图

通过三个法兰中心线的平面。这样，采用边暗冒口进行补缩，由于边暗冒口补缩效果较顶冒口为差，故采用大气压力冒口以增强冒口的补缩效果。这种平造平浇的方案为一箱多铸创造了条件，采用 800mm×800mm 的砂箱，每箱放置 4 件，相应放置 4 个大小相同的大气压力边暗冒口，每个冒口同时补缩两相邻铸件，冒口的缩颈与两个厚法兰边相连。模板布置简图如图 6-13 所示。由于这种方案操作简便，故确定采用这种方案。

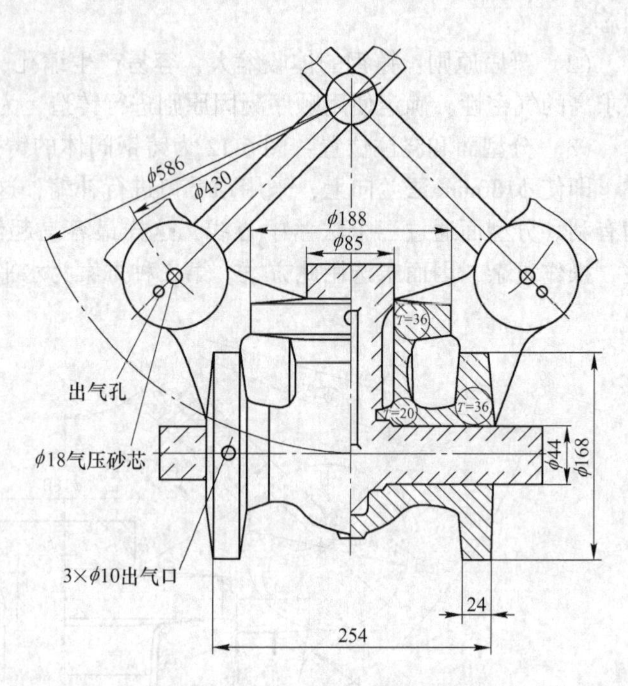

图 6-13 铸钢阀体模板布置简图

（4）砂芯设计：每个铸件有一个砂芯，该砂芯具有三个水平芯头，长度均取为 30mm，只在芯头端部留芯头间隙，上下方向不留间隙，以免砂芯浮起，影响铸件壁厚均匀性。

（5）主要铸造工艺参数：绝大多数加工面的机械加工余量均取 3~4mm，相当于GB/T 6414-CT12-RMA3.5（G），考虑起模斜度以后，加工余量最厚处增至 7mm。收缩率一般尺寸均按 2%，两侧法兰之间距离，由于收缩受到阻碍，实际收缩率较小，约为 1.4%。

6.3.4.3 冒口和补贴设计

已知每个铸件重22kg，每箱4 件，每箱放置4 个冒口，因此仍然相当于一个冒口补缩一个铸件。冒口计算采用补缩液量法（见 4.3.1.4 节）。

ZG25 的体收缩率取 3%，密度取 7.8g/cm^3，主、侧法兰根部热节圆直径 T=36mm。那么可以计算出该件从浇注到凝固以后所需要补缩的钢液体积，把此体积视为球形，求出其直径 d_O。把 d_0加上热节圆直径 T，就可作为冒口的最小直径。冒口补缩球直径 d_0为

$$d_0 = \sqrt[3]{\frac{6\varepsilon_v V_c}{\pi}} = \sqrt[3]{\frac{6 \times 0.03 \times 22}{\pi \times 7.8}} = 5.5\text{cm}$$

冒口直径 $D_{冒}$为

$$D_{冒} = d_0 + T = 55 + 36 = 91\text{mm}$$

取 $D_{冒}$为 95mm。

冒口高度 $H_{冒}$按经验关系求得

$$H_{冒} = 1.7D_{冒} = 1.7 \times 95 = 161\text{mm}$$

取 $H_{冒}$为 160mm。

冒口全部放在上箱内，使用 ϕ18mm 的大气压力砂芯，插入冒口深度为 50mm。

补贴厚度按经验关系取为 $1.2T(1.2\times36)=43\text{mm}$。补贴高度按冒口高度的 0.4 倍选取，即 $0.4H_{冒}$ $(0.4\times160)=64\text{mm}$，取 65mm。

为了使阀体内部阀座处的二个热节区（$T=20\text{mm}$）能得到补缩，按图 6-14 的方式增加两条补缩筋，其大小根据热节圆滚圆法确定。因内腔过小，阀座处装配不便，所以，补缩筋未全部加在内部，向阀体外部借出 4mm。

6.3.4.4 浇注系统设计

浇注系统如图 6-13 所示，钢水通过直浇道、横浇道、冒口及冒口颈进入铸件。由于铸件太小，采用转包浇注，按浇注比速法进行浇注系统设计。铸件总质量 88kg，算出冒口质量约为 35kg，补贴质量约为 4kg，浇口质量预估 10kg，则总的浇注钢水质量约为 137kg。

浇注时间 $t(\text{s})$ 按下述经验公式计算：

$$t = C\sqrt{m} = 1.4\sqrt{137} = 16.38$$

内浇道的总截面积 $F_{内}$（cm^2）为：

$$F_{内} = \frac{m}{t \cdot K \cdot L} = \frac{137}{16.38 \cdot 0.95 \cdot 1.0} = 8.8$$

按浇口比 $F_{直} : F_{横} : F_{内} = (1.1 \sim 1.2) : (0.8 \sim 0.9) : 1.0$，算出直浇道和横浇道的截面积分别为 10cm^2 和 8cm^2，则算出直浇道和横浇道的直径分别为 36mm 和 16mm。

按此工艺，铸件工艺出品率 $= (88/137)\times100\% = 64\%$。有企业使用发热顶冒口，铸件工艺出品率达可达 72%。由此可见，采用先进的工艺措施，可以使技术经济指标更先进。

6.3.4.5 缺陷防止措施

防止阀体产生收缩缺陷的措施有：由于铸件壁厚不均匀，自然形成热节区（见图 6-13），即在三个法兰和本体相交处，存在三个热节圆直径 $T=36\text{mm}$ 的环形热节，针对这三个热节，使用边冒口可以实现顺序凝固。因其离边冒口较近，冒口中炽热钢水可直接对热节进行补给。此外，在阀体中心部位还存在两个近似环形的热节区，热节圆直径约为 $T=20\text{mm}$。由于这两个热节区被薄壁部分同冒口隔开，因此，边冒口无法直接对其进行补缩。为了防止该两处产生缩孔、缩松，可以用不同的方法予以解决。如：另外增加顶冒口，这样，虽然可以获得致密铸件，但是，增加了造型和切割冒口的工作量，而且严重地损害了铸件外观。所以采用在铸件上增设补缩筋的方法，即在铸件薄壁部分增加工艺筋，用以在侧冒口和内部热节区之间造成补缩通道，这样不仅减少了冒口数目，节

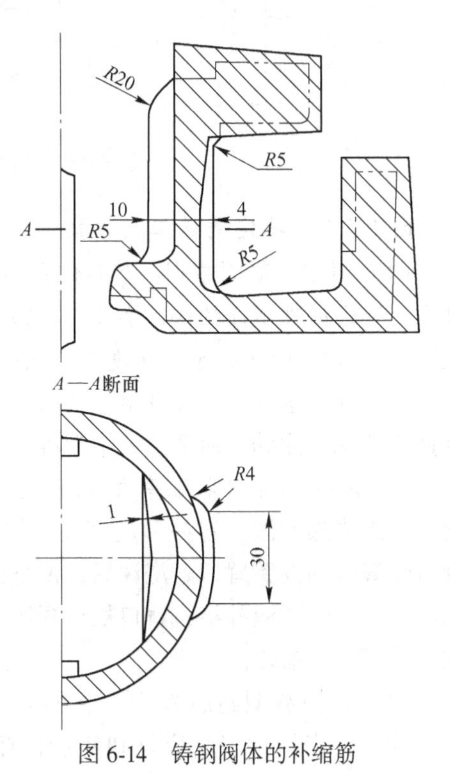

图 6-14 铸钢阀体的补缩筋

约钢水，而且使铸件外观得到改善。增加补缩筋的方式如图 6-14 所示，铸件外形变化不大，只是增加了 40mm×30mm 的两条扁筋。内部虽然增加了两条 10mm 厚度的月牙形补贴，但对使用毫无影响，对铸件强度、刚度都有利，清整时无需割去。这样，既保证了外观，又节约了钢水，也减少了切割工作量。

6.3.5　铸钢齿轮

6.3.5.1　铸钢齿轮结构与性能分析

某铸钢齿轮单件生产，材质为 ZG340~640，铸件重量约为 1327kg。

铸件结构如图 6-15 所示。齿轮齿顶圆直径 1334.4mm，单辐板，靠近轮毂部分辐板较薄，只有 40mm 厚，一侧分布有 6 条 25mm 厚的肋条。辐板外围稍厚为 70mm。考虑加工余量后，铸件的轮缘及中央轮毂较厚大。轮缘和辐板交接处形成热节，热节圆直径达 140mm；轮毂和辐板交接处形成的热节圆直径为 80mm。该齿轮可分为三部分：厚实的中央轮毂，薄壁的辐板和厚大的轮缘。铸钢齿轮，在机器中主要用来传送扭矩，要求铸件的抗拉强度 $R_m \geqslant 650\text{N/mm}^2$，伸长率 $\delta_5 \geqslant 1\%$。铸件加工前应经正火处理。HBW 为 160~210。要求铸件不许有缩孔、缩松，内外无气孔、砂眼、夹砂、渣孔、粘砂等缺陷。

铸钢齿轮的铸造工艺图如图 6-16 所示。

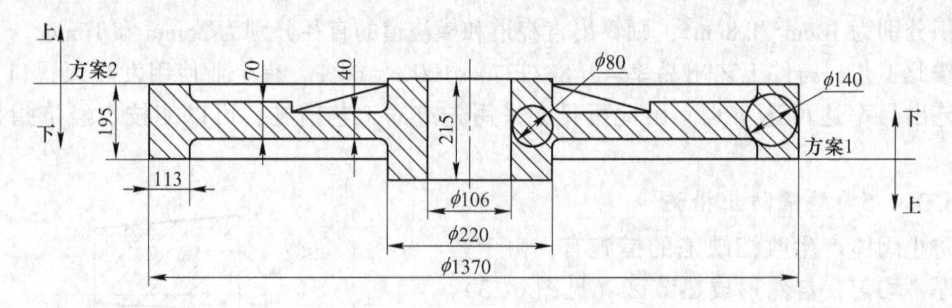

图 6-15　铸钢齿轮的浇注位置和分型面

6.3.5.2　确定铸造工艺方案

（1）浇注和凝固原则：本铸件重量超过 1 吨以上，属于中型铸钢件。在大中型铸钢件中，实现铸件本体的快速浇注，是减少砂眼气孔缺陷、获得优质铸钢件必不可少的重要条件。实现快速浇注行之有效的工艺措施是：增大钢包水口直径，采用“完全开放式”的浇注系统，这样才能保证浇注能力的充分发挥，最大限度地提高充型能力。浇注系统设计还要考虑浇注结束后营造一个温度梯度分布合理的顺序凝固条件，形成致密组织。

ZG340~640 的体收缩率大、凝固温度范围大，齿轮的轮缘和轮毂部分厚大，与辐板交接处形成热节区，容易形成缩孔、缩松缺陷，所以要按顺序凝固原则进行铸造。在轮缘、轮毂分别设置冒口。浇注后，薄壁的辐板先凝固，其液态和凝固收缩分别由厚壁的轮缘和轮毂处的钢液补给，冒口最后凝固，用来补给轮缘及轮毂处凝固时所需要的钢液，以便消除缩孔、缩松。

（2）选择造型制芯方法：选用水玻璃 CO_2 自硬砂作为造型材料，采用手工刮板造型。为了提高铸件表面质量和铸型的耐火度，在铸件的砂型和砂芯表面涂刷醇基锆英粉涂料。

（3）浇注位置和分型面：对于体收缩较大的铸钢合金，浇注位置应尽量满足顺序凝固的原则。对于本齿轮铸件，如图6-15所示可有两种可行的方案。由于70mm厚的辐板偏向一侧，故方案2优于方案1。这样，在轮毂上方设置冒口，六条肋可以起到增加补缩通道的作用，能更有效地对40mm厚辐板处进行补缩。轮缘冒口距70mm厚辐板近而更有效。因此，确定采用方案2。

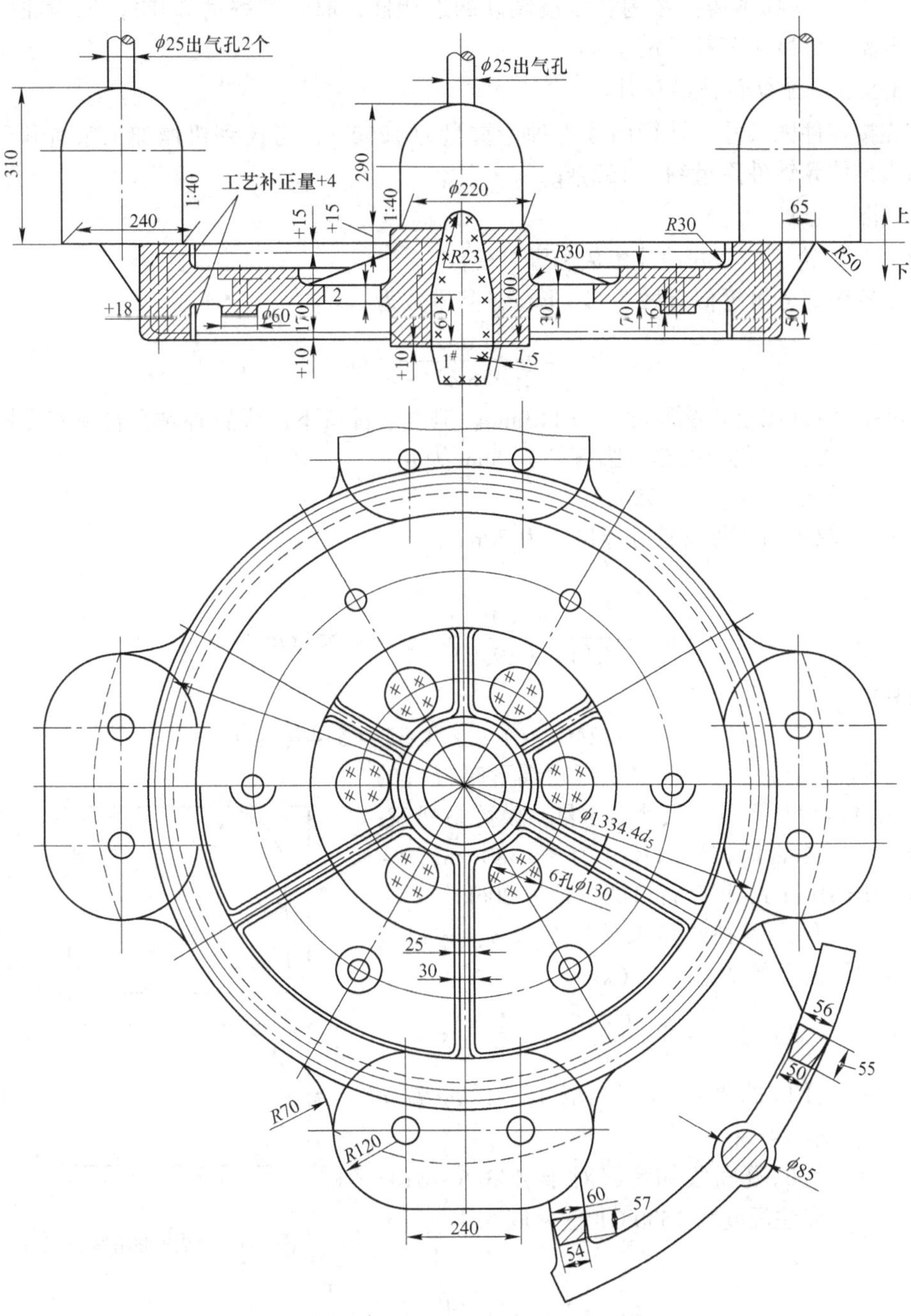

图6-16 铸钢齿轮的铸造工艺图

注：分型面通过轮缘上表面。浇注位置为：使6条短肋条呈向上位置。

轮毂中央设置砂芯，冒口、6条肋及个别小搭子制作木模样。

（4）主要铸造工艺参数：机械加工余量参照GB/T 6414—1999，按单件、小批铸钢件的数据和工厂经验选取。由于采用刮板造型，尺寸精度较差，故选CT14级。机械加工余量取RMA J级，上表面取9mm，底面取4mm，齿顶圆外表面取11mm，中央轮毂内孔取6mm。碳钢及低合金钢铸件铸造收缩率，受阻收缩时取1.4%~1.8%，自由收缩时取1.8%~2.2%，考虑本铸件结构和水玻璃砂的退让性，取收缩率为2.0%。依齿轮的生产经验，取轮缘厚度工艺补正量4mm。

6.3.5.3 冒口和补贴设计

首先按零件图尺寸，计算出零件理论重量为1252kg，考虑到机械加工余量和型腔扩大等因素，估算铸件重量约为1327kg。

A 轮缘冒口

（1）计算轮缘部分的铸件模数和冒口模数

对于轮缘部分可近似看做“T”形杆，其模数为

$$M_{件} = \frac{ab}{2(a+b)-c}(\text{cm})$$

式中 a——铸件图上轮缘厚度，为113mm。但由于冒口下部设置补贴，轮缘实际厚度增大，故此处以热节圆直径140mm为a；

b——轮缘高度，为195mm；

c——辐板与轮缘交接处厚度，为70mm。

于是

$$M_{件} = \frac{14 \times 19.5}{2(14+19.5)-7} = 4.55(\text{cm})$$

冒口模数为

$$M_{冒} = 1.2M_{件} = 1.2 \times 4.55 = 5.46(\text{cm})$$

（2）确定冒口尺寸：依据工厂腰圆形暗冒口的形状（见图6-17）和冒口尺寸、重量、模数系列表，查得$M_{冒}$为5.52cm时，冒口尺寸为A=480mm，B=240mm，H=310mm，每个冒口的重量为206kg。

（3）用铸件所需补给量求冒口个数n：冒口能补缩铸件的最大重量$W_{件(最大)}$（kg）为

$$W_{件(最大)} = W_{冒}\frac{\eta-\varepsilon}{\varepsilon}$$

式中 η——冒口的补缩效率，依工厂的经验η取14%；

ε——钢的凝固收缩率，对于ZG346~640，浇注温度为1530℃时，ε取5.4%。

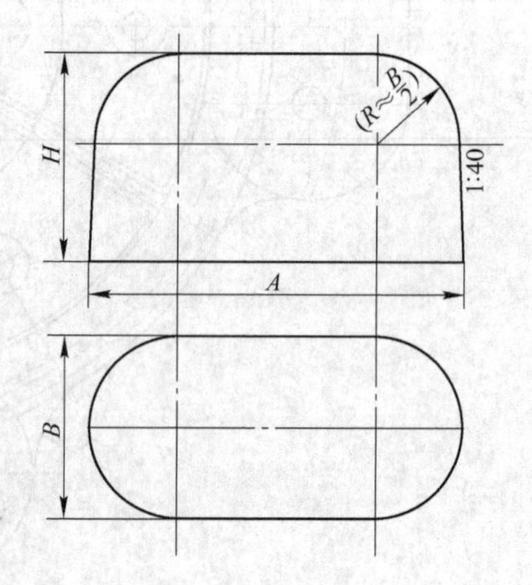

图6-17 腰圆形暗冒口尺寸

所以

$$W_{件(最大)} = 206\,\frac{14-5.4}{5.4} = 328$$

由图样尺寸计算出铸件的轮缘重量 $W_1 = 710\text{kg}$，70mm 厚辐板重量 $W_2 = 405\text{kg}$，这两部分都应由轮缘冒口进行补缩，故轮缘冒口应补缩的铸件总重量为 $W_1 + W_2 = 1115\text{kg}$，因此，可算出冒口数量 n 为

$$n = \frac{W_1 + W_2}{W_{件(最大)}} = \frac{1115}{328} = 3.4$$

决定采用 4 个腰圆形暗冒口。

（4）验算冒口补缩距离：轮缘按 140mm 厚、195mm 宽的杆件计算，其宽厚比约为 1.4，由图 4-13 查得冒口单边补缩距离约为 150mm。所以，4 个冒口的有效补缩范围（距离）L 为

$$L = 4 \times (480 + 2 \times 150) = 3120\text{mm}$$

轮缘的热节圆中心线的直径为 1230mm，铸件需补缩的范围（距离）$L_{总}$ 为

$$L_{总} = \pi \times 1230 = 3864\text{mm}$$

由于尚有 744mm 的范围（距离）不能补缩，所以需要增加冒口数量，或者增设冒口水平补贴，或者安放冷铁来增大冒口的有效补缩距离。我们采用在冒口之间放置外冷铁的方法，来增大冒口的有效补缩距离，这样既保证了铸件质量，又提高了工艺出品率。

（5）冒口补贴：垂直补贴宽度 W(mm) 用下面经验公式确定：

$$W = (D_0 - T) + \frac{H}{5}$$

式中 D_0——轮缘热节圆直径，为 140mm；

T——轮缘宽度，为 113mm；

H——轮缘高度，为 195mm。

所以

$$W = (140 - 113) + \frac{195}{5} = 66\text{mm}$$

补贴从热节下部，距底面 50mm 处开始，以避免补缩通道被堵塞。

B 轮毂冒口

（1）计算轮毂部分的铸件模数和冒口模数

轮毂部分可近似看做“T”形杆围成的空心圆柱体，因此

$$M_{件} = \frac{fab}{2(fa + b) - c}$$

式中 a——热节圆直径，为 80mm；

b——轮毂高度，为 215mm；

f——考虑砂尖效应的放大系数，取 1.1；

c——辐板与轮毂交接处厚度，为 40mm。

于是

$$M_{件} = \frac{1.1 \times 8 \times 21.5}{2(1.1 \times 8 + 21.5) - 4} = 3.34\text{cm}$$

冒口模数为

$$M_{冒} = 1.2M_{件} = 1.2 \times 3.34 = 4\text{cm}$$

(2) 确定冒口尺寸：依工厂半球形圆柱冒口的尺寸、模数、重量系列表，查得 $M_{冒}$ 为 4.04cm 时，冒口尺寸为 ϕ220×290mm，冒口的重量为 69.3kg。

(3) 验算冒口补缩能力：该冒口能补缩铸件的最大重量 $W_{件(最大)}$ 为

$$W_{件(最大)} = W_{冒}\frac{\eta - \varepsilon}{\varepsilon} = 69.3\frac{14 - 5.4}{5.4} = 110\text{kg}$$

铸件的轮毂部分重只有 55kg，辐板与之联接部位也只有 40mm 厚，这部分按补缩辐板的重量（包括 6 条肋）的一半计算约为 50kg，总计 105kg。可见，冒口补缩能力足够。

(4) 冒口补贴：轮毂冒口垂直补贴宽度 W 用下面经验公式确定：

$$W = (D_1 - T_1) + 5 \sim 20\text{mm}$$

式中 D_1——轮毂热节圆直径，为 80mm；

T_1——轮缘宽度，为 57mm。

所以

$$W = (80 - 57) + 7 = 30\text{mm}$$

补贴从热节下部，距底面 60mm 处开始，以避免补缩通道被堵塞。

6.3.5.4 浇注系统设计

(1) 根据型内金属液面上升速度计算包孔尺寸：查表 3-23，齿轮铸件可视为简单铸件，对于小于 5t 的铸件，要求型腔内钢水的最小液面上升速度 15mm/s。由于本铸件的最大高度仅有 215mm，所以型腔内钢水的最小液面上升速度可小一些，取 10mm/s。按式 3-16 可计算出浇注时间：

$$t = \frac{H}{\nu} = \frac{215}{10} = 21.5\text{s}$$

浇注时间取 22s。根据冒口设计结果，冒口重量为 894kg，浇注系统重量预估为铸件重量的 5%~6%，取 80kg，按式 3-15 可计算出平均浇注速度：

$$\nu_{均} = \frac{m}{Nnt} = \frac{2301}{22} = 104.6\text{kg/s}$$

根据表 3-22 可选择包孔直径为 60mm 或 70mm。本例选择 60mm 的包孔直径。

(2) 根据浇口比确定浇注系统截面尺寸：由于是漏包浇注，浇口比取为：

$$F_{孔} : F_{直} : F_{横} : F_{内} = 1.0 : 2.0 : 2.0 : 2.3$$

计算出浇注系统各组元的截面积：

$$F_{直} = F_{横} = 5655(\text{mm}^2),\ F_{内} = 6503\text{mm}^2$$

如图 6-16 所示布置浇注系统，共有 1 个直浇道（截面为圆形）、2 个横浇道（截面为梯形）和 2 个内浇道（截面为梯形）。选定直浇道直径为 85mm，高为 400mm；双向横浇道截面尺寸为（56mm、50mm）×55mm，单面长 750mm；内浇道截面尺寸为（60mm、54mm）×57mm，长度 500mm。算出浇注系统总重为 76kg，与开始估算的相近。

铸件的工艺出品率为：

$$\eta = \frac{1327}{1327 + 894 + 76} = 57.7\%$$

使用 5t 电弧炉炼钢，7t 漏包浇注。浇注温度要求在 1490~1530℃（热电偶测温）。

复习思考题

6-1 了解 JB/T 2435-2013 标准，掌握铸造工艺符号的表示方法。

6-2 铸造工艺图是铸造工艺设计的最重要设计文件，在工艺图上要反映出哪些工艺设计内容？绘制铸造工艺图时要注意哪些事项？

6-3 铸造工艺卡是铸造工艺设计的另一份重要设计文件，在工艺卡上主要填写哪些内容？

参考文献

[1] 李传栻，李魁盛．铸造技术手册第4卷铸造工艺及造型材料［M］. 北京：中国电力出版社，2012.
[2] 韩小峰，丁振波．铸造生产与工艺工装设计［M］. 长沙：中南大学出版社，2010.
[3] 魏尊杰．金属液态成形工艺［M］. 北京：高等教育出版社，2010.
[4] 曹文龙．铸造工艺学［M］. 北京：机械工业出版社，1989.
[5] 李魁盛．铸造工艺及原理［M］. 北京：机械工业出版社，1989.
[6] 杜西灵，杜磊．铸造实用技术问答［M］. 北京：机械工业出版社，2013.
[7] 李弘英．实用铸造应用技术与实践［M］. 北京：化学工业出版社，2016.
[8] 辛啟斌，王琳琳．材料成形计算机模拟［M］. 北京：冶金工业出版社，2013.
[9] 李昂，吴密．铸造工艺设计技术与生产质量控制实用手册［M］. 北京：金版电子出版公司，2003.
[10] 李魁盛，马顺龙，王怀林．典型铸件工艺设计实例［M］. 北京：机械工业出版社，2008.
[11] 李晨希. 铸造工艺及工装设计［M］. 北京：化学工业出版社，2014.